NOUVELLE THÉORIE

DE

LA POUSSÉE DES TERRES

ET DE

LA STABILITÉ DES MURS DE REVÊTEMENT.

NOUVELLE THÉORIE

DE

LA POUSSÉE DES TERRES

ET DE

LA STABILITÉ DES MURS DE REVÊTEMENT,

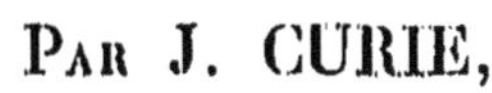

Par J. CURIE,

ancien Élève de l'École Polytechnique, Capitaine du Génie.

PARIS,

GAUTHIER-VILLARS, IMPRIMEUR-LIBRAIRE

DU BUREAU DES LONGITUDES, DE L'ÉCOLE IMPÉRIALE POLYTECHNIQUE,

SUCCESSEUR DE MALLET-BACHELIER,

Quai des Augustins, 55.

—

1870

TABLE DES MATIÈRES.

Pages.

AVANT-PROPOS.. VII

CHAPITRE Ier. — Considérations générales.................... 1

Note relative à l'application de la théorie du frottement à la recherche de la *poussée* exercée par un *corps solide* reposant sur un plan incliné, et à la détermination de la *poussée d'un demi-fluide*........................... 32

CHAPITRE II. — Expression de la poussée correspondant à un prisme de rupture donné, dans les différents cas qui peuvent se présenter............... 56

CHAPITRE III. — Considérations relatives aux coefficients de stabilité.................................... 80

CHAPITRE IV. — Méthode graphique permettant de déterminer, dans tous les cas, le degré de stabilité d'un mur de revêtement donné. — Applications.... 98

CHAPITRE V. — Solution analytique rigoureuse des problèmes relatifs à la stabilité des revêtements à paroi intérieure verticale....................... 160

Note relative à l'application de la théorie de la *poussée* exercée contre un mur par un *prisme solide* reposant sur un plan incliné, ou par une *série de lames solides* ayant chacune deux de leurs faces parallèles à ce plan. — Ancienne théorie.................................... 205

Pages.

CHAPITRE VI. — Formules pratiques faisant connaître l'épaisseur à donner à un mur à paroi intérieure
verticale soutenant un remblai limité à deux
plans, l'un incliné au talus naturel, l'autre
horizontal. 223

CHAPITRE VII. — Calcul de l'épaisseur à assigner aux murs de
revêtement à paroi intérieure inclinée. 273

FIN DE LA TABLE DES MATIÈRES.

AVANT-PROPOS.

La *Théorie de la Poussée des Terres* que nous livrons
au public a été présentée à l'Académie des Sciences
dans sa séance du 21 décembre 1868.

Malgré les objections qui nous ont été faites, nous
croyons devoir maintenir cette Théorie, qui est entièrement d'accord, selon nous, avec les principes
de la Statique et avec les lois du frottement, et qui
nous paraît d'ailleurs confirmée d'une manière positive par des expériences très-simples qu'il sera facile à tout le monde de répéter.

Les éclaircissements que nous donnons, soit dans
le texte même, soit dans les Notes qui l'accompagnent, seront suffisants, nous l'espérons, pour lever
tous les doutes, et pour établir, par des preuves
irréfutables, que la Théorie généralement admise
est, en réalité, uniquement applicable, sous la ré-
serve de diverses modifications que nous indiquons,
à la poussée exercée contre un obstacle, tel qu'un
mur, par un corps solide ou par une série de lames
superposées, tendant à glisser sur un plan incliné,
et non à la poussée d'un remblai homogène formé
de sable ou de terre ordinaire.

Les personnes qui ne voudraient point admettre sans restriction nos conclusions trouveront, d'ailleurs, dans des Notes détaillées, un exposé rapide de l'ancienne Théorie, avec les changements qu'elle devrait subir dans tous les cas et qui ne peuvent donner lieu à aucune contestation.

Notre méthode graphique se plie sans peine à l'ancienne Théorie; et il en est de même de nos formules pratiques, pour lesquelles il y aurait toutefois à calculer, par les moyens que nous faisons connaître, une Table spéciale de coefficients numériques, ce qui n'offrirait du reste aucune difficulté.

P. S. — Nous ajouterons que nous ne pouvons admettre la Théorie entièrement neuve de M. Maurice Levy, récemment annoncée dans les *Comptes rendus des séances de l'Académie des Sciences* (t. LXVIII, p. 1456, et t. LXX, p. 217). Cette Théorie suppose, en effet, une continuité et une homogénéité absolues de la matière qui constitue le remblai, tandis que les remblais dépourvus de cohésion sont en réalité formés d'une multitude de petits corps solides reposant à frottement les uns sur les autres. Nous comptons être prochainement en mesure de faire connaître nos objections avec plus de détails.

Août 1870.

J. C.

NOUVELLE THÉORIE

DE

LA POUSSÉE DES TERRES

ET DE

LA STABILITÉ DES MURS DE REVÊTEMENT.

CHAPITRE PREMIER.

CONSIDÉRATIONS GÉNÉRALES.

Introduction. — Nous avons eu l'occasion, en 1855, de construire, au Havre, en très-mauvais terrain, un mur de 2 mètres de hauteur, portant une surcharge de terre de $5^m,50$, mesurée à partir de la magistrale, et auquel on a donné le profil à paroi intérieure inclinée que M. le général Ardant recommande dans son Mémoire inséré au n° 15 du *Mémorial de l'Officier du Génie.*

Dans le mouvement de tassement qui s'est produit, le mur, sur une partie de son développement, au lieu de se renverser, comme il arrive d'ordinaire, en avant, par rotation autour de l'arête antérieure de sa base, s'est incliné, au contraire, d'une manière sensible, du côté des terres. Cette expérience nous a paru très-concluante en faveur de l'avantage que peuvent présenter, dans certains cas, les profils à paroi intérieure inclinée proposés par M. le général Ardant.

Toutefois il résulte de l'étude qui va suivre, que ces

profils sont moins favorables à la stabilité que ne le pensait M. le général Ardant, et qu'ils ne le seraient, en effet, si la théorie admise jusqu'à ce jour devait être maintenue.

Nous avons cherché à nous rendre compte nettement des circonstances qui ont pu concourir au résultat observé, et nous avons dû d'abord définir d'une manière plus précise, comme on le verra plus loin, les principes mêmes qui servent de point de départ à la théorie de la poussée des terres admise jusqu'à ce jour.

Cet examen a appelé, dès l'origine, notre attention sur deux remarques importantes.

En premier lieu, on admet habituellement que la poussée, appliquée à la paroi intérieure d'un mur de revêtement, doit toujours faire, avec la normale à cette paroi, l'angle du frottement des terres contre les maçonneries. Or il est facile de voir qu'il ne doit en être ainsi que quand la *poussée primitive*, parallèle au plan de rupture, fait elle-même avec la normale à la paroi du mur un angle supérieur à celui du frottement. Quand au contraire l'angle de la poussée primitive avec la normale est moindre, cette force transmet son action au mur, intégralement et sans décomposition. De là, comme on peut aisément s'en rendre compte, une erreur dans la détermination de la poussée la plus à craindre.

En second lieu, dans la recherche de la plus dangereuse des poussées qui tendent à renverser un mur de revêtement par rotation autour de l'arête antérieure de sa base, autrement dit, de la poussée dont le moment par rapport à cette arête est maximum, poussée qu'il ne faut pas confondre avec la poussée maximum, on oublie d'ordinaire que l'expression générale du moment de la poussée et cette poussée elle-même sont nécessairement fonctions à la fois de l'angle du prisme de rupture et de l'épaisseur du mur. Le problème comporte donc la résolution d'un système d'équations à deux ou même trois inconnues, et l'on ne saurait, sauf dans certaines hypothèses particulières, déterminer d'abord la poussée dangereuse, ni même l'angle de rupture qui lui correspond, sans s'occuper de l'épaisseur du mur, et calculer ensuite cette épaisseur à l'aide de la relation à établir entre le moment de la poussée et celui du poids du mur.

Nous ajouterons que si l'on se bornait à tenir compte de cette dernière critique, la théorie généralement admise, ainsi corrigée, ne serait nullement applicable aux remblais homogènes dépourvus de cohésion. On n'obtiendrait ainsi que la théorie de la poussée exercée soit par un prisme de rupture solide sur un plan de rupture donné, soit par une série de lames solides limitées par des plans parallèles au plan de rupture.

C'est ce que nous démontrerons plus loin. (*Voir* ci-après la détermination des formules fondamentales (A) et (B) relatives aux remblais dépourvus de cohésion, et la Note explicative à la fin de ce Chapitre.)

Les remarques qui précèdent nous ont conduit à refaire entièrement la théorie de la poussée des terres, en renonçant dès le principe aux calculs et aux procédés géométriques développés par M. le général Poncelet dans son Mémoire inséré au n° 13 du *Mémorial de l'Officier du Génie;* mais nous avons tiré un grand profit d'une méthode graphique anologue à celle qu'il a appliquée à la théorie des voûtes dans le n° 12 du même recueil. Cette méthode consiste à faire varier graphiquement le prisme de rupture, comme, dans les épures relatives à la stabilité des voûtes, on fait varier le voussoir compté à partir de la clef, pour arriver à reconnaitre celui qui produit le moment le plus considérable.

Questions traitées dans cet Ouvrage. — Nous exposerons, dans ce travail, la solution des différents problèmes relatifs à la stabilité des murs de revêtement, d'abord dans l'hypothèse d'un remblai entièrement dépourvu de cohésion, et nous indiquerons dans quel sens chacune des méthodes à employer devra être modifiée quand on voudra tenir compte de la cohésion qui tend à empêcher les différentes molécules du remblai de se séparer les unes des autres.

Les résultats auxquels nous sommes arrivé comprennent :

1° Une méthode graphique permettant de reconnaître, dans tous les cas, le degré de stabilité d'un profil de revêtement donné, et pouvant conduire aussi, à l'aide de tâtonnements ou d'une courbe d'erreurs, à déterminer l'épaisseur que l'on devra assigner à un revêtement, pour qu'il présente un degré de stabilité fixé à l'avance ;

2° Une formule rigoureuse faisant connaître l'épaisseur à assigner à un mur de revêtement, quand la paroi intérieure du mur est verticale, et que cette paroi, ou son prolongement, rencontre, sans sortir du massif des terres, la partie supérieure du remblai supposée horizontale ; nous donnons en outre, dans le cas des demi-revêtements à paroi intérieure verticale, et, dans le cas des murs à paroi intérieure inclinée, lorsque le remblai est de niveau avec le sommet du mur, le système des équations qui conduisent à la solution rigoureuse du problème ; et nous indiquerons le moyen de les utiliser pour former des tables à l'aide desquelles on obtiendrait immédiatement les inconnues de la question ;

3° Une formule pratique très-suffisamment exacte, quoique obtenue par une méthode dont les résultats ne peuvent être qu'approximatifs, pour calculer les épaisseurs à donner aux murs de profil rectangulaire surmontés d'un remblai limité à deux plans, l'un incliné au talus naturel des terres, l'autre horizontal ;

4° Enfin une formule pratique pouvant être appliquée dans le cas des murs de revêtement à paroi intérieure inclinée.

Notations employées dans le cours de cet Ouvrage. — Avant d'aborder directement la théorie de la poussée des terres, nous croyons utile de réunir ici les différentes notations dont nous aurons à faire usage. Nous nommerons (*fig.* 1)

Fig. 1.

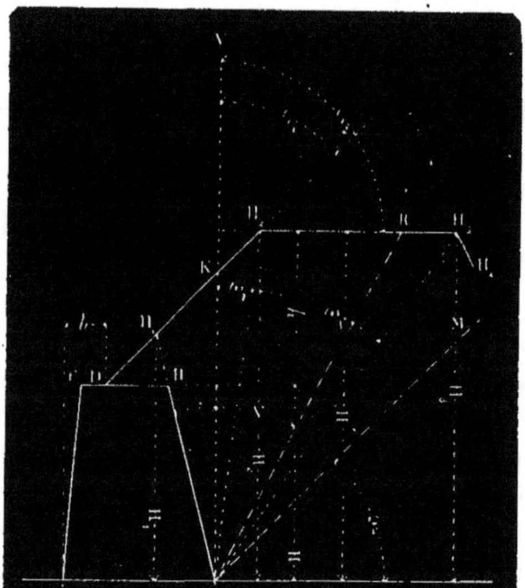

p le poids du mètre cube de terre ;

p' le poids du mètre cube de maçonnerie ;

φ l'angle du talus naturel des terres, ou du frottement des terres sur elles-mêmes ;

$\alpha = 90° - \varphi$, le complément de cet angle ;

$f =$ tang φ, le coefficient du frottement des [terres sur elles-mêmes;

φ' l'angle du frottement des terres sur les maçonneries (ainsi qu'on le verra plus loin, si une expérience directe faisait trouver pour φ' une valeur plus grande que celle de l'angle φ, il faudrait réduire l'angle φ' et le supposer égal à φ);

$f' =$ tang φ', le coefficient du frottement des terres sur les maçonneries;

ψ l'angle sous lequel peuvent se soutenir les terres d'un remblai doué de cohésion (ψ est toujours plus grand que φ);

$k = \dfrac{\sin(\psi - \varphi)}{\cos \varphi}$, le coefficient de la cohésion;

ε l'angle que fait la paroi intérieure du mur avec la verticale BV (cet angle est positif quand la verticale élevée par le pied de la paroi intérieure passe dans le remblai et non dans la maçonnerie);

y la tangente de cet angle;

n la tangente de l'angle que fait avec la verticale le parement extérieur de la maçonnerie, autrement dit le fruit du mur;

e l'épaisseur du mur à sa base;

E l'épaisseur qu'il faut donner à un mur de profil rectangulaire soutenant un remblai limité à deux plans, l'un à l'inclinaison du talus naturel des terres, l'autre horizontal, pour que la poussée qui correspond à un plan de rupture faisant l'angle $90° - \varphi$ avec la verticale, passe par l'arête antérieure de la base du mur, autrement dit, pour que toutes les poussées rencontrent la base du mur;

b la distance du pied du talus extérieur à la verticale menée par le pied du parement extérieur du mur, et

b' la berme;

ζ l'angle du talus extérieur avec la verticale, quand ce talus n'est pas rencontré par le prolongement de la paroi BH;

θ ou θ_1 l'angle VKH$_2$ que fait avec la verticale BV, du côté des terres, le premier des plans de la surface du remblai, à partir de l'intersection de la paroi intérieure du mur avec cette surface;

θ_2, θ_3, θ_4, ... les angles des plans suivants, et

θ_n celui qui correspond au plan que rencontre le plan de rupture;

ω_2, ω_3, ... les angles que font avec la verticale BV les droites qui joignent le pied de la paroi intérieure du mur à la première arête de chacun des différents plans qui limitent le remblai, et

ω_n le même angle pour le plan que doit rencontrer le plan de rupture (ces angles sont positifs quand BH$_2$, BH$_3$, ... penchent du côté des terres);

H la hauteur du mur, et plus spécialement

H$_b$ cette même hauteur quand b n'est pas nul, ou

H$_o$ quand b est nul, ainsi que n;

h la distance verticale du plan horizontal supérieur du remblai au sommet du mur;

$H' = H + h$, la distance verticale du plan horizontal supérieur du remblai à la base du mur;

H$_n$ la hauteur de la première arête du plan du profil que doit rencontrer le plan de rupture, au-dessus du plan horizontal passant par la base du mur;

H$_1$ la hauteur du point où la paroi intérieure du mur, ou son prolongement, rencontre la surface extérieure du remblai, hauteur mesurée à partir du plan horizontal passant par la base du mur;

H$_2$, H$_3$, ... les hauteurs des arêtes suivantes du profil du remblai;

V l'angle du plan de rupture avec la verticale;

x la tangente de cet angle;

Q le poids du prisme de rupture;

P *la poussée primitive* quand on ne tient pas compte de la décomposition que cette force aura à subir au point où elle rencontre la paroi intérieure du mur, ou bien quand elle s'applique en ce point sans être décomposée;

Π *la poussée effective* qui s'exerce contre le mur, quand la poussée primitive P a dû subir une décomposition à son point d'application à la paroi intérieure du mur;

σ le coefficient de stabilité du mur de revêtement, égal au rapport entre le moment de la résistance que ce mur et la surcharge de terre qu'il porte à son sommet opposent au renversement, d'une part, et le moment de la plus dangereuse des poussées qui tendent à le renverser, de l'autre;

ξ le coefficient de stabilité *par différence* entre les moments de la poussée totale la plus dangereuse et de celle qui est la plus favorable à la stabilité; ou le rapport du moment résistant à la différence des moments de ces deux poussées;

Σ la valeur que prend le coefficient σ, dans l'hypothèse $p = p'$;

σ' le coefficient de stabilité que l'on obtient quand on considère séparément comme dangereuse la résultante partielle des poussées élémentaires qui passent au-dessus de la base du mur, et comme favorable à la stabilité la résultante de celles qui passent au-dessous;

δ l'épaisseur moyenne d'un mur à paroi intérieure inclinée, de stabilité limitée;

β la même épaisseur quand la poussée inclinée au talus naturel des terres rencontre l'arête antérieure de la base du mur.

Hypothèses dues à Coulomb. — Les hypothèses qui ont

servi de base, jusqu'à ce jour, à la théorie de la poussée des terres sont dues à Coulomb, et ont été formulées de la manière suivante, par M. le général Ardant :

« 1° Aussitôt que la paroi BH_1 viendrait à se déplacer d'une manière quelconque et d'une quantité même très-petite, le massif des terres $BH_1 H_2 H_3 H_4$ se romprait suivant un plan BR, dit *plan de rupture*, intermédiaire entre celui de la paroi BH_1 et celui du talus naturel des terres BM ;

» 2° Le prisme BH_1R, appelé *prisme de rupture*, glisserait sur le plan de rupture BR, comme le ferait un prisme solide ;

» 3° Dans le mouvement infiniment petit que ce prisme éprouverait au premier instant de la rupture du massif des terres, sa descente serait retardée à la fois par son frottement contre les deux parois BH_1 et BR, et par l'adhérence ou la cohésion que les terres éprouveraient pour elles. »

Nous ferons observer qu'il importe de ne pas confondre le mode d'action des terres sur le mur qui les soutient avec l'effet que produirait un prisme solide : il faut tenir compte de l'indépendance des différentes molécules dont se compose le remblai, des frottements de ces molécules les unes sur les autres et de la cohésion qui tend à les empêcher de se séparer.

En outre, il est essentiel de remarquer que, dans les demi-fluides, les pressions se transmettent comme dans les liquides, avec cette différence, toutefois, qu'en vertu du frottement, elles peuvent s'appliquer à une surface non pas seulement dans une direction normale, mais aussi, suivant les circonstances, dans une direction quelconque faisant avec cette normale un angle moindre que l'angle du frottement.

Nous allons chercher à exprimer exactement comment les choses se passent en réalité.

Remblais dépourvus de cohésion. — Considérons un remblai dépourvu de cohésion, et proposons-nous d'analyser ce qui se passe dans le cas d'un pareil remblai, soutenu par un mur de revêtement. Admettons en outre que, si l'équilibre venait à être détruit, le mur se renverserait tout d'une pièce, ce qui revient à écarter comme étrangère toute question relative à la résistance des matériaux entrant dans la construction de ce mur.

Lors de la rupture de l'équilibre, toutes les molécules tendent à parcourir dans le premier instant des espaces rectilignes très-petits, parallèles à une même direction qui sera celle de la pente du plan de rupture. Nous pouvons dès lors, sans rien changer à l'état des choses, grouper ces molécules en tranches infiniment minces, parallèles à ce plan (*).

Soit par exemple (*fig.* 2) une tranche *mikl* comprise

Fig. 2

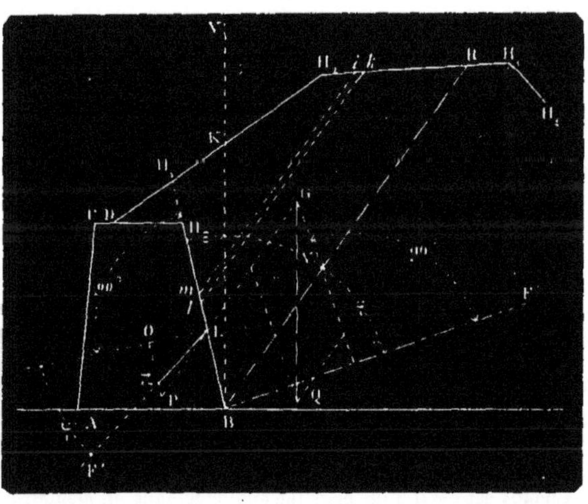

entre deux plans *mi* et *lk* très-rapprochés l'un de l'autre,

---

(*) Ces considérations, sur lesquelles nous fondons notre théorie, figuraient déjà dans la première rédaction du présent travail portant la

et tous deux parallèles au plan de rupture; il est facile de voir que les frottements exercés sur ces deux plans différeront d'une quantité précisément égale au frottement qui tendrait à retenir la tranche *mikl*, si elle reposait librement sur le plan incliné *lk*.

Le frottement exercé par le prisme supérieur $m\,\mathrm{H_1\,H_2}\,i$ sur le plan *mi* tendra, en effet, à entraîner cette tranche dans le mouvement du prisme et à la faire descendre le long de ce plan; le frottement du prisme $l\,\mathrm{H_1\,H_2}\,k$ sur le plan *lk* développera une résistance qui tendra au contraire à retenir le prisme tout entier, comme si c'était un prisme solide, mais dont l'action ne s'exercera en réalité que sur la tranche *mikl* en contact immédiat avec le plan *lk*.

Comme cette tranche est infiniment mince, on peut supposer que les deux frottements, qui agissent l'un dans le sens de la pente du plan *mi*, l'autre dans le sens de la direction ascendante *lk*, sont appliqués au centre de gravité de la tranche; or le premier de ces deux frottements est égal au produit de la composante normale du poids qui pèse sur le plan *mi* par le coefficient f du frottement, et le frottement sur le plan *lk* est égal au produit de la composante normale du poids qui pèse sur le plan *lk* par le même coefficient f. La tranche *mikl* est donc sollicitée dans le sens de *lk* par une force qui est égale au produit, par le coefficient f, de la différence des deux composantes normales dont on vient de parler, différence qui n'est autre que la composante normale de son propre poids. Elle est d'ailleurs sollicitée, en outre, par l'autre compo-

date du 24 mars 1859, qui a été adressée au Ministre de la Guerre, et qui est parvenue au Dépôt des Fortifications le 29 avril suivant. M. le commandant Chenot est parti d'un principe analogue dans un Mémoire dont la première rédaction, portant la date du 14 juillet 1859, est parvenue au Dépôt des Fortifications le 26 du même mois. Le travail du commandant Chenot a été présenté à l'Académie des Sciences le 21 octobre 1861, et a été examiné par le Comité des Fortifications en 1862 et en 1866.

sante de son poids, dirigée dans le sens de la pente du plan kl.

Chacune des tranches élémentaires dont se compose le remblai se trouve donc dans les mêmes conditions que si elle reposait librement sur un plan incliné parallèle au plan de rupture, sollicitée uniquement par son propre poids et par le frottement qu'elle développe sur le plan incliné.

Si nous désignons par z la longueur $H_1 m$ comprise entre le point H_1 où la paroi intérieure du mur prolongée rencontre le profil DH_2 du talus extérieur et le point m; si de plus nous représentons par q le poids du prisme supérieur $m H_1 H_2 i$, la différentielle de q prise par rapport à z exprimera le poids de la tranche élémentaire $mikl$.

La composante normale de ce poids sera $\dfrac{dq}{dz}\,dz\sin V$, et la composante dans le sens de la pente du plan de rupture sera $\dfrac{dq}{dz}\,dz\cos V$. La composante normale développera un frottement égal au produit de cette composante par le coefficient du frottement des terres sur elles-mêmes, $f = \tang\varphi$. Ce frottement sera donc égal à

$$f \frac{dq}{dz}\,dz \sin V = \frac{dq}{dz}\,dz\,\tang\varphi\sin V.$$

En le retranchant de la composante prise dans le sens de la pente du plan de rupture, on trouve, pour la force qui tend à produire le glissement de la tranche élémentaire sur le plan kl, l'expression

$$\frac{dq}{dz}\,dz\,(\cos V - \tang\varphi\sin V)$$

ou

$$\frac{dq}{dz}\,dz\,\frac{\cos(\varphi + V)}{\cos\varphi}.$$

L'action de cette force élémentaire est détruite, quand le mur de revêtement est stable sur sa base, par la résistance que lui oppose la paroi intérieure du mur. Mais ici il peut se présenter deux cas différents. Cette force, que nous appellerons *la poussée primitive,* exercée par la tranche, peut faire avec la normale à la paroi du mur un angle plus petit que l'angle φ' du frottement des terres contre les maçonneries ou un angle plus grand.

Dans le premier cas, cette force que nous désignerons par $d\mathrm{P}$ s'appliquera intégralement au mur. En effet, elle peut se décomposer en deux autres : l'une normale qui s'appliquera au mur et qui aura pour expression

$$d\mathrm{P}\sin(\mathrm{E}+\mathrm{V});$$

l'autre dirigée dans le sens de la paroi intérieure du mur et qui aura pour expression $d\mathrm{P}\cos(\mathrm{E}+\mathrm{V})$. Or, dans l'hypothèse où nous nous plaçons, cette dernière composante est moindre que le frottement développé par la composante normale, lequel a pour valeur $f'd\mathrm{P}\sin(\mathrm{E}+\mathrm{V})$ ou $d\mathrm{P}\sin(\mathrm{E}+\mathrm{V})\tan\varphi'$ (*) ; elle ne pourra donc pas surmonter le frottement ; elle agira donc en totalité sur le mur, et il résulte de là que la poussée primitive $d\mathrm{P}$ elle-même agira sur le mur sans subir aucune altération.

Dans le deuxième cas, la composante $d\mathrm{P}\cos(\mathrm{E}+\mathrm{V})$ dirigée dans le sens de la paroi du mur, étant plus considérable que le frottement $d\mathrm{P}\sin(\mathrm{E}+\mathrm{V})\tan\varphi'$ que la composante normale peut développer au contact de cette paroi, surmontera ce frottement, et il y aurait glissement de la terre contre cette paroi si la résistance des terres elles-mêmes n'y faisait obstacle. Le mur ne pourra donc

---

(*) En effet,

$$\cos(\varepsilon+\mathrm{V}) - \sin(\varepsilon+\mathrm{V})\tan\varphi' = \frac{\cos(\varepsilon+\mathrm{V}+\varphi')}{\cos\varphi'} < 0$$

quand $\varepsilon+\mathrm{V}+\varphi' > 90°$ ou $90-\varepsilon-\mathrm{V} < \varphi'$.

recevoir que la partie de l'action de cette composante qui a pour expression $d\mathrm{P}\sin i\,(\mathrm{E}+\mathrm{V})\tan g\varphi'$, et qui est représentée sur la *fig.* 3 par la longueur $\mathrm{LF}'_1 = \mathrm{OF}'$, en sorte

Fig. 3.

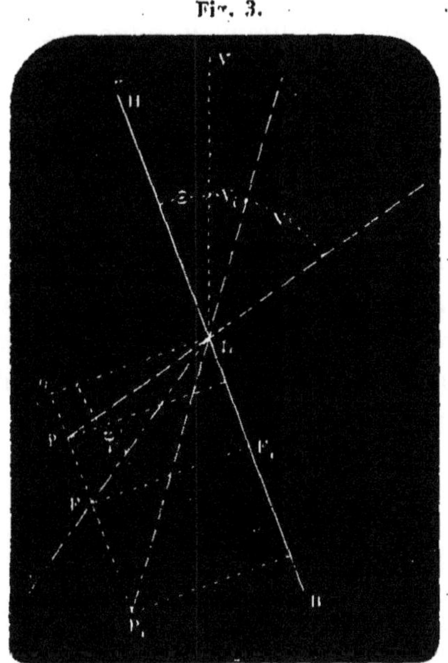

que la poussée qui s'appliquera effectivement au mur est figurée en grandeur et en direction par la ligne LF'. On l'obtient simplement, quand la *poussée primitive* LP_1 est supposée connue, en menant par le point P_1 une parallèle à la paroi du mur, jusqu'à sa rencontre avec la ligne LF' qui fait l'angle φ' avec la normale LO.

Quant à l'expression analytique de la *poussée effective*, que nous désignerons par $d\Pi$, elle n'est autre que celle de la résultante des deux forces l'une $d\mathrm{P}\sin(\mathrm{E}+\mathrm{V})$, normale au mur, l'autre $d\mathrm{P}\sin(\mathrm{E}+\mathrm{V})\tan g\varphi'$ dirigée dans le sens de la paroi, ou $d\mathrm{P}\,\dfrac{\sin(\mathrm{E}+\mathrm{V})}{\cos\varphi'}$.

Ainsi on aura

$$d\Pi = d\mathrm{P}\,\frac{\sin(\mathrm{E} + \mathrm{V})}{\cos\varphi'}\ (^*).$$

Nous venons d'établir que la poussée primitive d'une tranche élémentaire infiniment mince comprise entre deux plans parallèles au plan de rupture a pour expression

$$d\mathrm{P} = \frac{dq}{dz}\,dz\,\frac{\cos(\varphi + \mathrm{V})}{\cos\varphi}.$$

Cette poussée élémentaire est d'ailleurs appliquée au centre de gravité de la tranche que l'on considère.

Il est facile de voir que si l'on cherche la résultante de toutes ces poussées élémentaires, cette résultante sera appliquée au centre de gravité du prisme de rupture tout entier et que l'intégration

$$\int d\mathrm{P} = \int_0^{\mathrm{H}}\frac{dq}{dz}\,dz\,\frac{\cos(\varphi + \mathrm{V})}{\cos\varphi}$$

conduit immédiatement à la formule

$$(\mathrm{A}) \qquad \mathrm{P} = \mathrm{Q}\,\frac{\cos(\varphi + \mathrm{V})}{\cos\varphi},$$

Q étant le poids du prisme de rupture. Ces résultats sont évidents puisqu'il s'agit de forces élémentaires parallèles entre elles et proportionnelles aux poids des différentes tranches infiniment minces dans lesquelles se décompose le remblai, et que ces forces sont d'ailleurs appliquées aux centres de gravité des différentes tranches dont il s'agit.

(*) Dans une Note détaillée que l'on trouvera à la suite de ce Chapitre, nous rappelons les principes de la théorie du frottement sur lesquels nous nous appuyons ici et nous discutons les diverses conséquences que l'on doit en déduire, suivant qu'on les applique à la recherche de la poussée exercée par un corps solide ou par un demi-fluide.

Supposons le poids Q du prisme de rupture représenté graphiquement par une longueur GQ tracée sur la verticale passant par le centre de gravité G du prisme de rupture correspondant au plan de rupture BR. Pour obtenir graphiquement la poussée P, il suffira de mener en dessous de la ligne BR une droite faisant avec elle l'angle φ du frottement des terres sur elles-mêmes, d'abaisser sur cette droite une perpendiculaire à partir du point G, et de décomposer la force GQ en deux autres, l'une dirigée suivant cette perpendiculaire et qui sera détruite, l'autre suivant une parallèle GL à la ligne BR.

La composante GP sera la poussée primitive, et l'on transportera cette force sur sa direction au point L, où elle s'applique à la paroi intérieure du mur.

Dans le cas où elle fait avec la normale à la paroi BH un angle plus petit que l'angle φ' du frottement des terres sur elles-mêmes, la poussée primitive P est en même temps la poussée effective.

Quand elle fait avec cette normale un angle plus grand que φ', il n'en est plus de même.

Nous avons vu que, dans ce dernier cas, chacune des poussées primitives élémentaires, au moment où elle s'applique à la paroi du mur, se brise suivant une direction qui fait l'angle φ' avec la normale à cette paroi, et que chacune de ces poussées élémentaires est diminuée dans un rapport constant, puisqu'elles sont toutes multipliées par le rapport $\dfrac{\sin(\mathrm{E}+\mathrm{V})}{\cos\varphi'}$, qui est alors, par suite de l'hypothèse, plus petit que l'unité.

Or, au lieu de composer entre elles ces poussées élémentaires effectives, il revient au même de composer entre elles d'abord les poussées élémentaires primitives, ce qui nous donne la poussée primitive P issue du centre de gravité du prisme de rupture, et de briser cette résultante suivant une droite faisant l'angle φ' avec la normale à la paroi du mur, en multipliant la résultante P elle-même, au lieu de ses composantes élémentaires, par le rapport $\dfrac{\sin(\varepsilon + V)}{\cos \varphi'}$.

Nous aurons donc

$$(B) \qquad\qquad \Pi = P\,\frac{\sin(\varepsilon + V)}{\cos \varphi'},$$

et cette poussée effective sera appliquée à la paroi intérieure du mur en un point que l'on obtiendra en menant par le centre de gravité du prisme de rupture considéré une parallèle au plan de rupture jusqu'à sa rencontre avec cette paroi. La direction de la force Π fera d'ailleurs toujours, avec la normale à la paroi du mur, un angle égal à φ'.

Nous ajouterons une remarque qui n'est pas sans importance au point de vue théorique, mais qui n'aura que de rares applications. Quand on aura à faire l'essai de différents plans considérés comme plans de rupture, dans le but d'arriver à la détermination de la poussée la plus dangereuse, il pourra se faire, lorsque la paroi intérieure du mur sera inclinée, que le plan de rupture soit vertical, ou même qu'il soit penché du côté du mur. Alors V est négatif.

Dans ce cas la décomposition du poids du prisme de rupture ne peut plus se faire comme ci-dessus, en vue de la détermination de la poussée primitive. C'est alors le poids du prisme lui-même qui doit être considéré comme la poussée primitive, et l'on a

$$P = Q.$$

Mais ce qui a été dit, pour le cas où la poussée primitive P doit être remplacée par la poussée effective Π, subsiste sans aucun changement (*).

____

(*) Dans le cas d'un remblai homogène entièrement dépourvu de co-

Méthode générale à employer pour résoudre les problèmes relatifs à la stabilité des revêtements. — Nous avons fait voir comment on peut trouver la poussée correspondant à un plan de rupture donné. Nous allons indiquer maintenant la marche générale à suivre pour déterminer l'angle de rupture auquel correspond la poussée la plus dangereuse. Nous raisonnerons d'ailleurs comme s'il s'agissait spécialement d'employer les procédés graphiques dont nous aurons à nous occuper plus tard en détail, lesquels sont seuls toujours applicables et permettent de tenir compte de toutes les circonstances particulières qui peuvent se présenter dans la pratique.

Cette méthode générale se résume comme il suit :

Faire diverses hypothèses sur l'inclinaison du plan de

---

hésion, il ne serait pas exact de considérer des poussées verticales correspondant à des plans de rupture ainsi en surplomb. Car du moment où l'on regarde les molécules du prisme de rupture comme produisant une poussée primitive verticale qui n'est autre que la résultante de leurs poids élémentaires, on ne peut pas faire abstraction du poids du prisme de terre compris entre un plan de rupture en surplomb et le plan vertical BV. Il faut donc nécessairement considérer alors tout entier le prisme de rupture qui correspond au plan de rupture vertical.

Mais, d'un côté, les surfaces de rupture en surplomb deviennent admissibles quand on applique en même temps la théorie de la cohésion ; seulement, il n'est pas prouvé qu'elles soient réellement planes. D'un autre côté, comme, dans la pratique, les terres ont généralement une certaine cohésion, en opérant ainsi avec des valeurs de l'angle φ un peu exagérées, on pourra, sans appliquer la théorie de la cohésion, tenir compte implicitement de cette force, bien que cette manière de procéder ne soit pas rigoureuse ; et alors l'hypothèse de plans de rupture en surplomb sera encore admissible.

Quoi qu'il en soit, il résulte de l'examen des épures n°s 2, 5 et 6, jointes à cet Ouvrage, que les poussées verticales ne sont pas ordinairement à craindre, et qu'habituellement on pourra ne pas s'en occuper.

Dans tous les cas, il est essentiel de ne pas perdre de vue que, pour les valeurs négatives de l'angle V, on ne doit pas considérer la poussée primitive comme parallèle au plan de rupture : il faut alors nécessairement la regarder comme verticale.

rupture; construire les poussées primitives correspondantes et transporter ces forces aux points où leurs directions rencontrent la paroi intérieure du mur à laquelle elles s'appliquent, soit directement, soit après avoir subi une décomposition, comme on l'a dit précédemment. En joignant par un trait continu les extrémités de ces poussées graphiques, on obtient une *courbe* dite *des poussées primitives*, et s'il y a lieu une *courbe des poussées effectives* qui permet de juger d'un coup d'œil de l'intensité des efforts appliqués à la paroi intérieure du mur, pour les différentes inclinaisons qu'on peut supposer au plan de rupture.

Cela posé, il peut se présenter trois cas principaux, suivant que l'on doit craindre :

1° Le renversement par rotation ;

2° L'affaissement du sol sur lequel la construction est assise ;

3° Le glissement du mur sur sa base.

Si l'on doit craindre le renversement du mur par rotation autour de l'arête antérieure de sa base, il faut chercher la poussée qui donne le moment maximum par rapport à cette arête, en remarquant que les poussées dont les directions passent au-dessous produisent des moments de sens opposé et, par suite, concourent à assurer la stabilité du mur. Le premier cas est celui qui nous occupera plus particulièrement dans le courant de cette étude; il est donc inutile de nous y arrêter pour le moment.

Lorsque l'on aura à redouter le tassement du sol sur lequel reposeront les fondations, on prolongera les directions des diverses poussées qui agissent sur le mur de manière à appliquer ces forces à la base de la fondation. En joignant leurs extrémités par un tracé continu on obtiendra une nouvelle courbe des poussées. Une tangente horizontale à cette courbe fera connaître la poussée dont la composante verticale est la plus considérable et qui doit, par suite, être regardée comme la plus dangereuse.

Il sera bon alors de disposer la fondation, autant que possible, de manière que le point où la résultante de la poussée et du poids du mur rencontrera la base de cette fondation, soit sensiblement le milieu même de la base.

Si le glissement était à craindre, il faudrait chercher la poussée qui, combinée avec le frottement sur la base du mur, donne la composante horizontale la plus considérable ; comme d'ailleurs, pour que le renversement par rotation ne puisse pas avoir lieu, il faut que les résultantes des diverses poussées et du poids du mur rencontrent la base de la construction, la composante horizontale devra être considérée comme agissant dans le plan de cette base, et pour qu'elle soit détruite, il faudra lui opposer, en avant du pied de la fondation, un obstacle assez résistant pour empêcher le mouvement de se produire.

Les considérations qui précèdent suffisent pour faire comprendre comment, dans le cas d'un remblai dépourvu de cohésion, on pourra déterminer par une épure le degré de stabilité d'un profil donné, et comment on pourrait, par suite, à l'aide de quelques tâtonnements ou d'une courbe d'erreurs, trouver l'épaisseur que l'on devra donner à un mur de revêtement pour qu'il ait la stabilité voulue.

Ces méthodes graphiques feront l'objet du Chapitre IV ci-après.

On verra plus loin, aux Chapitres V et suivants, comment en s'appuyant sur ces mêmes considérations on pourra traiter la question par le calcul.

Théorie de la cohésion. — Nous allons indiquer maintenant comment on devra procéder pour tenir compte de la cohésion qui relie entre elles les différentes molécules d'un remblai.

Nous ferons remarquer d'abord que cette force doit être considérée comme exerçant son action dans toute la masse des terres. Si son intensité variait d'une portion du remblai à une autre, il faudrait connaître la loi suivant laquelle cette variation se produit. Nous nous bornerons à supposer qu'il s'agisse d'un remblai homogène, et nous admettrons également que la cohésion y est partout la même. .

La cohésion qui fait adhérer une molécule à la molécule voisine aura dès lors la même intensité, quelle que soit la direction de la ligne qui joint les centres de ces deux molécules. Or on a vu que, dans le cas d'un remblai dépourvu de cohésion, au moment où le prisme de rupture est sur le point de faire son mouvement initial, chacune des molécules dont il se compose peut être considérée comme reposant librement sur un plan incliné parallèle au plan de rupture et sollicitée seulement par son poids et par son frottement sur le plan incliné. La poussée primitive qu'elle exerce contre la paroi du mur est dirigée dans le sens même de la pente de ce plan. Il est clair que c'est aussi dans cette direction dans laquelle tend à se faire le mouvement de glissement des molécules, que s'exercera l'action de la cohésion, mais en sens contraire et de manière à empêcher le mouvement de glissement de se produire.

Si donc on considère une tranche élémentaire comprise entre deux plans parallèles au plan de rupture et très-voisins l'un de l'autre, cette tranche sera retenue sur le plan inférieur par une force de cohésion proportionnelle à la surface de ce plan ou à l'ordonnée inférieure $l + dl$ parallèle au plan de rupture.

En même temps la tranche immédiatement supérieure, qui est sollicitée à descendre le long du plan incliné sur lequel elle repose, en vertu d'une force élémentaire donnée par la valeur particulière de dP relative à l'abscisse $z - dz$, tendra à entraîner dans son mouvement la tranche que l'on considère. L'action de la poussée primitive élémentaire de la tranche supérieure se communiquera en partie à la tranche considérée, par l'intermédiaire d'une deuxième force de cohésion, qui sera de sens contraire à la première et proportionnelle à l'ordonnée l.

Mais il est essentiel de remarquer qu'ici la cohésion ne fait que transmettre l'action d'une partie de la poussée primitive élémentaire dP, de même que la tension des traits d'un attelage transmet à une voiture l'action exercée par les chevaux. Ce serait donc faire double emploi que de considérer séparément la poussée primitive élémentaire dP et cette deuxième force de cohésion.

Il n'y a pas autre chose à faire, que de retrancher, de la poussée primitive élémentaire développée par chacune des tranches infiniment minces dans lesquelles se divise le prisme de rupture, la force de cohésion qui agit en sens contraire, et qui, ainsi que nous venons de le dire, est proportionnelle à la surface de contact de la tranche élémentaire avec la tranche immédiatement inférieure, surface qui, elle-même, est représentée par l'ordonnée parallèle au plan de rupture élevée à l'extrémité de l'abscisse z, ou, ce qui revient au même, au produit de cette ordonnée l par l'épaisseur

$$di = dz \sin(\varepsilon + \mathrm{V})$$

d'une tranche élémentaire. C'est ce qu'il nous est permis de faire, à la condition de considérer i comme variable indépendante. De la sorte, quelle que soit la valeur de l'angle V, nous aurons un système de coordonnées rectangulaires, ce qui nous permettra de prendre, pour coefficient de la cohésion, un nombre qui demeurera constant, la nature de la terre étant supposée la même, tandis que l'on ne pourrait considérer la cohésion comme proportionnelle à *ldz*, *z* étant pris pour variable arbitraire, qu'à la condition d'adopter un coefficient de la cohésion qui varierait avec l'angle V, puisque les axes du système de coordonnées font entre eux l'angle $\varepsilon + V$.

D'après ce qui précède, si l'on retranchait l'une de l'autre les deux forces de cohésion de sens contraires et respectivement proportionnelles à l et $l + dl$ qui sollicitent une tranche (*), il ne serait plus permis de considérer en même temps chaque tranche comme sollicitée par la poussée primitive élémentaire dP relative aux remblais *dépourvus de cohésion*. Ce serait la poussée primitive élémentaire des remblais *doués de cohésion* qu'il faudrait introduire dans le calcul; et l'on n'arriverait ainsi à aucun résultat, car on ne pourrait obtenir par ce

---

(*) En opérant ainsi on trouverait

$$\int_0^l \gamma \, dl = \gamma l$$

pour la résultante de toutes les forces élémentaires de cohésion, et

$$\int_0^l \gamma i \, dl = \gamma l i - \gamma \int_0^i l \, di$$

pour le moment de cette résultante par rapport au point H_1, γ étant le coefficient de la cohésion par unité de surface. Il serait facile d'en déduire la position du point d'application de la résultante dont il s'agit. Cette manière d'envisager les choses est très-admissible en elle-même; mais elle n'offre qu'un intérêt de curiosité; car dans l'expression $\gamma \, (l + dl - l)$, le terme $-\gamma l$ ferait double emploi avec la portion de la poussée primitive dont la cohésion ne fait que transmettre l'effet.

moyen une relation entre ces deux poussées de nature différente.

Nous devons donc retrancher, de la poussée primitive

$$dP = \frac{\cos(\varphi + V)}{\cos\varphi}\, dQ,$$

la force de cohésion, qui doit être représentée par une
expression de la forme *kpldi*, *k* étant le coefficient de la
cohésion; et la poussée élémentaire, dans le cas des remblais doués de cohésion, sera représentée par une expression de la forme

$$\frac{\cos(\varphi + V)}{\cos\varphi}\, dQ - kpldi = \left[\frac{\cos(\varphi + V)}{\cos\varphi} - k \right] dQ.$$

L'introduction du facteur *di* dans l'expression de la
cohésion est justifiée en premier lieu par la nécessité de
rendre l'expression de la cohésion élémentaire homogène
avec celle de la poussée primitive élémentaire de laquelle
elle doit être retranchée. Mais il est facile de reconnaître,
en outre, que l'introduction de ce facteur *di* est motivée
par la nature même des choses.

En effet, dans le cas d'un remblai tel que ceux dont
nous avons à nous occuper, les molécules ont toujours des
dimensions finies, quoique très-petites, et ce n'est que
comme moyen d'approximation, que nous pouvons appliquer à ces remblais le calcul différentiel. En réalité, c'est
au calcul des différences finies que l'on devrait avoir
recours; mais l'erreur que l'on commet en opérant ainsi
est insignifiante, et il serait tout à fait superflu de chercher à en tenir compte. Les tranches élémentaires que
l'on considère doivent donc être regardées comme ayant
en réalité une épaisseur finie déterminée par la condition que chacune d'elles soit composée d'une couche
unique de molécules du remblai. Il est évident, dès lors,

que, quelle que soit l'inclinaison du prisme de rupture, cette épaisseur *di* devra toujours être la même. Il est donc bien démontré que la cohésion devra être proportionnelle à *ldi*, ou, autrement dit, au volume de la tranche élémentaire que l'on considère, ou mieux encore à son poids *dQ*. On peut, en effet, faire remarquer à ce sujet que la cohésion est généralement due à l'attraction d'un liquide plus ou moins visqueux, interposé entre des molécules solides sur lesquelles il exerce une action en raison directe de leurs masses.

En résumé, l'action de la cohésion sera constante, quelle que soit l'inclinaison du plan de rupture, mais elle sera proportionnelle au nombre de molécules, ou, ce qui revient au même, au volume du prisme de rupture. La résultante de la cohésion aura, comme la poussée primitive, son point d'application au centre de gravité de ce prisme ; on la transportera, comme cette poussée, au point où elle s'applique à la paroi intérieure du mur, et la cohésion y subira, s'il y a lieu, la même transformation.

On a vu que la cohésion est simplement proportionnelle au volume du prisme de rupture, tandis que la poussée primitive, abstraction faite de la cohésion, est proportionnelle au produit du volume de ce prisme par le rapport $\dfrac{\cos(\varphi + V)}{\cos\varphi}$, qui est fonction lui-même de l'angle V du plan de rupture avec la verticale. Il en résulte que l'on ne peut pas, pour tenir compte de la cohésion, se contenter d'augmenter l'angle du frottement des terres sur elles-mêmes d'une quantité correspondante. En effet, la diminution que l'on ferait ainsi subir à la poussée ne serait pas simplement proportionnelle au poids du prisme de rupture, comme doit l'être celle qui est due à la cohésion, pour chacune des différentes valeurs de l'angle de rupture V.

Considérons (*fig.* 4) un remblai BCD dont le talus BC

Fig. 4.

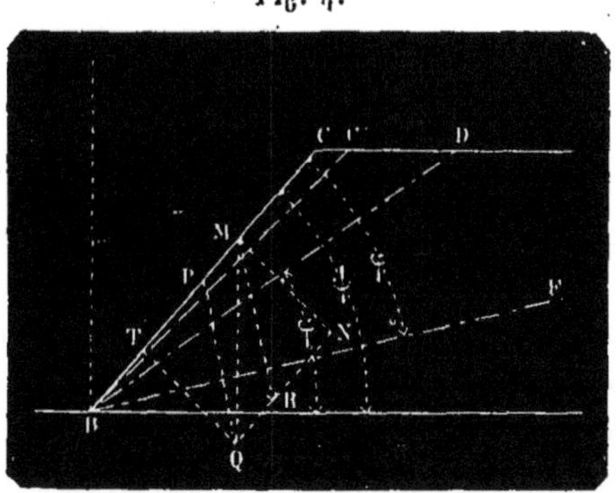

se soutient par l'effet de la cohésion à une inclinaison limite ψ plus raide que celle de l'angle du frottement des
terres sur elles-mêmes ; il est clair que, pour tout plan BC′
un peu moins incliné que BC, les molécules seront rete-
nues par une cohésion qui sera un peu supérieure à la
résultante de leur poids et du frottement en vertu de laquelle elles tendraient à glisser suivant la pente de ce plan,
tandis que, pour une inclinaison plus raide que celle du
plan BC, l'équilibre ne saurait subsister : les molécules
seraient immédiatement entraînées par la composante de
leur poids, et se mettraient à glisser sur la pente du plan
incliné.

Désignons par q le poids d'une molécule M qui repose
sur le plan BC ; la composante normale MN sera égale
à $q \cos \psi$, et la composante MT dirigée dans le sens de la
pente du plan sera $q \sin \psi$. Le frottement développé sur le
plan BC sera

$$q \cos \psi \ \mathrm{tang}\, \varphi = \mathrm{NR} = \mathrm{PT}^q$$

qui, retranché de la composante

$$\mathrm{MT} = q \sin \psi,$$

donnera, pour la composante du poids et du frottement de la molécule M dans le sens de la pente du plan CB,

$$MP = q(\sin\psi - \cos\psi \, \mathrm{tang}\,\varphi) = q\,\frac{\sin(\psi - \varphi)}{\cos\varphi}.$$

Cette décomposition revient à mener, en dessous du plan BC un plan BF faisant avec lui un angle φ, et à décomposer la force MQ en deux ; l'une MR, perpendiculaire à BF ; l'autre MP dans le sens de la pente du plan BC.

Désignons par k le rapport de la cohésion au poids d'un volume quelconque de terre, rapport que nous appellerons le *coefficient de la cohésion ;* la cohésion qui tend à s'opposer au glissement de la molécule M sera représentée par kq, et comme cette cohésion fait équilibre à la force qui tend à produire le glissement, nous aurons la relation

$$q\,\frac{\sin(\psi - \varphi)}{\cos\varphi} - kq = 0,$$

d'où

$$(\mathrm{C}) \qquad k = \frac{\sin(\psi - \varphi)}{\cos\varphi}.$$

On peut remarquer que si ψ était égal à φ, le coefficient k serait nul : c'est le cas d'un remblai dépourvu de cohésion.

Pour tenir compte de la cohésion, il suffira de retrancher cette force de la poussée primitive, dont l'expression deviendra ainsi

$$(\mathrm{D}) \qquad \left\{ \begin{aligned} P &= Q\,\frac{\cos(\varphi + V)}{\cos\varphi} - kQ \\ &= Q\left[\frac{\cos(\varphi + V)}{\cos\varphi} - \frac{\sin(\psi - \varphi)}{\cos\varphi}\right]. \end{aligned} \right.$$

Cette modification de la valeur de la poussée primitive est la seule qu'il y ait à apporter à la méthode générale que nous avons indiquée ci-dessus pour la résolution des problèmes relatifs aux murs de revêtement. Quand nous nous contenterons, dans la suite de ce travail, de considérer le cas des remblais dépourvus de cohésion, il sera facile de voir les changements à faire subir à la solution du problème pour avoir égard à la cohésion.

Remarque. — La théorie de la cohésion développée dans ce Chapitre suppose que le remblai soit homogène et que la cohésion soit simultanément détruite dans toute la masse du prisme de rupture au moment où l'équilibre cesse de se maintenir.

Il peut arriver aussi qu'un prisme de terre se détache tout entier suivant un plan de rupture unique. Cette hypothèse doit être traitée d'une manière tout autre que la précédente, car alors le remblai ne peut être considéré comme homogène, et le prisme de rupture devient en réalité un prisme solide reposant sur un plan incliné. Nous donnons la théorie applicable à ce cas dans la Note que l'on trouvera à la fin du Chapitre V.

Si le prisme de terre devait être considéré comme un solide flexible ou compressible, il faudrait, pour tenir compte de cette circonstance, appliquer la théorie de la résistance des corps élastiques à la rupture.

Dans d'autres cas, il y aurait lieu de considérer le prisme de rupture solide comme adhérant au plan de rupture par l'intermédiaire d'un liquide plus ou moins visqueux. Mais ce liquide, s'il était mêlé en grande abondance au remblai, pourrait aussi jouer un rôle opposé, et, au lieu de tendre à maintenir l'adhérence du prisme de rupture, il pourrait avoir pour effet de diminuer l'influence du frottement, comme les huiles au moyen desquelles on graisse les articulations des machines.

Dans les terrains argileux, ces divers effets peuvent se produire tour à tour, suivant que les eaux d'infiltration s'y seront introduites en plus ou moins grande abondance et dans des conditions diverses.

Dans ces sortes de terrains les eaux d'infiltration peuvent avoir encore un autre genre d'action contre lequel les constructeurs ne sauraient se mettre trop en garde et qui mériterait de faire l'objet de recherches spéciales. En s'imbibant d'eau l'argile augmente de volume et réagit sur les parois de l'enveloppe qui la renferme, d'une manière analogue à ce qui se produit quand le plâtre fait sa prise.

Expériences à faire pour déterminer les valeurs des différentes quantités qui constituent les données de la question dans les problèmes relatifs à la poussée des terres. — Pour résoudre les différents problèmes relatifs à la poussée des terres et à la stabilité des murs de revêtement, il faut connaître les poids spécifiques des terres et des maçonneries, les angles du frottement des terres sur elles-mêmes et des terres sur les maçonneries, enfin la cohésion.

Détermination de p'. — Pour trouver le poids spécifique p' de la maçonnerie, le mieux est de peser un bloc de maçonnerie de même qualité que celle qui doit être employée, et dont le volume puisse être mesuré exactement. On divise ensuite le poids de ce bloc par son volume, et l'on obtient ainsi le poids p' du mètre cube de maçonnerie.

Détermination de p. — Pour avoir le poids spécifique p de la terre, il faut peser de même un volume connu de terre pareille à celle qui entrera dans la formation des remblais : on obtient le nombre p cherché en divisant le poids trouvé par le volume correspondant.

Détermination de l'angle φ. — Pour mesurer l'angle φ du frottement des terres sur elles-mêmes ou du talus naturel des terres supposées dépourvues de cohésion, il faut former un remblai en laissant les terres prendre leur talus naturel; puis on mesure l'angle de ce talus avec l'horizon. Dans cette expérience on doit opérer sur des terres très-sèches et éviter de laisser le tassement se produire, afin de se mettre à l'abri de l'influence de la cohésion qui pourrait maintenir le talus sous un angle plus fort que celui du frottement.

Détermination de l'angle φ'. — Pour obtenir l'angle φ' du frottement des terres sur les maçonneries, on peut prendre un bloc de maçonnerie de même qualité que celle qui formera la paroi intérieure du mur, puis poser sur ce bloc une motte de la terre qui doit former le remblai. On incline ensuite la face du bloc de maçonnerie sur laquelle repose la motte de terre, jusqu'à ce que cette dernière commence à glisser sur le plan incliné. L'angle que fait alors ce plan avec l'horizon est l'angle φ' cherché. Mais ici il y a une remarque importante à faire : si l'angle φ' observé se trouvait plus grand que l'angle φ, on devrait, dans la solution des problèmes relatifs à la poussée des terres, prendre pour la valeur de φ' celle de l'angle φ.

En effet, s'il devait y avoir un glissement des terres contre la paroi intérieure du mur pour un angle du frottement égal à φ, tandis que ce glissement n'aurait pas lieu pour la valeur directement observée de l'angle φ', il est clair que le glissement, qui ne pourrait pas avoir lieu au contact même de la paroi, se produirait dans le remblai à une distance infiniment petite de la paroi du mur et dans un plan parallèle à cette paroi, puisque dans ce plan c'est le frottement des terres sur elles-mêmes qui se ferait seul sentir.

Dans les constructions il y aura généralement avantage, au point de vue de la stabilité, à faire en sorte que φ' ne soit pas non plus inférieur à φ, ce qu'il sera facile de réaliser en formant le parement intérieur par gradins, ou en ayant soin que ce parement présente de nombreuses aspérités.

Détermination de l'angle ψ du talus que peuvent prendre les terres douées de cohésion. — Il résulte de ce qui a été dit ci-dessus au sujet de la cohésion, que l'on pourra obtenir le coefficient de la cohésion

$$k = \frac{\sin(\psi - \varphi)}{\cos \varphi},$$

en formant un remblai avec des terres douées de cohésion et en mesurant l'angle ψ du talus sous lequel elles se tiendront, angle qui sera nécessairement plus grand que φ.

Il est à remarquer que l'angle ψ est susceptible de varier d'une manière très-sensible suivant le degré d'humidité ou de siccité des terres. On devra généralement adopter pour cet angle la plus petite des différentes valeurs par lesquelles il pourrait successivement passer. On pourra prendre par exemple, dans la plupart des cas, l'angle sous lequel les terres se soutiendront quand elles seront bien divisées, un peu humides et légèrement damées.

Cette hypothèse peut en effet être considérée comme la plus défavorable à la stabilité (*) et en même temps comme correspondant à peu de chose près à la réalité, au moment de la construction. Mais il ne faudrait pas, sous peine de s'exposer à de graves mécomptes, faire entrer dans le calcul la valeur maximum que peut prendre l'angle ψ, pour des terres parfaitement damées et desséchées au soleil.

Souvent même il sera plus sûr, et dans tous les cas plus simple, de négliger la cohésion. .

(*) Il ne faut pas perdre de vue que, dans cette théorie, nous ne nous occupons que des remblais supposés homogènes.

NOTE

Relative à l'application de la théorie du frottement à la recherche de la poussée exercée par un corps solide reposant sur un plan incliné et à la détermination de la poussée d'un demi-fluide.

Pour l'intelligence des principes qui servent de base à la théorie de la poussée des terres, nous croyons utile de rappeler la discussion relative aux conditions de stabilité d'un corps reposant à frottement sur un plan et soumis à l'action de plusieurs forces, telle que nous la trouvons dans le cours professé par M. Chasles à l'École Polytechnique en 1847 et 1848.

M. Chasles définit d'abord le frottement comme il suit :

Frottement. — « Nous avons dit que dans toute machine il se développe des *résistances passives* qui diminuent la quantité de *travail utile :* la principale de ces résistances, celle qui généralement est la plus considérable, provient du *frottement* de certaines pièces qui glissent sur d'autres.

» Quand un corps repose sur un autre corps, il y a une certaine adhérence entre les molécules des deux surfaces superposées, adhérence qui oppose une résistance au glissement du premier corps sur le deuxième, et qui varie suivant que les corps sont plus ou moins polis et suivant la nature des matières dont ils sont formés. »

M. Chasles établit ensuite « que la force du frottement est *indépendante de l'étendue de la surface du corps frottant*, et qu'elle ne dépend que de la pression normale exercée par ce corps sur celui qui le supporte; enfin que *cette force est proportionnelle à cette pression normale*; le coefficient de la proportionnalité dépend de la nature et du poli des matières en contact. »

C'est ce que démontrent les expériences d'Amontons et de Delahire au sujet desquelles M. Chasles donne quelques détails.

Coefficient du frottement. — D'après ce qui précède, « pour les mêmes matières, la force de frottement est proportionnelle à la pression que le corps frottant exerce sur le corps qui le supporte; en d'autres termes donc, *le rapport du frottement à la pression, est une quantité constante*, pour les mêmes matières. Cette quantité constante a été appelée *coefficient du frottement.* Par une expérience à la manière d'Amontons ou de Delahire, on détermine la valeur de ce coefficient. »

Expérience de Parent. — « Il est un autre moyen, dû à Parent, de démontrer la loi du frottement, et par lequel on détermine immédiatement le rapport du frottement à la pression ou *coefficient du frottement*, sans connaître la pression :

» Que le corps frottant repose sur un plan horizontal ; qu'on incline ce plan et qu'on augmente son inclinaison jusqu'au moment où le corps commence à glisser. A ce moment l'action de la pesanteur se décompose en deux forces, l'une parallèle à la surface du plan incliné et l'autre perpendiculaire à ce plan. Soit P le poids du corps, α l'angle que le plan incliné fait avec l'horizon ; les deux forces dans lesquelles se décompose le poids P seront $P\sin\alpha$ dans la direction du plan incliné et $P\cos\alpha$ perpendiculairement à ce plan.

» La première force est celle qui détermine le corps à glisser, elle détruit la résistance provenant du frottement ; elle est donc égale à cette résistance ou au frottement ; représentons-la par F, de sorte que $F = P\sin\alpha$. La deuxième force exprime la pression que le corps exerce sur le plan ; soit Q cette pression, $Q = P\cos\alpha$. On a donc :

$$\frac{F}{Q} = \frac{P\sin\alpha}{P\cos\alpha} = \tang\alpha.$$

» Or on reconnaît, en variant arbitrairement l'étendue de la surface et le poids du corps, que *l'angle d'inclinaison du plan ne varie pas*. Le rapport $\frac{F}{Q}$ reste donc constant. D'où il suit que *le frottement est proportionnel à la pression*, ce qui est la loi trouvée par les autres expériences. »

Angle du frottement. Expression géométrique du coefficient du frottement. — « L'angle α sous lequel le corps commence à glisser a été appelé l'*angle du frottement*. Et d'après l'équation

$$\frac{F}{Q} = \tang\alpha,$$

on voit que $\tang\alpha$ est le *coefficient du frottement*. Ainsi, par l'expérience de Parent, on détermine immédiatement la valeur de ce coefficient sans que l'on connaisse la pression.

» Toutefois l'expérience peut donner une valeur un peu trop faible, à cause des petits ébranlements qu'éprouve le plan incliné quand on l'élève, et qui sollicitent le corps à glisser un peu trop tôt. »

Expériences de Coulomb et du général Morin. — M. Chasles

passe ensuite rapidement en revue les expériences par lesquelles Coulomb et M. Morin ont vérifié les lois indiquées ci-dessus, et ont été conduits, en outre, à admettre que : « *la force de frottement d'un corps qui glisse sur un autre est indépendante de la vitesse du corps et conserve la même intensité dans tout le cours du mouvement.* De sorte que le frottement est une force rétardatrice constante, de même nature que l'action de la pesanteur. »

Remarques sur le frottement. — « .....Les corps n'acquièrent toute l'intensité du frottement, qu'après un certain temps de superposition. Ce temps est variable.

» Pour les métaux, il est à peine appréciable.

» Pour les bois frottant à sec sur les bois, il est de quelques minutes.

» Pour les bois sur les métaux, il est de plusieurs heures et même de plusieurs jours.

» Un léger ébranlement du corps frottant peut souvent occasionner son déplacement sous un effort moindre que celui qui serait nécessaire pour vaincre le frottement sans cet ébranlement. L'intensité de l'effort est alors égale à celui qui a lieu dans le mouvement prolongé du corps.

» On devra tenir compte de ce fait dans les calculs relatifs à la stabilité des constructions, où le frottement joue un rôle important. Si ces constructions sont sujettes, comme presque toujours, à quelque ébranlement, il faudra introduire dans ces calculs le coefficient du frottement relatif aux corps en mouvement, à la place du coefficient relatif aux corps en repos. »

M. Chasles donne ensuite des Tables des rapports du frottement à la pression, soit au moment du départ, soit pendant le mouvement. On voit, d'après les chiffres contenus dans ses Tables, que le coefficient du frottement est, en général, plus fort au départ que pendant le mouvement.

Application des lois du frottement : conditions de stabilité d'un corps placé sur un plan et soumis à plusieurs forces. — « Un corps placé sur un plan est sollicité par plusieurs forces qui, la pesanteur comprise, ont une résultante unique R (*fig.* 5). Cette force tend à faire glisser le corps, mais le frottement tend à le retenir. Quelle relation doit-il y avoir entre l'intensité de la force et sa direction, pour que le corps reste stable?

» La force R se décompose en deux, l'une normale et l'autre parallèle au plan. La première exerce sur le corps une pression qui produit une force de frottement ou de résistance au glissement du corps; la seconde composante tend à faire glisser le corps, mais son action est diminuée de la force de frottement. La stabilité du

Fig. 5.

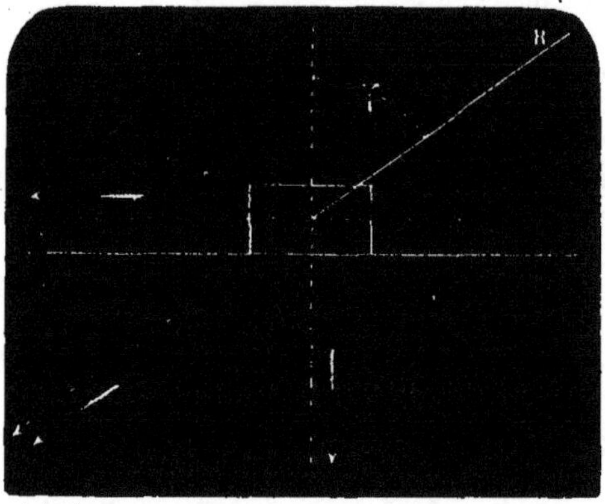

corps dépendra donc de la différence qu'il y aura entre cette composante de la force R et la force de frottement.

» Soit γ l'angle que la force R fait avec la normale au plan; les deux composantes de cette force seront $R\cos\gamma$ perpendiculairement au plan, et $R\sin\gamma$ parallèlement au plan.

» La première produit une pression du corps sur le plan, et la seconde tend à faire glisser le corps. Le frottement qui s'oppose au glissement est proportionnel à la pression du corps. Le rapport constant entre le frottement et la pression ne dépend, comme nous l'avons vu, que de la nature des surfaces en contact ; soit f ce rapport que nous avons appelé le *coefficient du frottement*. La force de frottement est égale à $f R\cos\gamma$. Cette force s'exerce parallèlement au plan; le corps est donc soumis aux deux forces $R\sin\gamma$ et $f R\cos\gamma$, qui agissent en sens contraire, et dont l'action se réduit à une seule force $(R\sin\gamma - f R\cos\gamma)$.

» Si l'on a $R\sin\gamma < f R\cos\gamma$, ou $\tan\gamma < f$, la force qui tend à faire glisser le corps, que nous appellerons force de *traction*, sera moindre que la résistance opposée par le frottement, et il y aura stabilité du corps.

» Si l'on a $R\sin\gamma = f R\cos\gamma$, ou $\tan\gamma = f$, la force de traction sera précisément égale à la force de frottement, et le corps sera dans un état d'*équilibre instable*. La force la plus minime suffira pour le déplacer.

3.

» Enfin, si l'on a $R \sin\gamma > f R \cos\gamma$, ou $\tang\gamma > f$, la force de traction l'emportera sur la force de frottement et le corps sera déplacé.

» L'équation $\tang\gamma = f$ indique donc la limite de l'angle que la force R doit faire avec la normale au plan, pour que le corps reste en repos.

» f est le *coefficient du frottement*, c'est-à-dire le rapport constant du frottement à la pression. Nous avons vu que si l'on place le corps, soumis à la seule force de la pesanteur, sur un plan qu'on incline à l'horizon, jusqu'au moment où le corps commencera à glisser, le coefficient f est la tangente de l'inclinaison du plan ; et nous avons appelé cette inclinaison l'*angle du frottement*. Ainsi f est la tangente de cet angle du frottement.

» Donc l'angle γ déterminé par l'équation $\tang\gamma = f$ est égal à *l'angle du frottement*.

» Donc :

» *Quand plusieurs forces qui ont une résultante unique, et au nombre desquelles est comprise la pesanteur, sollicitent un corps placé sur un plan, il faut, pour qu'elles ne produisent aucun déplacement du corps, que leur résultante fasse avec la normale au plan, un angle plus petit que l'angle du frottement* (*).

» Le corps est d'autant plus stable, c'est-à-dire la force de frottement que produit la pression éprouvée par le corps, l'emporte d'autant plus sur la force de traction, que cet angle est plus petit. Car la force de frottement $f R \cos\gamma$ est d'autant plus grande, et la force de traction $R \sin\gamma$ d'autant plus petite, que l'angle γ est plus petit.

» Quand cet angle est précisément égal à l'angle du frottement, la force de traction égale la résistance due au frottement, et alors une force infiniment petite suffit pour déplacer le corps.

» Ainsi l'angle du frottement est une limite dans laquelle doit se renfermer l'angle que la résultante des forces qui sollicitent le corps fait avec la normale au plan sur lequel ce corps est placé.

» Nous supposons le corps placé sur un plan, mais il est évident que ce que nous avons dit pour ce cas s'applique à un corps placé sur une surface quelconque ; car à cette surface on substituera son plan tangent au point de contact du corps ; et le corps étant en équilibre sur ce plan, le sera pareillement sur la surface. »

(*) Nous ajoutons que, dans ce cas, l'action de la force R est transmise intégralement au plan sur lequel repose le corps qu'elle sollicite.

J. C.

Mouvement uniforme d'un corps sur un plan incliné. — M. Chasles étudie ensuite la question du glissement d'un corps sur un plan incliné, en tenant compte du frottement et en supposant que le mouvement soit ascendant.

Il démontre que :

« *Quand une force P fait glisser un corps sur un plan, d'un mouvement uniforme, la résultante de cette force et de l'action de la pesanteur fait avec la normale au plan un angle égal à l'angle du frottement.* »

Il fait remarquer que « cette condition laisse indéterminée soit la grandeur de la force, soit sa direction, » et que

« *La plus petite force capable d'opérer le glissement d'un corps pesant sur un plan est celle qui fait avec la direction du plan un angle égal à l'angle du frottement.* »

En outre,

« *Une force P étant donnée de grandeur, on pourra l'appliquer au corps dans deux directions différentes, lesquelles sont également inclinées sur la direction de la force minimum.* »

Enfin M. Chasles cherche *l'expression analytique de la relation qui a lieu entre l'intensité et la direction de la force qui fait glisser le corps.*

Il trouve la formule

$$\frac{P}{Q} = \frac{\sin(\alpha + \gamma)}{\cos(\gamma - \beta)},$$

dans laquelle

P est la force appliquée au corps,

Q le poids du corps,

α l'angle du plan incliné avec l'horizon,

γ l'angle du frottement,

β l'angle de la force P avec le plan incliné.

Cas de l'équilibre. — Nous ferons remarquer d'abord que les conditions de l'équilibre d'un corps sur un plan incliné sont les mêmes que celles du mouvement uniforme, puisque ces conditions sont indépendantes de la vitesse, qui, dès lors, peut être supposée nulle.

Toutefois M. Chasles suppose que le corps remonte la pente du plan incliné, car il admet que le frottement agit en sens contraire de ce mouvement.

Si au contraire le corps descendait la pente du plan incliné, il faudrait changer le signe de γ dans la formule ci-dessus, β pouvant d'ailleurs être à volonté positif ou négatif, ce qui donnerait

$$\frac{P}{Q} = \frac{\sin(\alpha - \gamma)}{\cos(\gamma + \beta)} (*).$$

C'est cette formule qui doit être appliquée quand la force P tend simplement à retenir le corps et non à déterminer un mouvement ascendant.

P serait dans ce cas un minimum pour $\beta = -\gamma$.

Mais la valeur de P qui nous intéresse spécialement est celle qui correspond au mouvement que le corps tend à prendre par lui-même suivant la pente du plan incliné, et pour laquelle on a $\beta = 0$.

Poussée exercée contre un mur par un corps reposant sur un plan incliné : 1° Cas où $V + \varepsilon > 90° - \varphi'$. — Considérons maintenant un corps solide reposant à frottement sur un plan incliné, et proposons-nous d'examiner ce qui aura lieu si le mouvement de glissement de ce corps sur le plan est empêché par un obstacle qui sera, si l'on veut, la paroi intérieure d'un mur.

Désignons par

V l'angle du plan incliné avec la verticale, par

ε l'angle de la paroi intérieure du mur avec cette même verticale, par

Q le poids du corps, par

$f = \tang\varphi$ et par

$f' = \tang\varphi'$, les coefficients du frottement de ce corps respectivement avec le plan incliné et avec la paroi du mur.

Si l'on fait abstraction de l'obstacle, le corps tendra à glisser suivant la pente du plan incliné sous l'action d'une force parallèle à ce plan et dont l'intensité sera

$$P = Q(\cos V - f \sin V) = Q \frac{\cos(\varphi + V)}{\cos\varphi}.$$

Quant à la réaction du plan incliné, elle sera

$$\frac{Q \sin V}{\cos\varphi}.$$

(*) Si dans cette formule on introduit les notations suivantes :

$$\alpha = 90^n - V, \quad \gamma = \varphi, \quad \beta = 0,$$

on trouve pour la réaction P, égale et de sens contraire à la poussée primitive,

$$P = Q \frac{\sin(90° - V - \varphi)}{\cos\varphi} = Q \frac{\cos(\varphi + V)}{\cos\varphi},$$

qui n'est autre que la formule (A), page 15.

Si la direction de la force P fait avec la normale à la paroi intérieure BH (*fig.* 6) un angle moindre que φ', elle s'appliquera purement
et simplement au mur, sans décomposition, car le corps solide peut
être considéré comme sollicité seulement par la force P et pressé

Fig. 6.

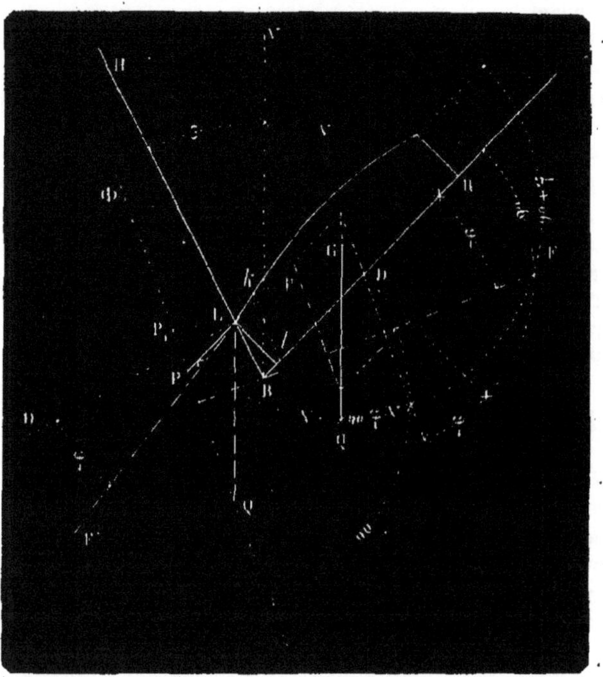

par cette force contre le mur. Alors *la condition de stabilité d'un
corps pressé par une force contre un plan se trouve remplie.* Cela
revient à dire que l'action de la force P s'exercera tout entière
contre le mur. Dès lors, si ce mur n'est pas suffisamment résistant,
l'équilibre pourra être rompu. Nous verrons plus loin que si la force P
est susceptible de produire la rupture de l'équilibre, il pourra se
faire qu'au moment où le mur sera sur le point de se renverser, un
frottement nouveau vienne à se développer et que par suite la poussée se trouve en réalité modifiée en direction et en intensité.

Supposons d'abord que le frottement dû à un mouvement initial du
mur ne puisse pas se produire.

Par le point de contact L du corps solide avec la paroi du mur, menons une verticale dont la longueur LQ′ représente le poids Q, et par le point Q′ traçons une droite Q′Φ faisant l'angle φ avec la normale au plan BR ; on pourrait, comme le fait remarquer M. Chasles, maintenir le corps solide en équilibre sur le plan incliné en appliquant au point L une force tendant à arrêter le mouvement de glissement de ce corps, et ayant une direction quelconque, dont l'intensité serait représentée par la longueur $P_{,}L$ interceptée sur cette direction par la droite Q′Φ, en sorte que la poussée correspondante, qui est égale et de sens contraire, serait représentée en grandeur et en direction par la ligne $LP_{,}$.

La direction de P serait déterminée si la paroi BH était parfaitement polie, de telle sorte que l'angle φ' fût égal à zéro. La poussée serait alors nécessairement normale à cette paroi dont la direction serait d'ailleurs quelconque entre deux directions limites extrêmes, toutes deux perpendiculaires à Q′Φ.

Mais la paroi BH est supposée donnée et de plus la direction de la pente du plan incliné fait avec la normale à la paroi du mur un angle moindre que φ'. On a alors

$$V + \varepsilon > 90° - \varphi' \text{ et } V + \varepsilon < 90° + \varphi'.$$

Pour faire disparaître l'indétermination apparente du problème, nous ferons observer d'abord que si l'on suppose le corps solide réellement appliqué au moins par trois points non en ligne droite, sur le plan incliné, et si la direction de la poussée n'est pas déterminée forcément à l'avance, comme par exemple dans le cas d'une paroi parfaitement polie, il n'y a pas lieu de considérer les poussées faisant avec la partie descendante de la verticale un angle moindre que V.

En effet, une poussée pareille se décomposerait nécessairement en deux forces, l'une parallèle au plan incliné, l'autre faisant l'angle φ avec la normale à ce plan ; la première serait la poussée, la seconde serait détruite par la réaction normale du plan incliné combinée avec le frottement sur ce plan.

Considérons maintenant une poussée $LP_{,}$ passant au-dessus de LP. La réaction du mur égale et contraire à $LP_{,}$ se décomposerait en deux autres dont l'une, égale et de sens contraire à LP, suffirait pour assurer l'équilibre du corps solide sur le plan BR et dont l'autre, faisant l'angle φ' avec la normale au plan incliné, serait transmise par l'intermédiaire du corps solide au plan BR, et détruite par la réaction normale de ce plan combinée avec le frottement. Ainsi dans le cas qui nous occupe, cette dernière composante de la réaction du mur ne contribuerait en rien à assurer l'équilibre du corps solide, et elle ne serait, en réalité, qu'une action du mur sur le plan incliné, transmise par l'intermédiaire du corps solide. Cette action pourrait se produire si l'état d'équilibre du mur exigeait qu'il cherchât un point d'appui sur le plan incliné ; mais cette supposition est en contradiction avec l'hypothèse spéciale où nous sommes placés, et dans laquelle nous n'avons à nous occuper que de la poussée exercée par le corps solide contre le mur.

En définitive, nous sommes ramenés à considérer la poussée primitive, qui exerce réellement son action, comme parallèle à la pente du plan incliné.

D'après ce qui précède, nous devons prolonger la direction du poids Q appliqué au centre de gravité G du corps solide, jusqu'à son point de rencontre avec la direction de la force P, menée par le point L. Par le point d'intersection de ces deux lignes, il faut ensuite mener une droite faisant l'angle φ avec la normale au plan incliné, ou, ce qui revient au même, perpendiculaire à la droite BF qui fait l'angle φ au-dessous de ce plan.

On décompose alors le poids Q en deux forces, suivant ces deux directions, ce qui donne d'une part la poussée P, et de l'autre la composante qui devra être détruite par la réaction normale du plan incliné, combinée avec le frottement. Le point d'application de cette deuxième composante au plan incliné est le point D, et pour que le corps solide soit en équilibre sur ce plan, il est nécessaire que ce point se trouve compris dans le polygone d'appui du corps solide sur le plan incliné. Si le point D se trouvait au delà du point extrême R, le corps solide se renverserait autour de R et tendrait à prendre une autre position d'équilibre.

Supposons maintenant que la force P ait une intensité suffisante pour surmonter la résistance du mur : nous aurons trois cas différents à considérer :

1° Si le mur doit prendre, après la rupture de l'équilibre, un mouvement parallèle à la pente du plan incliné, ou, plus généralement, si le point de contact L avec la paroi intérieure ne doit pas changer pendant le mouvement initial du mur, la poussée sous l'action de laquelle cet effet se produira sera bien la force P.

C'est ce qui aurait lieu, par exemple, si le mur reposait lui-même sur un plan incliné parallèle à BR, et s'il était retenu sur ce plan par un frottement plus grand que celui du corps solide LR sur le plan BR. Considéré isolément, le mur serait en équilibre, mais sous l'action de la poussée P il serait entraîné à glisser sur sa base parallèlement à la direction de cette force.

2° Il peut arriver aussi qu'après la rupture de l'équilibre, le mur tende à s'abaisser d'un mouvement plus rapide que celui que prendrait le corps solide. Cela aurait lieu, par exemple, si le mur reposait à frottement, comme dans le cas précédent, sur un plan incliné, et si la pente de ce plan était plus raide que celle du plan BR, le frottement sur cette base étant d'ailleurs suffisant pour retenir le mur quand il n'est pas sollicité par la poussée. Alors, au moment où l'équilibre serait sur le point d'être détruit, la paroi BH tendrait à prendre un mouvement relatif descendant, par rapport au corps LR, et le glissement de l'arête L contre cette paroi développerait un frottement qui solliciterait la paroi BH de bas en haut, tandis qu'une réaction égale et de sens contraire serait appliquée au corps LR.

Eu égard à ce frottement, la poussée effective prendrait alors une direction telle que $LP_{,}$, faisant l'angle φ' avec la normale à la paroi BH, au-dessus de cette normale. Pour obtenir l'expression de cette poussée, il suffirait de changer le signe de φ' dans la valeur de la poussée Π qui sera donnée plus loin.

3° Le cas le plus habituel est celui de la rupture de l'équilibre, soit par le glissement du mur sur une base horizontale, soit par un mouvement de rotation autour de l'arête antérieure de cette base. Alors le mouvement initial de renversement que tend à prendre le mur produirait un glissement de haut en bas de l'arête L contre la paroi BH, et par suite un frottement de haut en bas appliqué à cette paroi.

Eu égard à ce frottement, la poussée effective fera au-dessous de la normale à la paroi du mur l'angle φ'.

On donnera plus loin l'expression de cette poussée Π.

Dans le nouvel état de choses que l'on aura alors à considérer, la poussée ainsi modifiée pourra maintenir le mur en équilibre dans une position où abandonné à lui-même il devrait se renverser.

Il faut remarquer aussi, que le corps solide LR sera en réalité dans les conditions d'une tige reposant sur deux points d'appui dont l'un serait le point L et l'autre un des points D et R, ou un point intermédiaire.

Dans les trois cas que nous venons d'examiner, on obtient graphiquement l'intensité de la poussée qui agit réellement sur le mur, en menant par le point L une droite ayant la direction de cette force ; la portion de cette droite comprise entre le point L et la direction $Q'\Phi$ représente l'intensité de la poussée cherchée.

Poussée primitive dans le cas des remblais dépourvus de cohésion.

— La discussion qui précède suppose qu'il s'agisse d'un corps solide invariable de forme. Admettons, au contraire, que le corps LR soit formé de deux parties en contact suivant un plan lk tel, que la poussée P parallèle au plan BR fasse l'angle φ avec la normale à ce plan, φ étant d'ailleurs l'angle du frottement des deux faces en contact suivant lk; et supposons, en outre, que le poids du petit volume. Lkl soit négligeable comparativement à celui du corps LR. Il est à remarquer que la poussée P, parallèle à BR, pourra encore se transmettre au mur par l'intermédiaire du petit volume Lkl, et que de même la réaction du mur pourra se transmettre à la partie principale kR du corps solide. Mais il n'en serait pas ainsi d'une poussée plus inclinée au-dessous de l'horizon que LP.

Le mouvement initial du mur aurait alors pour effet de soulever le petit prisme Lkl; mais après un léger mouvement du mur, la poussée P agirait encore comme auparavant; seulement son point d'application se serait un peu déplacé.

Dans le cas d'un remblai dépourvu de cohésion, les choses se passeraient à peu près de la même manière. Dans chacune des tranches élémentaires infiniment minces comprises entre deux plans très-voisins, parallèles au plan de rupture, au moment où le mur ferait un petit mouvement, quelques-unes des molécules du remblai en contact avec la paroi intérieure seraient soulevées, mais cet effet ne se propagerait pas dans la masse du remblai; il n'aurait lieu qu'au contact du mur, et les tranches élémentaires dont l'ensemble constitue le prisme de rupture, après avoir fait un petit mouvement de glissement, viendraient s'appliquer de nouveau par leur partie inférieure contre la paroi intérieure du mur.

Ainsi, dans le cas d'un remblai dépourvu de cohésion, lorsque la poussée primitive P, parallèle au plan de rupture, fait, avec la normale à la paroi intérieure du mur, un angle moindre que φ', cette poussée s'applique sans décomposition au mur.

2° *Cas où* $V + \varepsilon < 90° - \varphi'$. — Si la force P faisait avec la normale à la paroi du mur un angle plus grand que φ', il faudrait décomposer cette force en deux autres, faisant l'une l'angle φ' avec la normale à la paroi du mur, l'autre l'angle φ avec la normale au plan incliné.

Cette dernière composante serait détruite par la réaction normale du plan incliné, combinée avec le frottement.

L'autre composante serait la poussée appliquée à la paroi du mur. Son expression sera donnée par la relation

$$\Pi : P :: \sin(90° - \varphi) : \sin(\varphi + \varphi' + \varepsilon + V),$$

d'où

$$\Pi = P \frac{\cos\varphi}{\sin(\varphi + \varphi' + \varepsilon + V)} = Q \frac{\cos(\varphi + V)}{\sin(\varphi + \varphi' + \varepsilon + V)}.$$

On peut aussi, comme l'indique la *fig.* 7, décomposer immédiatement le poids Q en deux forces, l'une passant par le point L et faisant l'angle φ' avec la normale à la paroi du mur, l'autre passant

Fig. 7.

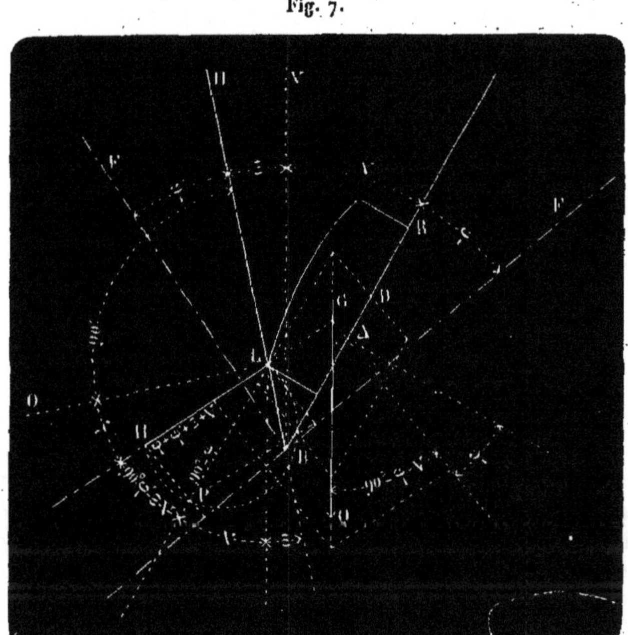

par le point d'intersection des directions de ces deux forces et faisant l'angle φ avec la normale au plan incliné.

Cette dernière composante rencontre le plan incliné en un point Δ qui, pour que le corps solide se maintienne en équilibre, devra se trouver compris dans le polygone d'appui.

On arrive encore à la même expression de la poussée Π de la manière suivante. On décompose la réaction égale et de sens contraire Π du mur en deux forces, l'une $\Pi\sin(\varphi' + \varepsilon + V)$ parallèle au plan incliné, l'autre $\Pi\cos(\varphi' + \varepsilon + V)$ perpendiculaire à ce plan; cette dernière composante est détruite par la réaction normale du plan, mais elle développe un frottement qui tend à s'opposer au mouvement de glissement du corps solide sur ce plan.

Le poids Q du corps dont il s'agit se décompose de même en deux forces, l'une $Q \cos V$ dirigée suivant la pente du plan, l'autre $Q \sin V$ perpendiculaire à ce plan; cette dernière composante est détruite par la réaction normale du plan, mais elle développe un frottement $f Q \sin V$ qui tend, comme le premier, à empêcher le mouvement de glissement du corps solide d'avoir lieu.

Alors la composante dirigée dans le sens de la pente du plan incliné doit être détruite par la somme des trois autres forces, et l'on a la relation

$$Q \cos V = \Pi \sin(\varphi' + \varepsilon + V) + f \Pi \cos(\varphi' + \varepsilon + V) + f Q \sin V,$$

ou

$$\Pi \frac{\sin(\varphi + \varphi' + \varepsilon + V)}{\cos \varphi} = Q \frac{\cos(\varphi + V)}{\cos \varphi},$$

d'où l'on tire

$$\Pi = Q \frac{\cos(\varphi + V)}{\sin(\varphi + \varphi' + \varepsilon + V)}.$$

Ce dernier calcul est celui que l'on fait ordinairement pour obtenir l'expression de la poussée des terres en fonction de l'angle de rupture V.

L'objet principal de la présente Note, ainsi qu'on le verra plus loin, est d'établir que cette formule est applicable uniquement à la poussée exercée par un corps solide ou par une série de lames solides superposées ayant leurs faces parallèles au plan incliné et exerçant leur action sans intermédiaire sur le mur et non aux remblais dépourvus de cohésion.

Remarque. — Dans la Note qui a été insérée au numéro des *Comptes rendus des séances de l'Académie des Sciences* du 21 décembre 1868, nous disions que la réaction F du mur, au moment où elle se produit sous l'action de la poussée, est en même temps intégralement détruite par cette force et qu'elle ne peut donner lieu sur le plan de rupture au frottement $f F \cos V$, ou, plus généralement, d'après nos notations, $f \Pi \cos(\varphi' + \varepsilon + V)$.

Cette proposition est toujours vraie dans le cas d'un demi-fluide; cela tient en réalité à la manière dont la réaction du mur se transmet au prisme de rupture.

Si la poussée primitive fait avec la normale à la paroi intérieure du mur un angle moindre que φ', dans le cas où l'on considère un demi-fluide, la réaction du mur s'exerce en sens contraire de cette poussée, parallèlement au plan de rupture, et il est clair qu'elle ne peut développer aucun frottement sur ce plan.

Dans l'hypothèse où la poussée primitive fait avec la même normale un angle plus grand que φ', la réaction du mur fait nécessairement l'angle φ' avec cette normale, et nous avons vu que, dans le cas d'un corps solide, cela a souvent lieu même quand l'angle avec la normale est moindre que φ'. S'il s'agit d'un demi-fluide, cette réaction, pour s'exercer sur le prisme de rupture, se décompose en deux forces dont l'une, parallèle à la paroi, est transmise au sol, comme on le verra plus loin, par la couche de molécules du remblai en contact immédiat avec cette paroi, tandis que l'autre composante, qui seule transmet son effet dans la masse du remblai, et qui fait équilibre à la poussée primitive, est parallèle au plan de rupture. Elle ne peut donc développer aucun frottement sur ce plan.

S'il s'agit, au contraire, d'un corps solide, cette proposition cesse d'être vraie, parce que la réaction du mur se transmettra par l'intermédiaire du corps solide, en conservant sa direction qui fait l'angle φ' avec la normale à la paroi du mur, et alors il devra se produire un frottement proportionnel à la pression normale de cette force sur le plan incliné.

Poussée exercée par un corps solide qui s'appuie par une de ses faces contre la paroi du mur, et qui n'est en contact avec le plan incliné que par une arête horizontale. — Nous avons vu quelles sont les conditions qui doivent être remplies pour que le corps solide reposant sur le plan incliné puisse être maintenu en équilibre par la réaction d'un obstacle, tel qu'un mur, contre lequel il s'appuie par un point ou par une arête horizontale.

Supposons maintenant que le corps s'appuie par une de ses faces contre la paroi du mur, et qu'il ne soit en contact avec le plan incliné que par un seul point ou par une arête horizontale.

Le problème est alors l'inverse de ce qu'il était dans les cas précédents, et l'on trouverait de la même manière, à cette différence près, la condition pour que l'équilibre fût possible.

Quant à l'expression de la poussée, on l'obtiendrait en remplaçant respectivement V et φ par ε et φ' et réciproquement, dans les formules ci-dessus.

1° *Cas où* $\varepsilon > 90° - \varphi'$. — Il n'y a lieu de considérer le cas où l'on a $\varepsilon > 90° - \varphi'$, que comme une hypothèse qui, à proprement parler, sort de la question dont nous nous occupons en ce moment, car alors le corps solide ne s'appuierait pas sur le plan incliné; il reposerait en réalité sur la paroi intérieure du mur, et la poussée ne serait autre que son poids.

2° *Cas où* $\varepsilon + V > 90° - \varphi$. — Dans le cas où la paroi intérieure du mur ferait avec la normale au plan incliné un angle moindre que φ, la réaction développée par la résistance normale du plan incliné et par le frottement serait

$$Q \frac{\cos(\varphi' + \varepsilon)}{\cos \varphi'},$$

et la poussée contre le mur

$$Q \frac{\sin \varepsilon}{\cos \varphi'}.$$

Quant au point d'application de cette poussée, on l'obtiendra en menant, par le point d'appui R du corps solide sur le plan incliné, une parallèle à la paroi du mur jusqu'à son intersection avec la verticale menée par le centre de gravité du corps dont il s'agit. Puis, par ce point, on mènera une ligne faisant l'angle φ' avec la normale à la paroi du mur ; cette ligne sera la direction de la poussée.

Pour que l'équilibre soit possible, elle devra rencontrer la paroi du mur en un point compris dans le polygone d'appui ; et ce point sera le point d'application de la poussée.

3° *Cas où* $\varepsilon + V < 90° - \varphi$. — Dans le cas où la paroi intérieure du mur ferait, avec la normale au plan incliné, un angle plus grand que φ, on aurait à décomposer le poids Q (*fig.* 8) en deux forces faisant respectivement les angles φ et φ' avec les normales au plan incliné et à la paroi intérieure du mur. De plus, la première de ces composantes devrait passer par le point de contact R du corps solide avec le plan incliné.

La réaction normale de ce plan, combinée avec le frottement, détruira une composante dont on obtiendra l'intensité en substituant φ' et ε à φ et V, et réciproquement, dans l'expression ordinaire de la poussée effective. On trouve ainsi pour *cette composante*

$$\frac{Q \cos(\varphi' + \varepsilon)}{\sin(\varphi + \varphi' + \varepsilon + V)}.$$

Pour la poussée appliquée au mur, on retombera sur l'expression

$$\Pi = Q \frac{\cos(\varphi + V)}{\sin(\varphi + \varphi' + \varepsilon + V)}.$$

On obtiendra d'ailleurs son point d'application en menant, par le point de contact R du corps solide avec le plan incliné, une droite faisant l'angle φ avec la normale à ce plan, puis, par le point d'intersection de cette droite avec la verticale passant par le centre de gravité, une autre droite faisant l'angle φ' avec la normale à la paroi du

Fig. 8.

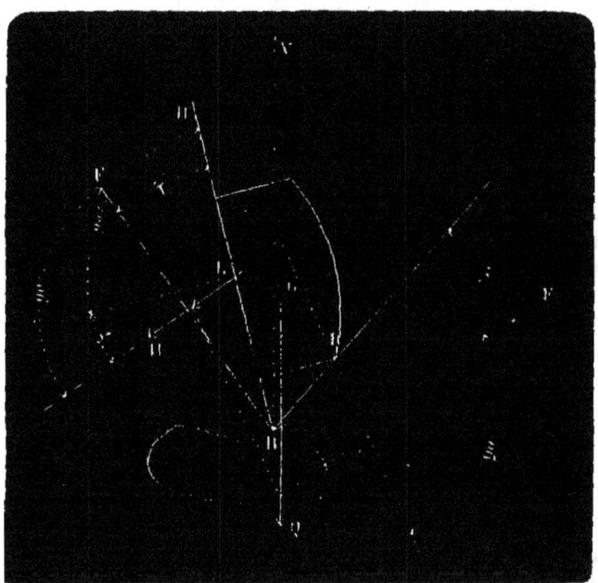

mur. Cette direction sera celle de la poussée, et pour que l'équilibre soit possible, elle devra rencontrer la paroi du mur en un point compris dans le polygone d'appui du corps solide contre cette paroi.

Poussée exercée par un système de lames superposées ayant chacune deux de leurs faces parallèles au plan incliné. — Supposons à présent une ou plusieurs lames solides ayant chacune deux de leurs faces parallèles à un plan incliné donné et reposant à frottement les unes sur les autres, tandis que la lame inférieure repose sur le plan incliné fixe, et admettons en outre que les lames dont il s'agit s'appuient directement contre la paroi intérieure du mur.

Il faut distinguer le cas où l'angle de la direction du plan incliné avec la normale à cette paroi sera moindre que φ' et le cas où cet angle sera plus grand que φ'.

1° *Cas où* $V + \varepsilon > 90° - \varphi'$. — Dans le premier cas, la poussée exercée contre le mur par chacune des lames solides sera donnée par l'une des formules relatives au cas d'un solide unique, et elle sera appliquée au point de contact de cette lame avec le mur.

En effet, chacune de ces lames solides sera sollicitée sur ses deux faces par des frottements de sens contraires. Le frottement développé, sur la face inférieure de l'une d'elles agira de bas en haut, de manière à retenir cette lame solide dans le mouvement de glissement qu'elle tendrait à prendre suivant la pente du plan sur lequel elle repose.

Un second frottement dirigé de haut en bas agira sur la face supérieure de manière à entraîner la lame dont il s'agit dans le sens de la pente du plan incliné.

Le premier de ces deux frottements sera proportionnel au poids de la lame que l'on considère augmenté de celui des lames supérieures.

Le deuxième frottement sera proportionnel seulement au poids des lames supérieures.

Ces deux frottements de sens contraires donneront lieu, par conséquent, d'abord à un couple ayant pour bras de levier l'épaisseur de la lame, bras de levier aux extrémités duquel seront appliquées deux forces de sens contraires égales chacune au frottement dû à la pression des lames supérieures seulement.

La lame que l'on considère sera retenue en outre par un frottement dirigé de bas en haut, dans le plan inférieur et égal à la différence des deux frottements qui sollicitent cette lame, autrement dit, par un frottement proportionnel au poids de la lame solide considérée isolément.

Le couple dont il est question ci-dessus sera d'ailleurs détruit par un couple de sens contraire provenant d'une partie de la pression exercée sur le plan sur lequel reposent les lames solides et de la réaction de ce plan.

Il résulte de là que chaque lame solide exercera sur la paroi intérieure du mur la même poussée que si elle reposait isolément sur un plan incliné, et que cette poussée sera appliquée au point de contact de la lame dont il s'agit avec la paroi du mur.

Il en serait de même si l'on considérait une infinité de lames infiniment minces.

Quant au point d'application, il serait placé à la rencontre d'une parallèle au plan incliné, menée par le centre de gravité du système des lames solides, avec la paroi du mur.

$2°$ *Cas où* $V + \varepsilon < 90° - \varphi'$. — Dans le cas où la direction du plan incliné fait avec la normale à la paroi du mur un angle plus grand que φ', il faut, comme dans le cas d'un solide unique posé sur un plan incliné, décomposer la *poussée primitive* P de chacune des lames solides en deux forces faisant l'une l'angle φ' avec cette normale et l'autre l'angle φ avec la normale au plan incliné, ce qui donne pour la poussée de chacune de ces lames ou pour leur poussée totale, suivant que l'on représente par Q le poids de l'une d'elles seulement ou leur poids total, la formule

$$\Pi = P \frac{\cos \varphi}{\sin(\varphi + \varphi' + \varepsilon + V)} = Q \frac{\cos(\varphi + V)}{\sin(\varphi + \varphi' + \varepsilon + V)}.$$

Cette formule subsiste dans le cas d'un nombre infini de lames solides infiniment minces, et le point d'application de la poussée est encore à l'intersection de la paroi intérieure du mur avec une parallèle au plan incliné menée par le centre de gravité de l'ensemble de ces lames.

Poussée exercée par un système de lames superposées pareilles aux précédentes, mais transmettant leur action au mur par l'intermédiaire d'une série de prismes appuyés par une de leurs faces contre la paroi intérieure. — Considérons maintenant une disposition comme celle qui est indiquée par la *fig.* 9 et dans laquelle les

Fig. 9.

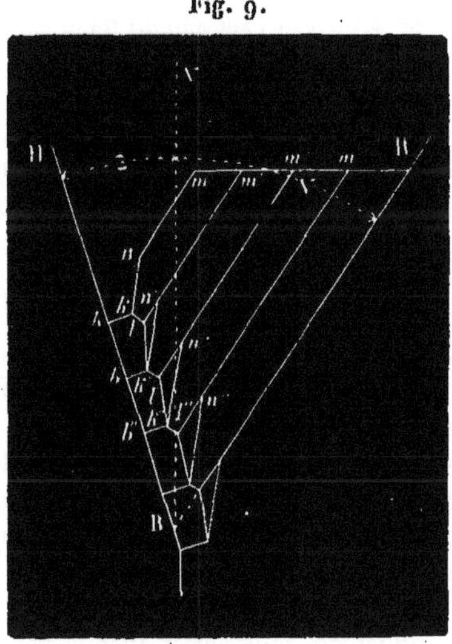

lames solides, au lieu de s'appuyer directement contre le mur, n'exercent leur poussée que par l'intermédiaire de petits prismes appliqués contre la paroi du mur par une de leurs faces, recevant normalement par une autre face perpendiculaire au plan incliné la poussée primitive des différentes lames et s'appuyant les unes sur les autres par des faces normales à la paroi du mur. Supposons en outre que les faces en contact suivant kl, $k'l'$,..... soient parfaitement polies, et que leur frottement soit nul, ou, ce qui nous conduirait au même résultat, que la normale à ces faces et le plan de rupture fassent ensemble un angle égal à φ, de telle sorte qu'une poussée plus inclinée que P ne puisse pas être transmise aux petits prismes tels que $bklb'k'$.

Par rapport à ces petits prismes intermédiaires, les différentes lames se trouvent dans celui des cas examinés ci-dessus, dans lequel il y a lieu d'appliquer la formule

$$P = Q \frac{\cos(\varphi + V)}{\cos\varphi}.$$

Il reste à savoir comment ces prismes transmettront à leur tour cette poussée au mur; nous ne nous occuperons pas d'ailleurs de leur action propre, ce qui revient à supposer qu'ils soient très-légers ou de très-petites dimensions par rapport aux lames solides que l'on considère.

Or ces prismes se trouvent exactement dans les conditions, supposées par M. Chasles, d'un corps appuyé contre un plan et soumis à l'action d'une force qui, dans le cas actuel, est la poussée primitive P.

1° *Cas où* $V + \varepsilon > 90° - \varphi'$. — Si l'angle de la force P avec la normale à la paroi intérieure du mur est moindre que φ', la poussée primitive s'appliquera, sans décomposition, au mur; et il résulte du choix que nous avons fait de la direction des petites faces telles que kl, que le mouvement de glissement de la paroi BH n'aura pas pour effet de changer la direction de la poussée primitive, de telle sorte, qu'au lieu de cette poussée P il faille considérer la poussée effective Π donnée par les formules ci-dessus.

2° *Cas où* $V + \varepsilon < 90° - \varphi'$. — Si au contraire la force P fait avec la normale à la paroi intérieure du mur un angle plus grand que φ', il est clair que le prisme intermédiaire tendra à prendre un mouvement de glissement dans le sens de la pente de la paroi du mur, sous l'action d'une composante parallèle à ce plan.

La poussée appliquée au mur ferait avec la normale à la paroi intérieure l'angle φ', et aurait pour intensité

$$\Pi = P \frac{\sin(\varepsilon + V)}{\cos \varphi'};$$

car la composante normale de P est $P\sin(\varepsilon + V)$, et le frottement développé au contact du mur est $f'P\sin(\varepsilon + V)$; or la résultante de ces deux forces est bien la poussée effective donnée par la formule ci-dessus.

Quant à la composante $P\cos(\varepsilon + V)$, dirigée dans le sens de la paroi du mur, elle ne mettra pas en mouvement le prisme intermédiaire, mais elle transmettra son action au prisme suivant, normalement à la face de contact des deux prismes, puis de ce deuxième prisme à celui qui vient après lui, et ainsi de suite jusqu'au dernier qui repose sur le terrain solide.

La composante dont il s'agit exercera donc finalement son action sur le sol, et cette pression, transmise de proche en proche, sera détruite par la réaction du terrain solide, comme la pression transmise par les différentes molécules dont se compose un liquide vient s'exercer contre les parois du vase qui le contient.

Pour que la formule

$$\Pi = \frac{P \cos \varphi}{\sin(\varphi + \varphi' + \varepsilon + V)}$$

fût applicable dans le cas qui nous occupe, il faudrait que chacun des petits prismes intermédiaires s'appuyât, par sa partie inférieure, sur un plan incliné faisant l'angle V avec la verticale.

Poussée exercée par un remblai dépourvu de cohésion. — Si nous voulons appliquer les considérations qui précèdent à la théorie des remblais dépourvus de cohésion, il suffira de grouper les molécules en tranches infiniment minces comprises entre deux plans parallèles au plan de rupture supposé. Il est facile de voir que dans ces tranches les molécules se comporteront de manière à produire une poussée primitive

$$P = Q \frac{\cos(\varphi + V)}{\cos \varphi}.$$

On arrive à ce résultat en admettant simplement que les molécules du remblai reposent à frottement les unes sur les autres, et que les pressions se transmettent de proche en proche dans la masse du remblai comme dans un liquide.

1° *Cas où* $V + \varepsilon > 90^\circ - \varphi'$. — Cette poussée primitive P s'appliquera directement à la paroi du mur, si l'angle φ' est plus grand que $90° - (V + \varepsilon)$; mais il faut, en outre, que φ' ne soit pas supérieur à φ, autrement on devrait remplacer φ' par φ dans l'inégalité qui caractérise le cas actuel.

2° *Cas où* $V + \varepsilon < 90° - \varphi'$. — Il reste à savoir quelle est la formule que l'on doit adopter quand la poussée primitive fait avec la normale à la paroi du mur un angle $90° - (V + \varepsilon) > \varphi'$.

Or il est évident que le cas où les petits prismes considérés ci-dessus sont interposés entre les lames solides et la paroi du mur se rapproche plus du cas d'un remblai que le cas où les lames solides sont en contact direct avec la paroi du mur.

En effet, les molécules du remblai en contact avec le mur sont exactement placées dans les mêmes conditions que ces petits prismes intermédiaires. Elles reçoivent, comme eux, l'action de la poussée primitive P, et, comme eux, elles peuvent se transmettre de proche en proche l'action d'une composante de cette force prise dans le sens de la paroi du mur jusqu'au point où cette composante sera détruite par la réaction du terrain solide.

Il serait complétement inadmissible, dans le cas d'un remblai dépourvu de cohésion, de prétendre que la décomposition de la poussée primitive P, décomposition qui ne peut avoir lieu qu'au contact de la paroi, doive être effectuée suivant deux directions faisant l'une l'angle φ' avec la normale à la paroi du mur, l'autre l'angle φ avec la normale au plan de rupture, car pour qu'il en fût ainsi, il faudrait que les faces par lesquelles les molécules appliquées contre le mur sont en contact entre elles fussent nécessairement parallèles au plan de rupture et disposées de telle sorte, que l'action de la composante parallèle à la paroi du mur ne pût pas être transmise le long de cette paroi et détruite par la résistance du sol.

Enfin, il n'est pas permis, dans le cas d'un demi-fluide, de décomposer, purement et simplement, comme quand il s'agit d'un corps solide invariable de forme, le poids Q du prisme de rupture en deux forces faisant respectivement les angles φ et φ' avec les normales au plan de rupture et à la paroi intérieure du mur.

Il est indispensable, dans ce cas, de se demander comment les pressions se transmettent de proche en proche dans la masse du remblai, et de tenir compte de leur mode de transmission dans la résolution du problème.

C'est ce que nous faisons quand nous passons par l'intermédiaire des poussées primitives, puis quand nous décomposons ces poussées primitives d'après la formule

$$\Pi = \mathrm{P}\,\frac{\sin(\varepsilon + \mathrm{V})}{\cos\varphi'};$$

et c'est ce dont l'ancienne théorie ne s'est pas assez préoccupée.

Nous ne voulons pas dire qu'il ne soit pas permis de composer entre elles les différentes forces élémentaires, en les transportant toutes en un point choisi arbitrairement, sauf à avoir égard ensuite à la relation qui lie entre eux les moments de ces forces. Seulement, si l'on voulait procéder ainsi, il serait indispensable de tenir compte, comme nous le faisons, des frottements qui agissent dans des plans parallèles au plan de rupture, et du frottement développé dans le plan de la paroi du mur, de manière à exprimer que les molécules du remblai sont bien indépendantes entre elles, ce qui exige, comme nous l'avons fait voir, que l'une des composantes de la poussée primitive soit prise dans le plan de la paroi du mur, l'autre composante faisant l'angle φ' avec la normale à cette paroi.

Remarques relatives à l'application du principe de moindre résistance à la théorie de la poussée des terres. — Nous ajouterons aux développements qui précèdent, que le principe de moindre résistance établi par M. le Dr Scheffler, dans son ouvrage relatif à la poussée des voûtes et à la poussée des terres, conduit aux résultats auxquels nous sommes arrivé ci-dessus quand on a égard aux deux remarques suivantes :

1° Dans un remblai dépourvu de cohésion, le poids d'une tranche élémentaire comprise entre deux plans parallèles au plan de rupture ne peut, dans aucun cas, donner une composante faisant avec la verticale un angle moindre que V et exerçant toute son action contre le revêtement, car cette composante exercerait nécessairement une partie de son action sur le plan sur lequel la tranche repose, et qui est parallèle au plan de rupture. On est donc forcément ramené ainsi à notre théorie des poussées primitives, dans le cas où $\mathrm{V} + \varepsilon > 90° - \varphi'$, car la direction d'une composante faisant l'angle φ' avec la normale à la paroi du mur ferait avec la verticale l'angle $90° - \varphi' - \varepsilon$, angle moindre que V par hypothèse.

2° La théorie des poussées primitives étant admise, il reste à savoir si dans le cas où l'on a $\mathrm{V} + \varepsilon < 90° - \varphi'$, la poussée primitive P doit être décomposée en deux forces, l'une faisant nécessairement l'angle φ' avec la normale à la paroi du mur, et l'autre ou bien dirigée suivant la paroi du mur elle-même, ou bien faisant l'angle φ

avec la normale au plan de rupture. Nous avons montré que la première de ces deux décompositions est possible dans le cas des demi-fluides. Le principe de moindre résistance appliqué à la poussée P fait voir que, dès lors, c'est cette première décomposition qui se produit en réalité.

Dans le cas d'un prisme solide ou composé d'une série de lames solides exerçant, sans intermédiaire, leur poussée contre un revêtement, la première décomposition n'est pas possible, et, de toutes les directions suivant lesquelles la décomposition peut avoir lieu, celle qui fait le plus petit angle avec la direction de P, c'est la direction qui fait l'angle φ avec la normale au plan incliné. C'est donc alors la deuxième décomposition qui doit se produire en réalité, d'après le principe de moindre résistance.

CHAPITRE II.

EXPRESSION DE LA POUSSÉE CORRESPONDANT A UN PRISME DE RUPTURE DONNÉ, DANS LES DIFFÉRENTS CAS QUI PEUVENT SE PRÉSENTER.

I. REMBLAIS DÉPOURVUS DE COHÉSION.

Nous allons donner, dans ce Chapitre, la forme que prend l'expression complète de la poussée correspondant à un prisme de rupture donné, dans les différents cas qui peuvent se présenter.

Cas où le profil du prisme de rupture est triangulaire. Poussée primitive. — Nous supposerons d'abord les terres dépourvues de cohésion et nous considérerons, en premier lieu, le cas où le plan de rupture BR (*fig.* 10) ren-

Fig. 10.

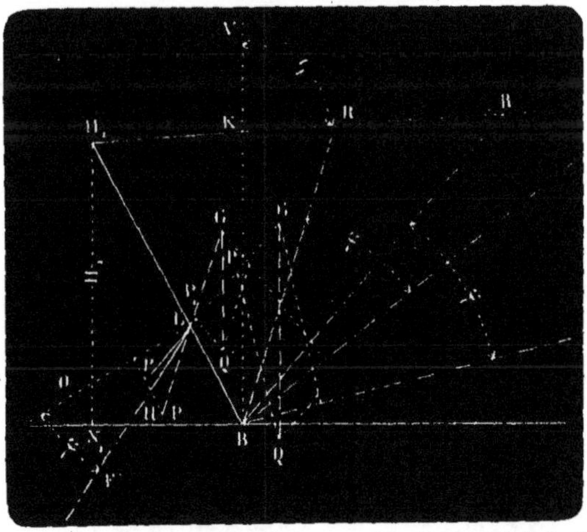

contre le premier des plans du profil du remblai, à partir

du point H_1 où la paroi intérieure du mur, prolongée s'il est nécessaire, coupe ce profil. C'est ce qui a nécessairement toujours lieu quand le remblai a pour surface extérieure un plan unique que l'on peut considérer comme indéfini.

Ce qui caractérise spécialement le cas dont il s'agit, c'est que le profil du prisme de rupture se réduit à un simple triangle.

Alors il est évident que toutes les poussées, quelle que soit l'inclinaison du prisme de rupture, sont appliquées en un même point L situé au tiers de la hauteur de la paroi BH_1, à partir du point B.

Nous avons vu plus haut que la poussée primitive a pour expression

$$P = Q\,\frac{\cos(\varphi + V)}{\cos\varphi}.$$

Or, si nous désignons par S la surface du profil triangulaire BH_1R, nous aurons

$$S = \frac{1}{2}\,BH_1 \times BR \sin(\varepsilon + V),$$

et, comme d'ailleurs

$$BH_1 = \frac{H_1}{\cos\varepsilon}, \quad BR = BH_1\,\frac{\sin(\theta + \varepsilon)}{\sin(\theta - V)} = \frac{H_1\sin(\theta + \varepsilon)}{\cos\varepsilon\,\sin(\theta - V)},$$

cette surface aura pour expression

$$S = \frac{1}{2}\,\frac{H_1^2}{\cos^2\varepsilon}\,\frac{\sin(\theta + \varepsilon)\sin(\varepsilon + V)}{\sin(\theta - V)}.$$

Donc aussi

$$(E) \qquad Q = pS = \frac{1}{2}\,p\,\frac{H_1^2}{\cos^2\varepsilon}\,\frac{\sin(\theta + \varepsilon)\sin(\varepsilon + V)}{\sin(\theta - V)},$$

et par suite

$$(A_1) \quad P = \frac{1}{2}\,p\,\frac{H_1^2}{\cos^2\varepsilon}\,\frac{\sin(\theta + \varepsilon)\sin(\varepsilon + V)\cos(\varphi + V)}{\cos\varphi\,\sin(\theta - V)}.$$

Cette formule se simplifie quand on suppose $\varepsilon = 0$ ou $\theta = 90°$. Quand on y introduit simultanément ces deux hypothèses, elle devient

$$(A_2) \qquad P = \frac{1}{2} \frac{H_1^2}{\cos\varphi} \frac{\sin V \cos(\varphi + V)}{\cos V}.$$

Elle se simplifie encore plus quand on suppose $\theta = 90° - \varphi = \alpha$. Alors les deux quantités $\cos(\varphi + V)$, au numérateur, et $\sin(\theta - V)$, au dénominateur, deviennent égales et disparaissent. La valeur de P devient dans ce cas

$$(A_3) \qquad P = \frac{1}{2} \frac{H_1^2}{\cos^2\varepsilon} \frac{\cos(\varphi - \varepsilon)}{\cos\varphi} \sin(\varepsilon + V),$$

ou si l'on veut, en fonction de α,

$$(A_4) \qquad P = \frac{1}{2} p \frac{H_1^2}{\cos\varepsilon} \frac{\tang\alpha + \tang\varepsilon}{\tang\alpha} \sin(\varepsilon + V).$$

Dans ces différentes formules, si l'on suppose la poussée représentée par une longueur LP et appliquée au point L de la paroi intérieure du mur, point situé, comme on sait, à une distance du point B telle que $BL = \frac{1}{3} BH_1$, on voit qu'au lieu de l'angle V, on peut regarder comme variable l'angle $\varepsilon + V$, qui est précisément celui de la poussée LP avec la direction LB. Dès lors, l'expression de la poussée peut être considérée comme l'équation en coordonnées polaires de la courbe des poussées rapportée à l'axe LB et au centre L.

Équation de la courbe des poussées primitives. — Dans le cas général, pour $\varepsilon + V = 0$ et pour $\varphi + V = 90°$, la poussée P devient nulle, tandis que pour les valeurs intermédiaires de $\varepsilon + V$ ou pour les valeurs correspondantes de V, P prend des valeurs positives, pourvu que $\sin(\theta - V)$ soit positif, ce qui a généralement lieu.

La courbe des poussées aura donc la forme d'un *folium*
(*fig.* 11) tangent en L, d'abord à la direction LH_1, puis

Fig. 11.

à une direction LM' faisant, avec l'horizon, l'angle φ du
talus naturel des terres. Quand l'angle V augmente depuis $90° - \varphi$ jusqu'à θ, P devient négatif et augmente en
valeur absolue jusqu'à $P = -\infty$; au delà de $V = \theta$,
P redevient positif et décroît depuis $P = +\infty$ jusqu'à
$P = 0$ pour $\varepsilon + V = 180°$. De plus, quand $V > \theta$ l'expression $P \sin(V - \theta)$, qui représente la distance variable du point P à une droite EE', menée par le point L

parallèlement à $H_1 H_2$, prend des valeurs finies qui tendent vers

$$\lim P \sin(V - \theta) = - \frac{1}{2} p \, \frac{H_1^2}{\cos^2 \varepsilon} \, \frac{\sin^2(\varepsilon + \theta) \cos(\varphi + \theta)}{\cos \varphi} \quad (*)$$

quand V tend vers θ. Comme $\cos(\varphi + \theta)$ est négatif, cette quantité est positive. La courbe a donc une asymptote parallèle à EE' et distante de cette droite de la quantité représentée par l'expression ci-dessus. Quand on donne à $\varepsilon + V$ les mêmes valeurs que nous lui avons fait prendre

---

(*) Pour construire géométriquement cette expression, on remarquera que $BH_1 = \frac{H_1}{\cos \varepsilon}$; puis, comme l'angle $BH_1 \mu = 180^\circ - (\theta + \varepsilon)$, si l'on mène BI perpendiculaire à $H_1 \mu$, on aura

$$BI = \frac{H_1}{\cos \varepsilon} \sin(\varepsilon + \theta).$$

L'angle $B \mu H_1$ des deux droites $B \mu$ et $H_1 K$ prolongées jusqu'à leur intersection en μ est égal à $\varphi - (90^\circ - \theta) = \varphi + \theta - 90^\circ$; donc

$$\sin B \mu H_1 = - \cos(\varphi + \theta).$$

Si maintenant on prend $Ki = BI$, et si l'on mène ii' parallèle à la verticale BK; si ensuite par i' on mène une parallèle $i's$, on aura

$$Bs : si' :: \sin \mu : \sin sBi' :: - \cos(\varphi + \theta) : \cos \varphi.$$

Donc, comme $si' = Ki = BI$, on aura

$$Bs = \frac{-H_1}{\cos \varepsilon} \, \frac{\sin(\varepsilon + \theta) \cos(\varphi + \theta)}{\cos \varphi}.$$

L'expression qu'il s'agit de construire sera donc représentée par une quatrième proportionnelle : 1° à l'unité graphique de l'épure; 2° à $\frac{1}{2} p \, BI = \frac{p}{2} \frac{H_1}{\cos \varepsilon} \sin(\varepsilon + \theta)$; et 3° à Bs. Dans le cas où l'échelle des forces serait de 1 mètre, à l'échelle graphique de l'épure, pour $\frac{p}{2}$ BI kilogrammes, BI étant exprimé en mètres à l'échelle graphique, cas dans lequel le poids d'un prisme de rupture quelconque est représenté par la longueur $H_1 R$ que le plan de rupture intercepte sur la direction $H_1 H_2$, la longueur Bs, construite comme on vient de le dire, représenterait la distance cherchée de l'asymptote à la droite EE'.

de zéro à 180 degrés, mais augmentées de 180 degrés, on retombe sur les mêmes points, car la valeur absolue de P reste la même, tandis que l'expression change de signe.

Pour rapporter à des coordonnées rectangulaires LX et LY l'équation de la courbe des poussées, nous poserons

$$m = \frac{1}{2}\, p\, \mathrm{H}_1^2\, \frac{\sin(\theta + \varepsilon)}{\cos^2\varepsilon \cos\varphi},$$

et l'expression générale de la poussée deviendra

$$\mathrm{P} = m\, \frac{\sin(\varepsilon + \mathrm{V})\cos(\varphi + \mathrm{V})}{\sin(\theta - \mathrm{V})}.$$

Faisons maintenant

$$\mathrm{P}\cos\mathrm{V} = y \quad \text{et} \quad \mathrm{P}\sin\mathrm{V} = x,$$

d'où

$$x^2 + y^2 = \mathrm{P}^2,$$

et

$$\cos\mathrm{V} = \frac{y}{\sqrt{x^2 + y^2}}, \quad \sin\mathrm{V} = \frac{x}{\sqrt{x^2 + y^2}}.$$

Nous aurons successivement

$$\mathrm{P}\sin(\theta - \mathrm{V}) = m\sin(\varepsilon + \mathrm{V})\cos(\varphi + \mathrm{V})$$
$$\mathrm{P}(\sin\theta\cos\mathrm{V} - \cos\theta\sin\mathrm{V})$$
$$= m(\sin\varepsilon\cos\mathrm{V} + \cos\varepsilon\sin\mathrm{V})(\cos\varphi\cos\mathrm{V} - \sin\varphi\sin\mathrm{V}),$$
$$(x^2 + y^2)(y\sin\theta - x\cos\theta)$$
$$= m(y\sin\varepsilon + x\cos\varepsilon)(y\cos\varphi - x\sin\varphi).$$

Équation de la courbe des poussées, quand le talus qui surmonte le mur est à terres coulantes. — Cette équation est du troisième degré ; mais elle se simplifie dans le cas que nous avons indiqué plus haut et qui nous a conduit à l'expression (A_3) de la poussée, c'est-à-dire quand $\theta = 90^\circ - \varphi = \alpha$.

Elle devient, en effet,

$$(x^2 + y^2)(y\sin\alpha - x\cos\alpha)$$
$$= m(y\sin\varepsilon + x\cos\varepsilon)(y\sin\alpha - x\cos\alpha),$$

et peut se décomposer en deux autres :

$$x^2 + y^2 = m(y\sin\varepsilon + x\cos\varepsilon)$$

et

$$y\sin\alpha - x\cos\alpha = 0,$$

qui représentent : la première, un cercle; la seconde, une droite, faisant, avec l'horizon, l'angle du talus naturel des terres.

Cette droite ne correspond pas à une solution étrangère; elle a précisément l'inclinaison la plus douce qui puisse être assignée au plan de rupture, et elle partage le cercle des poussées en deux parties : la partie inférieure qui répond directement à la question, et la partie supérieure dont il n'y a pas lieu de tenir compte.

L'équation du cercle peut se mettre sous la forme

$$(y - \frac{1}{2}\,m\sin\varepsilon)^2 + (x - \frac{1}{2}\,m\cos\varepsilon)^2 = \frac{m^2}{4}.$$

Ce cercle passe par l'origine des coordonnées, et il a son centre sur une droite qui fait un angle égal à ε avec l'axe des X, c'est-à-dire sur une perpendiculaire à la paroi intérieure du mur.

Quant au diamètre m, il devient

$$m = \frac{1}{2}\,p\,\mathrm{H}_1^2\,\frac{\sin(\alpha + \varepsilon)}{\cos^2\varepsilon\,\sin\alpha} = \frac{1}{2}\,p\,\mathrm{H}_1^2\,\frac{\tang\alpha + \tang\varepsilon}{\cos\varepsilon\,\tang\alpha}.$$

Il était facile de voir que l'expression (A_3) de la poussée peut être considérée comme l'équation en coordonnées polaires du même cercle. En effet, si nous menons en L (*fig.* 12) une perpendiculaire à la paroi intérieure du mur, si nous prenons sur cette ligne une longueur m, et si nous traçons, par le même point L, une parallèle au plan de rupture qui fait l'angle V avec la verticale, la partie supérieure de cette droite fera l'angle V + ε avec la

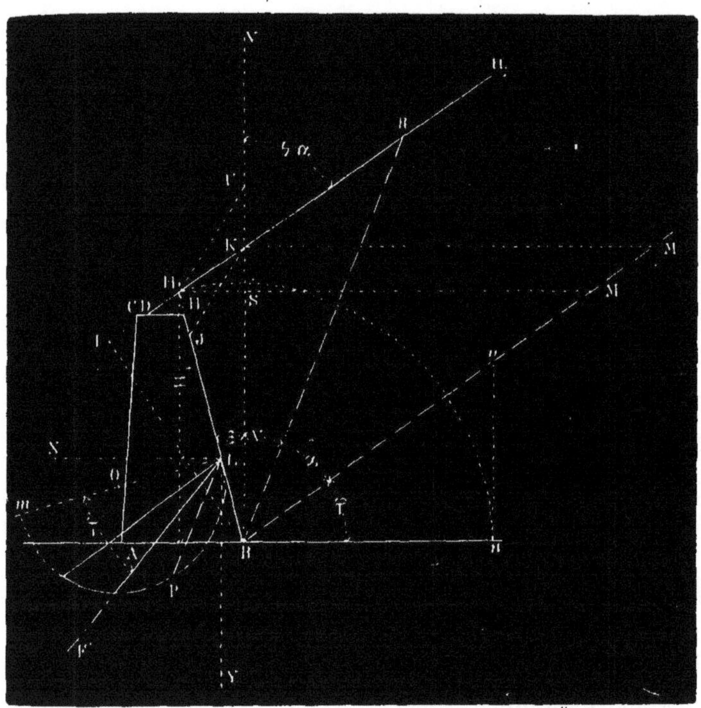

Fig. 12.

direction LH₁ et sa partie inférieure fera le même angle avec la direction LB. Elle fera l'angle complémentaire avec la perpendiculaire LO, d'où il résulte que la projection LP de la longueur m que nous avons portée sur la direction LO, aura pour expression

$$LP = m \sin(\varepsilon + V).$$

Or, le lieu des extrémités P de ces projections est un

cercle décrit sur la longueur m, portée dans la direction LO, comme diamètre.

Voici maintenant comment on pourra construire graphiquement la valeur m de ce diamètre, qui a pour expression, comme nous venons de le voir,

$$m = \frac{1}{2}\,p\,H_1^2\,\frac{\tang\alpha + \tang\varepsilon}{\cos\varepsilon\,\tang\alpha}.$$

On remarquera que $\dfrac{H_1}{\cos\varepsilon} = BH_1$; de plus $H_1\tang\varepsilon = SH_1$ et $H_1\tang\alpha = SM$; si l'on mène KM′ parallèle à l'horizontale MH_1, on aura

$$\mathrm{SM : KM' :: BS : BK,}$$

ou

$$\tang\alpha : \tang\alpha + \tang\varepsilon :: H_1 : BK = H_1\,\frac{\tang\alpha + \tang\varepsilon}{\tang\alpha}.$$

Prenons maintenant BU égal à l'unité graphique de l'épure multipliée par un nombre arbitraire, 20 par exemple; joignons UH_1 et menons la droite KJ parallèle à UH_1, nous aurons

$$\mathrm{BU : BK :: BH_1 : BJ,}$$

ou

$$20 : H_1\,\frac{\tang\alpha + \tang\varepsilon}{\tang\alpha} :: \frac{H_1}{\cos\varepsilon} : BJ,$$

$$BJ = \frac{1}{20}\,\frac{H_1^2(\tang\alpha + \tang\varepsilon)}{\cos\varepsilon\,\tang\alpha};$$

donc

$$m = 10\,p\,.\,BJ.$$

Ainsi, le diamètre du cercle et, par suite, toutes les poussées graphiques seront représentées à l'échelle de l'unité linéaire de l'épure pour $10p$, si l'on prend BJ pour le diamètre cherché. Si, par exemple, l'échelle de l'épure est de $0^m,02$ pour 1 mètre, les forces seront représentées graphiquement à l'échelle de o^m,o2 pour 10p, en sorte qu'une force représentée sur l'épure par o^m,o6, ou 3 mètres, à l'échelle adoptée, correspondra, si p est égal à 1800 kilogrammes, à $3 \times 10 \times 1800$ kilogrammes, ou à 54,000 kilogrammes (*).

Nous devons faire remarquer, dès à présent, que l'hypothèse $\theta = 90^\circ - \varphi$, qui suppose un talus à terres coulantes indéfiniment prolongé, ne peut être considérée que comme une hypothèse purement théorique.

En effet, dans le cas d'un remblai limité à deux plans, l'un au talus naturel, l'autre d'une inclinaison différente, horizontal par exemple, si ce dernier plan vient à s'élever indéfiniment en restant parallèle à lui-même, les poussées correspondant à un plan de rupture voisin de l'inclinaison du talus naturel rencontreront la paroi intérieure du mur au-dessus du tiers de cette paroi prolongée jusqu'au contour du remblai, et en des points qui, à la limite, se rapprocheront indéfiniment du milieu de la hauteur totale de la paroi.

Il en résulte qu'à la limite, la poussée exercée par un remblai dont le plan supérieur se sera élevé indéfiniment, sera tout autre que celle qui correspond à un talus unique à terres coulantes indéfiniment prolongé, car tous les

---

(*) Si l'on voulait que le poids d'un prisme de rupture quelconque BH$_1$R fût représenté graphiquement par la longueur H$_1$R correspondante, on prendrait pour m l'expression $m = \dfrac{1}{2} p\,\mathrm{H}_1^2\,\dfrac{\sin(\alpha + \varepsilon)}{\cos^2\varepsilon\,\sin\alpha}$, qui peut s'écrire : $m = \dfrac{1}{2} p\,\dfrac{\mathrm{H}_1}{\cos\varepsilon}\,\sin(\alpha + \varepsilon)\,\dfrac{\mathrm{H}_1}{\cos\varepsilon\,\cos\varphi}$. L'échelle à adopter pour les forces serait de 1 mètre, à l'échelle graphique, pour $\dfrac{p}{2}$ BI ou pour $\dfrac{p}{2}\dfrac{\mathrm{H}_1}{\cos\varepsilon}\sin(\alpha + \varepsilon)$. Donc m serait représenté par $\dfrac{\mathrm{H}_1}{\cos\varepsilon\,\cos\varphi} = \dfrac{\mathrm{BH}_1}{\cos\varphi} = \mathrm{B}n$.

Si l'échelle graphique était de c^m,o2 pour 1 mètre ou $\dfrac{2}{100}$, celle des forces serait $\dfrac{\mathrm{o}^m,\mathrm{o4}}{p\cdot\mathrm{BI}}$ ou $\dfrac{\mathrm{o}^m,\mathrm{o4}\,\cos\varepsilon}{p\,\mathrm{H}_1\,\sin(\alpha + \varepsilon)}$.

plans de rupture qui rencontrent ce talus donnent des poussées appliquées au tiers de la hauteur de la paroi intérieure du mur.

Or l'hypothèse pratique est celle d'un remblai limité au moins à deux plans, quand le talus qui surmonte le mur est à terres coulantes ; car si, dans le cas d'un talus unique moins incliné que le talus naturel, la poussée par rotation la plus dangereuse peut correspondre à un plan de rupture rencontrant ce talus à une distance finie, il n'en est plus de même lorsque le talus qui surmonte le mur est à terres coulantes ; en effet, la courbe des poussées est, dans ce cas, un arc de cercle, et à mesure que le plan de rupture s'abaisse, la poussée correspondante augmente, en même temps qu'elle se relève, et que son bras de levier va lui-même en croissant, de telle sorte que le moment le plus considérable de la poussée correspond à un plan de rupture faisant, avec l'horizon, l'angle du talus naturel des terres, et ne rencontrant le talus qui surmonte le mur qu'à l'infini. Il en résulte que, dans le cas d'un remblai limité à deux ou plusieurs plans, lorsque le talus qui surmonte le mur est à terres coulantes, le plan de rupture correspondant à la poussée dont le moment est maximum, rencontre nécessairement le profil extérieur de manière à couper un autre plan que celui du talus à terres coulantes.

L'hypothèse d'un talus unique à terres coulantes doit donc être considérée comme une pure abstraction, et non comme plus défavorable à la stabilité que celle d'un remblai quelconque très-élevé, mais limité.

Enfin, si la supposition d'un talus indéfini à terres coulantes ne peut pas se réaliser dans la pratique, il n'en est pas de même de l'hypothèse d'un talus limité, laquelle, au contraire, se présente très-fréquemment ; et il n'est pas indifférent de savoir que, dans ce cas, les poussées primitives ordinaires qui correspondent à des plans de rupture rencontrant le talus à terres coulantes, s'appliquent au tiers de la hauteur totale de la paroi intérieure prolongée jusqu'à ce talus, et ont leurs extrémités situées sur un même arc de cercle qui forme la courbe des poussées relative à cette partie du profil.

Poussées verticales. — Nous avons vu, au Chapitre premier (*), que, dans l'hypothèse d'un mur à paroi intérieure inclinée faisant avec la verticale un angle ε positif, l'angle V peut devenir négatif, et qu'alors la poussée a pour expression $P = Q$. Dans le cas qui nous occupe, c'est-à-dire quand l'angle de rupture rencontre le premier des plans du remblai à partir du sommet du mur, on aura pour l'expression des poussées verticales

$$(F) \qquad P_r = \frac{1}{2} p \frac{H_1^2}{\cos^2\varepsilon} \frac{\sin(\theta + \varepsilon)\sin(\varepsilon + V)}{\sin(\theta - V)}.$$

Courbe des poussées verticales. — Toutes ces poussées sont parallèles. Celle qui correspond à $V = 0$, c'est-à-dire

Fig. 13.

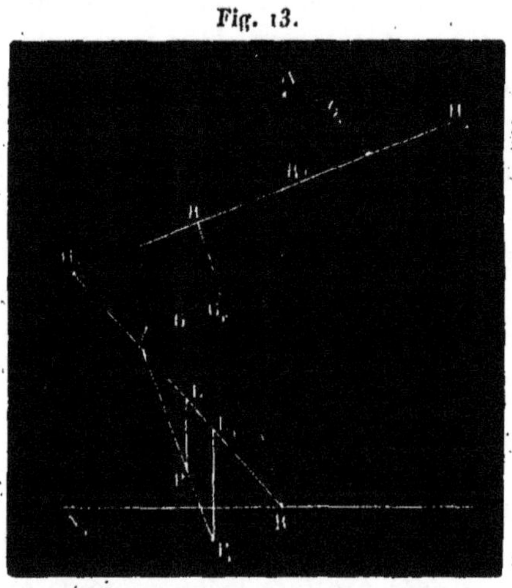

au prisme de rupture BH_1R_1 (*fig.* 13), aura son point

(*) *Voir* la note de la page 17.

d'application en L_1, au tiers de BH_1, à partir du point B;
et comme une poussée quelconque est à cette poussée $L_1 P_1$
dans le rapport des volumes des prismes de rupture correspondants, ou, ce qui revient au même, des bases $H_1 R$
et $H_1 R_1$ de leurs sections respectives $BH_1 R$ et $BH_1 R_1$, qui
ont leur sommet opposé en un même point B, chacune
de ces poussées, telle que LP, supposée appliquée à la
paroi intérieure du mur, en L, aura son extrémité P en
un point situé sur la droite $P_1 l$ qui joint l'extrémité P_1 de
la première poussée P_1 au point l, situé aux $\frac{2}{3}$ de BH_1, à
partir du point B; au point l, en effet, doit être appliquée
une poussée nulle, car c'est en ce point qu'est situé le
centre de gravité du prisme de rupture correspondant à
l'hypothèse $V = -\varepsilon$; et cette hypothèse rend en même
temps la poussée P nulle.

*Poussée effective, dans le cas où il y a décomposition de la
poussée primitive au contact de la paroi intérieure du mur.*
— Nous avons vu que, lorsqu'en s'appliquant à la paroi

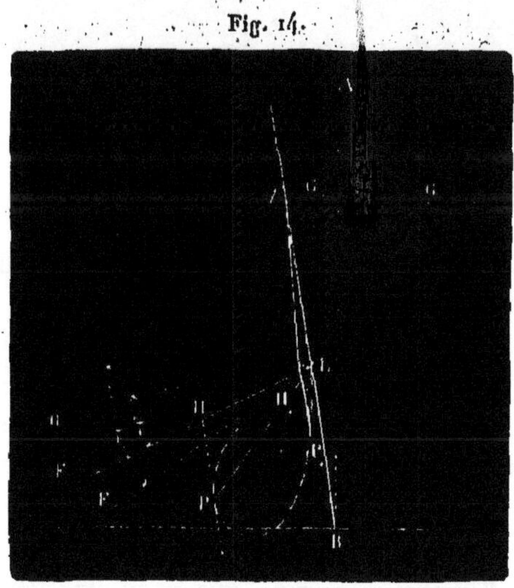

Fig. 14.

intérieure du mur, la poussée primitive fait, avec la normale, à cette paroi, un angle plus grand que celui du frottement des terres contre les maçonneries, il se produit une décomposition, et la poussée primitive doit être remplacée par une autre force faisant, avec la normale, l'angle même du frottement dont il s'agit.

Fig. 15.

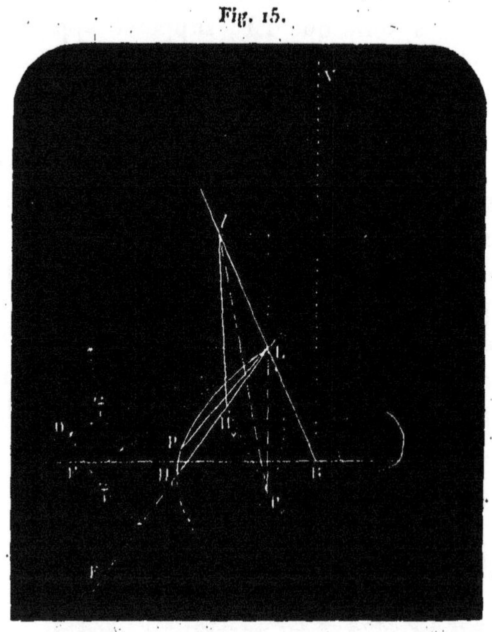

La poussée effective Π est donnée par la formule (B)

$$\Pi = P\, \frac{\sin(\varepsilon + V)}{\cos\varphi'}.$$

Si, dans cette expression, nous substituons la valeur générale de P, donnée par l'équation (A_1), nous trouvons pour l'expression générale de Π

$$(B_1) \quad \Pi = \frac{1}{2}\, p\, \frac{H_1^2 \sin(\theta + \varepsilon)}{\cos^2\varepsilon \, \cos\varphi \, \cos\varphi'}\, \frac{\sin^2(\varepsilon + V)\cos(\varphi + V)}{\sin(\theta - V)}.$$

Cette valeur se simplifie dans les cas qui ont été indiqués.

La courbe des poussées Π se réduit à une droite unique faisant l'angle φ' avec la normale à la paroi du mur,

Fig. 16.

puisque, d'une part, toutes ces poussées font le même angle avec la normale, et que, de l'autre, elles sont toutes appliquées en un même point, qui est situé au tiers de la hauteur de la paroi intérieure du mur. Alors il est clair que c'est la plus grande de ces poussées Π dirigées suivant une même direction que l'on aura spécialement à considérer.

Enfin il peut arriver que la courbe réelle des poussées

se compose non-seulement de la poussée Π réduite à une droite unique, mais, en outre, d'une portion du folium des poussées primitives.

Les trois figures précédentes 14, 15 et 16, indiquent les différents cas qui peuvent se présenter. Elles montrent en même temps comment les poussées verticales primitives se transforment en poussées effectives.

Quant à l'expression des poussées effectives qui correspondent aux poussées *verticales* primitives, elle est la suivante :

$$(G) \qquad \Pi_v = \frac{1}{2} p \, \frac{H^2 \sin(\theta + \epsilon)}{\cos^2\epsilon \cos\varphi'} \, \frac{\sin^2(\epsilon + V)}{\sin(\theta - V)}.$$

Comme pour les poussées primitives verticales, l'expression de la poussée ne représente plus l'équation même de la courbe des poussées, puisque ces poussées sont les ordonnées de la courbe, et que les abscisses correspondantes n'entrent pas dans le second membre qui contient toujours l'angle variable V.

La courbe est encore une ligne droite, comme il est facile de le voir, puisque les abscisses restant les mêmes, les ordonnées se sont toutes redressées parallèlement à une même direction, et en restant entre elles dans le même rapport.

Nous nous bornons à donner les deux formules générales (B_1) et (G) des poussées effectives; on se rendra compte facilement des simplifications qu'elles peuvent subir, comme nous l'avons fait voir pour les poussées primitives.

Cas d'un profil quelconque. Poussée primitive. — Dans le cas d'un profil quelconque, la poussée primitive a encore pour expression générale $P = \dfrac{Q \cos(\varphi + V)}{\cos\varphi}$ quand l'angle V est positif, et simplement $P = Q$ quand V est négatif. Or, si l'on considère le remblai comme formé des prismes triangulaires successifs dont les sections sont les triangles BH_1H_2, BH_2H_3, ..., $BH_{n-1}H_n$, BH_nR (*fig.* 17), il

Fig. 17.

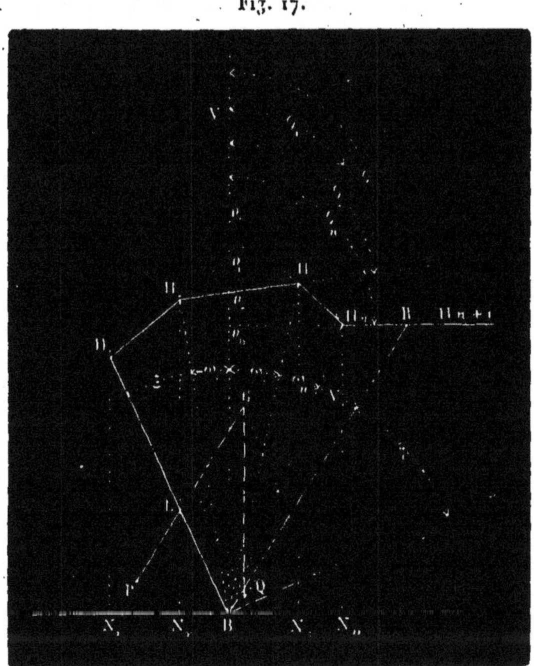

est facile d'exprimer Q en fonction des quantités qui déterminent la forme du profil, et de l'angle variable V, pourvu que l'on connaisse le côté du profil qui est rencontré par le plan de rupture.

En effet, chacun des triangles, tels que $BH_{n-1}H_n$, a une surface qui peut être représentée par

$$\tfrac{1}{2}H_{n-1}B \times H_nB \sin H_{n-1}BH_n.$$

On considère, d'ailleurs, comme négatifs, les angles tels que H_2BV, comptés à partir de la verticale BV du côté du mur, et comme positifs les angles analogues, quand ils sont comptés du côté opposé; d'après les notations ci-dessus, $H_{n-1}B$ sera égal à $\dfrac{H_{n-1}}{\cos\omega_{n-1}}$, H_nB sera égal à $\dfrac{H_n}{\cos\omega_n}$, et l'angle $H_{n-1}BH_n$ sera représenté par $\omega_n - \omega_{n-1}$.

Ainsi

$$\text{surf}\,BH_{n-1}H_n = \frac{1}{2}\,\frac{H_{n-1}H_n\sin(\omega_n - \omega_{n-1})}{\cos\omega_{n-1}\cos\omega_n}.$$

On aura de même pour la surface du triangle BH_nR, si l'on remarque que

$$BR : BH_n :: \sin(180 - \theta_n + \omega_n) : \sin(\theta_n - V).$$

et que l'angle $H_nBR = V - \omega_n$,

$$\text{surf}\,BH_nR = \frac{1}{2}\,\frac{H_n^2\sin(\theta_n - \omega_n)}{\cos^2\omega_n\sin(\theta_n - V)}\,\sin(V - \omega_n).$$

Ainsi on arrive à l'expression suivante :

$$(\text{H})\quad\left\{ Q = \frac{P}{2}\left[\frac{H_1 H_2\sin(\varepsilon + \omega_1)}{\cos\varepsilon\cos\omega_1} + \cdots \right.\right.$$
$$+ \frac{H_{n-1}H_n\sin(\omega_n - \omega_{n-1})}{\cos\omega_{n-1}\cos\omega_n}$$
$$\left.\left. + \frac{H_n^2\sin(\theta_n - \omega_n)}{\cos^2\omega_n\sin(\theta_n - V)}\,\sin(V - \omega_n)\right]. \right.$$

Pour obtenir les *poussées verticales*, il faut attribuer à Q la valeur ci-dessus dans la formule

$$(\text{I})\qquad\qquad P_v = Q,$$

et pour obtenir les *poussées primitives ordinaires*, correspondant aux valeurs positives de V, il faut donner à Q la même valeur dans la formule

$$(\text{J})\qquad\qquad P = Q\,\frac{\cos(\varphi + V)}{\cos\varphi}.$$

Il est à remarquer que le dernier des termes compris entre parenthèses est le seul qui soit fonction de V.

Poussée effective, dans le cas où il y a décomposition de la poussée primitive au contact de la paroi intérieure du mur. — Nous savons que, lorsqu'il y a décomposition de la poussée primitive au contact de la paroi intérieure du mur, la poussée effective Π est donnée par la relation

$$\Pi = P \frac{\sin(\varepsilon + V)}{\cos \varphi'}.$$

Donc on obtiendra les *poussées effectives correspondant aux poussées primitives verticales* en attribuant à Q la valeur ci-dessus dans la formule

$$(\text{K}) \qquad \Pi_\mathbf{v} = Q \frac{\sin(\varepsilon + V)}{\cos \varphi'}.$$

Quant aux *poussées effectives correspondant aux poussées primitives ordinaires*, c'est-à-dire aux valeurs positives de V, on les obtiendra en donnant à Q cette même valeur dans la formule

$$(\text{L}) \qquad \Pi = Q \frac{\cos(\varphi + V)\sin(\varepsilon + V)}{\cos \varphi \cos \varphi'}.$$

Dans ces quatre dernières formules, si l'on suppose $n = 1$, on retombe sur les formules (F), (A₁), (G) et (B₁), correspondant au cas où le profil du prisme de rupture est triangulaire.

Nous ne chercherons pas à exprimer par le calcul la position du point d'application des poussées dont nous venons de donner les formules. Il nous suffira de dire qu'on l'obtiendrait graphiquement en cherchant d'abord le centre de gravité G du polygone $BH_1 H_2 \ldots H_n R$, et en menant ensuite par ce centre de gravité une parallèle à la ligne BR, s'il s'agit des poussées ordinaires, ou une verticale, si le plan de rupture penche du côté du mur.

Discussion générale au sujet de la courbe des poussées. — Dans le cas des poussées verticales, la courbe des poussées primitives est encore une ligne droite pour la portion $H_1 H_2$ du contour extérieur du remblai. Elle se brise quand le plan de rupture atteint le côté $H_2 H_3$ de ce même profil, et ainsi de suite à mesure que l'angle V grandit, et à chacune des arêtes successives que rencontre le plan de rupture. Quand l'angle V, de négatif qu'il était, devient nul, la courbe des poussées change de nature; au lieu d'ordonnées verticales, elle prend des ordonnées qui vont en s'inclinant de plus en plus.

Si la verticale BV (*fig.* 18) rencontrait le plan $H_1 H_2$,

Fig. 18.

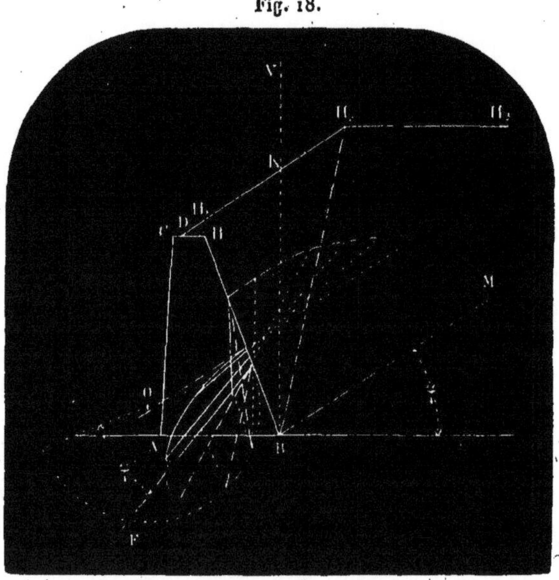

les poussées auraient d'abord un point d'application invariable, au tiers de la paroi BH_1, l'origine de la courbe correspondant aux poussées verticales étant d'ailleurs aux $\frac{2}{3}$ de cette même paroi, et cette courbe étant, comme on vient de le dire, d'abord rectiligne. Les poussées primitives ordinaires formeraient d'abord de véritables rayons vecteurs d'un système de coordonnées polaires, et la portion de courbe serait un arc de cercle, si l'angle de $H_1 H_2$ avec l'horizon était celui du talus naturel des terres.

Une fois que l'angle V a augmenté assez pour que BR dépasse le point H_2, le prisme de rupture cesse d'être triangulaire et devient polygonal. A partir de ce moment, le point d'application de la poussée varie, à mesure que la poussée elle-même fait des angles de plus en plus petits avec la normale à la paroi du mur. Les intersections successives de ces poussées forment alors une courbe enveloppe qui nous sera utile dans la construction des épures dont il sera question plus loin.

Quand l'angle V continue à augmenter, la poussée primitive continue à varier, et, après avoir passé par un maximum, elle devient nulle pour $V = 90° - \varphi$.

Mais tant que $\varepsilon + V$ est moindre que $90° - \varphi'$, c'est-à-dire tant que la poussée primitive fait, avec la normale à la paroi du mur, un angle plus grand que celui du frottement des terres contre les maçonneries, il y a décomposition de la poussée primitive au contact de la paroi, et c'est la poussée effective que l'on doit considérer. Or, à la portion rectiligne de la courbe des poussées primitives verticales, correspond une portion rectiligne de la courbe des poussées effectives, et les ordonnées verticales sont remplacées par des ordonnées faisant l'angle φ' avec la normale à la paroi du mur.

Aux poussées primitives diversement inclinées qui ont toutes leur point d'application au tiers de la hauteur de la paroi BH_1, correspondent des poussées effectives appliquées en ce même point et de grandeurs différentes, mais dont la direction est invariable.

Puis aux poussées primitives diversement inclinées et ayant des points d'application différents, correspond une portion de courbe des poussées effectives, dont ces poussées sont de véritables ordonnées parallèles.

Cette courbe peut terminer la courbe réelle des poussées, si $\varepsilon + V$ reste toujours moindre que $90^\circ - \varphi'$; alors elle devient tangente à la poussée correspondant à $V = 90^\circ - \varphi$, laquelle est nulle. C'est ce qui a nécessairement lieu quand on a $\varepsilon < \varphi - \varphi'$, car V étant moindre que $90^\circ - \varphi$, la condition $\varepsilon + V < 90^\circ - \varphi'$ sera toujours remplie si l'on a $\varepsilon + 90^\circ - \varphi < 90^\circ - \varphi'$, ou, ce qui revient au même, $\varepsilon < \varphi - \varphi'$.

Si $\varphi' = \varphi$, cette condition exige que l'on ait $\varepsilon = 0$ ou $\varepsilon < 0$.

Ainsi, dans le cas où $\varphi' = \varphi$ et où la paroi intérieure du mur est verticale, on n'a à s'occuper que des poussées effectives.

La distinction entre les poussées effectives ou primitives, dans une même courbe des poussées, se fait donc surtout sentir dans le cas des murs à paroi intérieure inclinée, quand ε est positif, et toujours quand $\varepsilon > \varphi - \varphi'$. Alors, à partir du moment où la poussée fait avec la normale à la paroi du mur un angle moindre que φ', et jusqu'au moment où $V = 90^\circ - \varphi$, c'est la courbe des poussées primitives qui est à considérer.

Il existe une ordonnée de la courbe des poussées effectives qui est en même temps égale à la poussée primitive correspondante. En ce point, il y a intersection de la courbe des poussées effectives avec la courbe des poussées primitives : c'est là qu'on doit quitter la première de ces deux courbes, pour ne plus considérer que la seconde.

Les formules ci-dessus ne peuvent pas être regardées comme l'équation de la courbe des poussées : la formule (A$_1$) est la seule qui puisse être considérée à ce point de vue.

Il est facile de se rendre compte, dès à présent, de l'utilité qu'il y aura, dans les épures, à tracer cette courbe. En effet, quand on aura réussi, au moyen des procédés particuliers que nous indiquerons plus loin, à déterminer le point de la courbe auquel correspond la poussée la plus dangereuse, on pourra facilement trouver, par une construction géométrique, la poussée elle-même et l'angle du plan de rupture correspondant. Si le point donné appartient à la courbe des poussées effectives, en menant par ce point une parallèle aux ordonnées de la courbe, on trouvera le point d'application de cette force ; en menant par le point donné une parallèle à la paroi du mur, on trouvera, à l'intersection de cette droite avec la courbe des poussées primitives, l'extrémité de la poussée primitive cherchée qui sera ainsi entièrement déterminée, puisqu'on en connaît aussi le point d'application. Sa direction une fois connue, il suffit de lui mener une parallèle par le pied de la paroi intérieure du mur, pour déterminer le plan de rupture.

Si l'on connaît un point de la courbe des poussées primitives, pour obtenir la poussée correspondante, il suffit de mener par ce point une tangente à la courbe enveloppe que nous supposons tracée.

Si enfin le point donné appartient à la courbe des poussées verticales primitives ou à celle de leurs poussées effectives, c'est en menant par ce point soit une verticale, soit une ligne faisant un angle φ' avec la normale à la paroi intérieure du mur, que l'on trouvera d'abord le point d'application de cette force. Puis, la rencontre de la poussée primitive verticale avec le lieu géométrique des centres de gravité des prismes de rupture fera connaître le centre de gravité du prisme cherché, et, par suite, son plan de rupture.

II. — REMBLAIS DOUÉS DE COHÉSION.

Il est facile de voir ce que deviennent les formules données dans ce Chapitre, quand on tient compte de la cohésion.

La formule des poussées verticales sera

$$(\text{M}) \qquad P_v = Q - kQ = Q - Q\,\frac{\sin(\psi - \varphi)}{\cos\varphi},$$

dans laquelle il faudrait substituer à Q sa valeur (H), donnée ci-dessus.

La formule des poussées primitives ordinaires sera

$$(\text{N}) \qquad P = Q\,\frac{\cos(\varphi + V)}{\cos\varphi} - Q\,\frac{\sin(\psi - \varphi)}{\cos\varphi}.$$

Quant aux poussées effectives, on les obtiendra encore au moyen de la relation

$$\Pi = P\,\frac{\sin(\varepsilon + V)}{\cos\varphi'};$$

on aura donc, pour les poussées effectives correspondant aux poussées verticales,

$$(\text{O}) \qquad \Pi_v = Q\left[1 - \frac{\sin(\psi - \varphi)}{\cos\varphi}\right]\frac{\sin(\varepsilon + V)}{\cos\varphi'},$$

et pour les poussées effectives ordinaires,

$$(\text{P})\quad \Pi = Q\left[\frac{\cos(\varphi + V) - \sin(\psi - \varphi)}{\cos\varphi'}\right]\frac{\sin(\varepsilon + V)}{\cos\varphi^\varepsilon}.$$

CHAPITRE III.
CONSIDÉRATIONS RELATIVES AUX COEFFICIENTS DE STABILITÉ.

Dans les problèmes relatifs à la solidité des constructions, on se propose généralement de déterminer les pròportions à adopter pour les ouvrages que l'on exécute, non-seulement de manière à éviter que les travaux ne soient détruits sous l'action de la force que la théorie doit faire considérer comme la plus dangereuse, mais aussi de manière à n'avoir pas à craindre les accidents imprévus, dont on doit, dans une certaine mesure, admettre la possibilité.

Il ne suffit donc pas que la résistance ait une action équivalente à celle de la puissance, et il convient de l'augmenter de telle sorte qu'elle devienne égale au produit de cette puissance multipliée par un *coefficient de stabilité*, qui doit toujours être plus grand que l'unité. Nous verrons, toutefois, plus loin, que l'on peut être conduit à considérer des coefficients de stabilité négatifs, dans l'application des méthodes que nous allons exposer, et que cette circonstance, quand elle se produit, est loin d'être défavorable à la solidité de la construction.

Les coefficients de stabilité à adopter dans les différents genres de travaux sont nécessairement très-variables, suivant la nature des dangers imprévus contre lesquels on doit se mettre en garde ; et c'est à l'expérience que l'on doit avoir recours pour fixer les valeurs qu'il convient de leur donner.

Il importe, avant d'aller plus loin, d'entrer dans quelques développements au sujet du point de vue auquel devront être envisagés les coefficients de stabilité dont nous aurons à faire usage dans la suite de cette étude.

Quand on considère la poussée exercée par un remblai sur un mur de revêtement, il ne faut pas oublier que cette poussée n'est que la résultante des poussées élémentaires exercées par les différentes molécules dont se compose le prisme de rupture. Or, si par l'arête antérieure de la base du mur, on mène un plan parallèle à la poussée la plus dangereuse, et par l'intersection de ce premier plan avec la paroi intérieure du mur, un deuxième plan parallèle au plan de rupture, ce dernier plan divisera le prisme de rupture en deux parties telles, que toutes les poussées élémentaires supérieures au plan dont il s'agit tendront à renverser le mur par rotation autour de cette arête, tandis que toutes les poussées particelles qui passent au-dessous de ce même plan tendront à assurer la stabilité du mur sur sa base.

On devrait donc ne regarder comme poussée dangereuse et ne multiplier par le coefficient de stabilité que la résultante des poussées particelles supérieures au plan que nous venons de considérer, et traiter la résultante des poussées inférieures comme ajoutant simplement son moment à celui de la résistance, tandis qu'en multipliant le moment résultant de toutes les poussées élémentaires par le coefficient de stabilité, on ajoute, de fait, au moment de la résistance du mur, le produit du moment de la résultante des poussées inférieures par le coefficient de stabilité.

Or il est rationnel, pour assurer la stabilité de la construction, d'exagérer, dans la mise en équation du problème, les forces dont l'effet est à redouter, tandis qu'il semble prudent, pour éviter des mécomptes, d'évaluer telles qu'elles sont les forces qui contribuent au maintien de l'équilibre.

Mais il est facile de voir que les différentes expressions de la poussée qui ont été obtenues dans le Chapitre précédent se prêteraient mal à ce genre de calcul, puisqu'il faudrait décomposer cette force en deux autres qui seraient respectivement les résultantes des poussées élémentaires passant, les unes au-dessus, les autres au-dessous de l'arête antérieure de la base du mur.

Il est évidemment beaucoup plus simple de n'avoir à s'occuper que de la poussée totale, telle qu'elle a été obtenue, poussée dont le moment peut toujours être considéré comme la somme algébrique des moments des deux résultantes partielles dont on vient de parler, ou, ce qui revient au même, comme la différence des valeurs absolues de leurs moments.

Désignons par R la résultante partielle des poussées qui passent au-dessus de l'arête antérieure de la base du mur, et par r son bras de levier par rapport à cette arête, par R′ la résultante des poussées qui passent au-dessous, et par r' son bras de levier, de telle sorte que $R r - R'r'$ soit le moment résultant.

Appelons S le poids du mur et de la charge de terre qu'il supporte directement à sa partie supérieure, et s le bras de levier correspondant ; nous poserons l'équation

$$\sigma(R r - R'r') = S s.$$

Cette relation indique exactement ce que nous entendons par le coefficient de stabilité σ tel que nous l'emploierons dans le cours de ce Mémoire, lorsque l'on aura à craindre le renversement par rotation, et elle peut en être considérée comme la définition précise.

Cette manière d'envisager le coefficient de stabilité ne répond pas, il est vrai, à l'idée qui consiste à le considérer comme le rapport du moment de la résultante de toutes les forces résistantes au moment de la résultante des forces qui tendent à renverser le mur. Cette dernière façon d'évaluer la stabilité conduirait à l'équation

$$\sigma' \, \mathrm{R}\, r = \mathrm{S}s + \mathrm{R}'r',$$

qui peut être regardée comme la définition du coefficient σ' (*).

Il est nécessaire d'examiner les conséquences auxquelles on sera conduit suivant que l'on adoptera l'un ou l'autre de ces deux points de vue.

Nous reconnaissons tout d'abord que c'est le coefficient σ', et non le coefficient σ, qui exprime la prépondérance du moment des résistances sur celui des efforts qui tendent à produire le renversement.

Mais son introduction dans le calcul ou dans les épures a l'inconvénient de compliquer la question, en obligeant à considérer deux résultantes partielles des poussées élémentaires au lieu d'une seule.

Il serait donc difficile d'y avoir recours dans le calcul, et il sera préférable d'employer le coefficient σ, sauf à se rendre compte, soit à l'avance, s'il est possible, soit si l'on ne peut faire autrement, par une épure, après que l'épaisseur à assigner au mur aura été trouvée par le calcul, de la valeur du coefficient σ' qui correspond au coefficient σ dont on aura fait usage.

Nous indiquerons plus loin de quelle nature sont les résultats auxquels on arrive en faisant cette comparaison.

En ce qui concerne la méthode graphique qui sera exposée au Chapitre IV, nous ferons remarquer qu'elle ne conduit directement qu'à la détermination de la sta-

---

(*) C'est M. le colonel de la Grèverie qui a appelé notre attention sur cette seconde manière d'envisager le coefficient de stabilité.

6.

bilité d'un profil donné. La majeure partie des constructions à faire quand on l'applique ont pour objet la recherche de la poussée totale la plus dangereuse, et sont les mêmes, quel que soit le coefficient de stabilité que l'on considère. C'est seulement quand la poussée la plus dangereuse est connue que l'on a à exécuter des constructions qui diffèrent suivant que l'on se propose de trouver le coefficient σ ou le coefficient σ'.

Dans ce dernier cas, elles sont un peu plus compliquées que dans le premier, dans lequel elles se réduisent à la construction de la résultante de la poussée la plus dangereuse et du poids du mur avec la surcharge de terre qu'il porte à sa partie supérieure. On obtient alors le coefficient σ en prenant le rapport de deux longueurs mesurées sur l'épure.

La construction à faire pour déterminer le coefficient σ' est indiquée au Chapitre IV, mais on ne l'a pas exécutée sur les épures n°s 4, 5 et 6 jointes à ce travail, afin de ne pas les compliquer davantage. On se bornera à faire connaître les résultats auxquels elle conduit.

En faveur de l'adoption du coefficient σ dans la pratique, nous ajouterons que, d'après sa définition, il a l'avantage de répondre à l'idée simple qui consiste à envisager comme étant en présence deux forces seulement : d'une part la poussée des terres, et de l'autre le poids du mur augmenté de celui de la surcharge de terre qu'il porte à son sommet.

Il est facile de voir aussi que ce coefficient varie proportionnellement au rapport $\dfrac{p'}{p}$ quand, pour un même profil, les poids spécifiques de la terre et du revêtement viennent à changer, si le petit prisme de terre qui s'appuie sur le sommet du mur est négligeable, ou s'il conserve toujours un poids spécifique dans un rapport constant avec celui de la maçonnerie; et que, si cette condition n'était pas remplie, σ resterait néanmoins à peu de chose près proportionnel à $\dfrac{p'}{p}$.

De plus, le coefficient σ, considéré comme une quantité algébrique, indique très-bien quand il y a équilibre entre les résultantes partielles des poussées élémentaires qui tendent au renversement, et de celles qui sont favorables à la stabilité, et quand ces dernières deviennent prépondérantes.

Dans le premier cas, on a $\sigma = \infty$; dans le second cas, σ devient négatif et varie de $-\infty$ à -0, quand la stabilité va en augmentant; en même temps, σ' croît jusqu'à ∞.

Le revêtement cesse d'être en équilibre quand σ devient inférieur à l'unité, et les conditions d'équilibre sont d'autant plus défavorables que σ approche plus de 0.

Ainsi, quand σ varie de 0 à 1, le mur n'est pas en équilibre.

Quand $\sigma = 1$, il y a exactement équilibre.

Quand $1 < \sigma < \infty$, la stabilité du mur est due à l'action de son propre poids, dont le moment est de sens contraire à celui de la poussée qui tend à le renverser.

Quand σ continue à varier de $\sigma = -\infty$ à $\sigma = -0$, la stabilité va en croissant, et la résultante totale des poussées élémentaires, quelles qu'elles soient, ajoute son action à celle du mur, pour maintenir ce dernier sur sa base.

Enfin, il est surtout essentiel de remarquer que, dans le cas où l'action de la poussée la plus dangereuse et celle du mur se font équilibre, on a à la fois $\sigma = 1$ et $\sigma' = 1$, et que, lorsque le mur est stable sur sa base, on a toujours simultanément $\sigma > 1$ et $\sigma' > 1$.

De plus, dans le cas où un mur présente le degré de

stabilité dont on se contente ordinairement dans la pratique, le rapport $\dfrac{\sigma'}{\sigma}$, toujours inférieur, ou, au plus, égal à l'unité, reste compris, pour les murs à paroi intérieure verticale, entre des limites qui s'écartent peu l'une de l'autre.

Quand la paroi intérieure du mur est verticale, et qu'en même temps le frottement $f' = \operatorname{tang}\varphi'$ des terres contre les maçonneries est nul, on a toujours $\dfrac{\sigma'}{\sigma} = 1$, attendu que toutes les poussées élémentaires effectives sont alors horizontales et passent au-dessus de l'arête antérieure de la base du mur.

Le cas où ce rapport s'écarte le plus de l'unité est celui où φ' est égal à φ, et où, en même temps, la valeur de ce dernier angle est la plus grande.

Le tableau suivant, qui résume les résultats de la construction d'un certain nombre d'épures, fait voir comment le rapport $\dfrac{\sigma'}{\sigma}$ varie dans des circonstances diverses.

Murs à paroi intérieure verticale.

DONNÉES PARTICULIÈRES des épures.			VALEURS TROUVÉES pour			OBSERVATIONS.
H'.	H.	Épaisseur moyenne.	σ.	σ'.	$\dfrac{\sigma'}{\sigma}$.	

Hypothèses : $\varphi = \varphi' = 35°$; $p = 1800^{\text{kg}}$; $p' = 2000^{\text{kg}}$.

H'.	H.	Épaisseur moyenne.	σ.	σ'.	$\dfrac{\sigma'}{\sigma}$.	OBSERVATIONS.
Profil des revêtements de Vauban.						(1) Un calcul plus exact que l'épure a donné dans ce cas $\sigma = 5,33$, et dans celui où $p' = p$, $\sigma = 4,81$. Si l'on adopte la valeur trouvée ci-contre du rapport $\dfrac{\sigma'}{\sigma} = 0,764$, on en déduit les valeurs de σ', qui correspondraient à $\sigma = 5,00$ et à $\sigma = 4,50$.
m	m	m	5,22 (1)	3,98	0,764	
11,30	10,00	2,624(2)	5,00	3,81	0,764	
			4,50	3,43	0,764	
Profils rectangulaires.						
m	m	m				
15,00	4,00	2,39	4,34	3,28	0,74	
15,00	4,00	2,93	9,75	5,15	0,528	(2) L'épaisseur à la base est $3^{\text{m}},624$; au sommet $1^{\text{m}},624$.
15,00	7,00	3,80(3)	4,60	3,44	0,75	
15,00	7,00	4,15	6,13	4,22	0,69	(3) Cas de l'épure n° 4.
Profil avec fruit $= \dfrac{1}{20}$, **et berme de** $0^{\text{m}},50$.						Cet exemple montre l'influence de la berme et du fruit de $\dfrac{1}{20}$ sur le coefficient σ.
m	m	m				
15,00	7,00	4,15	8,84	"	"	
Profil rectangulaire ayant même valeur de H₁ que ci-dessus.						
m	m	m				
15,00	6,40	4,15	8,06	"	"	

Hypothèses : $\varphi = \varphi' = 20°$; $p = p'$.

H'.	H.	Épaisseur moyenne.	σ.	σ'.	$\dfrac{\sigma'}{\sigma}$.	
Profil rectangulaire.						
m	m	m				
15,00	7,00	5,88	4,65	3,86	0,83	

Hypothèses : $\varphi = \varphi' = 55°$; $p = p'$.

H'.	H.	Épaisseur moyenne.	σ.	σ'.	$\dfrac{\sigma'}{\sigma}$.	
m	m	m				
15,00	7,00	2,33	6,80	3,78	0,556	

On peut conclure des chiffres contenus dans le tableau ci-dessus que, quand l'angle $\varphi' = \varphi$ varie, toutes choses égales d'ailleurs, le rapport $\dfrac{\sigma'}{\sigma}$ est donné sensiblement par la relation $\dfrac{\sigma'}{\sigma} = 1 - 0{,}0072\,\varphi$.

Supposons que la valeur des angles $\varphi' = \varphi$ reste invariable :

Si l'on considère le rapport $\dfrac{\sigma'}{\sigma}$ comme l'ordonnée d'une courbe dont σ serait l'abscisse, il est facile de voir que, pour $\sigma = 1$, on aura $\dfrac{\sigma'}{\sigma} = 1$, et que, pour $\sigma = \infty$, le rapport $\dfrac{\sigma'}{\sigma}$ sera nécessairement nul, en sorte que la courbe présentera une branche infinie ayant pour asymptote l'axe des abscisses.

Il en résulte que, dans les différents cas envisagés ci-dessus, la relation entre le rapport $\dfrac{\sigma'}{\sigma}$ et σ peut être exprimée, si l'on suppose que l'épaisseur seule du mur varie, la hauteur et les autres données restant les mêmes, par une expression de la forme

$$\frac{\sigma'}{\sigma}\,(\sigma + c) = d.$$

Par exemple, dans l'hypothèse

$$\varphi = \varphi' = 35°, \qquad \frac{p}{p'} = \frac{1800}{2000} \quad \text{et} \quad \frac{H}{H'} = \frac{4}{15},$$

on aura

$$\frac{\sigma'}{\sigma}\,(\sigma + 10{,}20) = 11{,}20.$$

On obtient les valeurs numériques ci-dessus, de c et de d, en exprimant que la relation établie entre $\dfrac{\sigma'}{\sigma}$ et σ, existe pour $\dfrac{\sigma'}{\sigma} = 1$ et $\sigma = 1$, ainsi que pour $\dfrac{\sigma'}{\sigma} = 0,75$ et $\sigma = 4,60$.

Pour $\sigma = 6,13$ et $\dfrac{\sigma'}{\sigma} = 0,69$, la même relation subsiste, ainsi qu'il est facile de le vérifier. Mais pour d'autres valeurs de $\dfrac{H}{H'}$ ou de φ, φ', p et p', les coefficients numériques c et d seraient différents.

Dans le cas des murs à paroi intérieure inclinée, l'hypothèse $f' = \mathrm{tang}\,\varphi' = 0$ n'a pas pour effet de rendre le rapport $\dfrac{\sigma'}{\sigma}$ égal à 1.

Le tableau suivant permet de comparer un certain nombre de valeurs de σ et de σ'.

Murs à paroi intérieure inclinée.

Hypothèses : $\varphi = \varphi' = 35^\circ$; $p = 1800^{\mathrm{kg}}$; $p' = 2000^{\mathrm{kg}}$; $n = \dfrac{1}{20}$.

DONNÉES PARTICULIÈRES DES ÉPURES.					RÉSULTATS TROUVÉS pour			OBSERVATIONS.
			ÉPAISSEURS					
H'.	H.	au sommet.	à la base.	moyennes.	σ.	σ'.	$\dfrac{\sigma'}{\sigma}$.	
m	m	m	m	m				
10,00	10,00	0,70	5,10	2,90	44,40	12,90	0,279	Fig. nº 1. ⎫
10,00	10,00	0,70	4,00	2,35	9,95	4,75	0,478	Fig. nº 2. ⎬ Épure nº 5.
10,00	10,00	0,70	3,60	2,15	5,82	3,33	0,572	Fig. nº 3. ⎭
10,00	10,00	0,70	2,95	1,825	2,32	//	//	//
10,00	10,00	0,70	1,20	0,95	0,351	//	//	{ Paroi intérieure verticale.
13,00	10,00	0,50	4,95	2,725	5,00	2,525	0,505	//
16,00	10,00	0,50	5,50	3,00	4,50	2,67	0,5925	Épure nº 6.

Si l'on compare les profils à paroi intérieure verticale avec les profils à paroi intérieure inclinée, on remarque que, dans le cas des revêtements à paroi intérieure verticale, lorsque le mur a un coefficient de stabilité voisin de celui de Vauban, le rapport $\dfrac{\sigma'}{\sigma}$ reste compris entre le nombre 0,556 que l'on a obtenu pour $\varphi = \varphi' = 55°$ et 0,83, qui correspond à $\varphi = \varphi' = 20°$.

Lorsqu'on a $\varphi = \varphi' = 35°$, les limites dans lesquelles ce rapport est compris sont beaucoup plus rapprochées l'une de l'autre. Ses valeurs ne varient guère que de 0,69 à 0,764.

Il faut remarquer, d'ailleurs, que quand le rapport $\dfrac{\sigma'}{\sigma}$ est moindre, le coefficient σ est lui-même très-considérable, car il converge promptement vers ∞.

Pour les murs à paroi intérieure inclinée, le rapport $\dfrac{\sigma'}{\sigma}$ est moindre que pour les murs à paroi intérieure verticale, lorsque le coefficient de stabilité σ' diffère peu de la valeur qui correspond au profil de Vauban.

Ce rapport $\dfrac{\sigma'}{\sigma}$ est un peu inférieur à 0,60; il faudrait donc adopter pour σ une valeur telle que $\sigma = 6$, au lieu de $\sigma = 4,50$ qui convient aux murs à paroi intérieure verticale, si l'on voulait avoir pour σ' des valeurs voisines de $\sigma' = 3,43$; et l'on pourrait adopter $\sigma = 6,50$ comme correspondant à $\sigma = 5,00$ et $\sigma' = 3,81$, qui, pour les murs à paroi intérieure verticale, représentent la stabilité des revêtements de Vauban, ainsi qu'on le verra au Chapitre V.

En résumé, quand il s'agit des murs à paroi intérieure inclinée, il faut prendre pour le coefficient σ des valeurs plus grandes que dans le cas des murs à paroi intérieure verticale, et dans l'hypothèse $\varphi = \varphi' = 35°$, on peut adopter des valeurs telles que $\sigma = 6{,}5\mathrm{o}$ qui correspond à la stabilité des murs de Vauban, ou seulement $\sigma = 5{,}5$ ou 6, qui, selon nous, donnera encore une stabilité suffisante.

Mais, ainsi qu'il va être dit, sauf dans certains cas particuliers, les coefficients de stabilité σ et σ' ci-dessus ne sont admissibles que comme moyen de simplification, et la question doit être envisagée, en réalité, à un autre point de vue.

Stabilité par différence entre le moment maximum des poussées totales tendant au renversement et celui des poussées totales tendant à maintenir le mur sur sa base. — Quand on considère les différentes épures qui accompagnent ce Mémoire, on remarque que, dans certains cas, une partie des poussées passent au-dessous de l'arète antérieure de la base du mur et tendent ainsi à maintenir le mur sur sa base. Et ici nous ne parlons que des résultantes de toutes les poussées élémentaires qui correspondent à un plan de rupture pris à volonté, résultantes que nous appelons *poussées totales,* pour les bien distinguer des résultantes particlles dont il a été question au commencement de ce Chapitre. Ces poussées totales sont les seules qui soient figurées sur nos épures, et les seules aussi que donnent nos formules.

Quand il existe des poussées totales dont la direction passe au-dessous de l'arète antérieure de la base du mur, il peut arriver que celle de ces poussées dont le moment est maximum fasse équilibre à celle des poussées passant au-dessus de la même arète, dont le moment est aussi un maximum, poussée qui est la plus dangereuse au point de vue du renversement par rotation.

Une expérience citée par M. le général Ardant, dans le

n° 15 du *Mémorial de l'Officier du Génie*, page 237, s'explique aisément par la remarque qui précède, et nous pouvons, par suite, invoquer cette expérience comme une preuve à l'appui du fait que nous cherchons à établir.

Voici comment M. le général Ardant s'exprime à ce sujet :

« Nous prenons un morceau de bois taillé dans la forme d'un prisme dont le profil est un triangle rectangle ABC (*fig.*19). Le petit côté AB de l'angle droit s'appuie

Fig. 19.

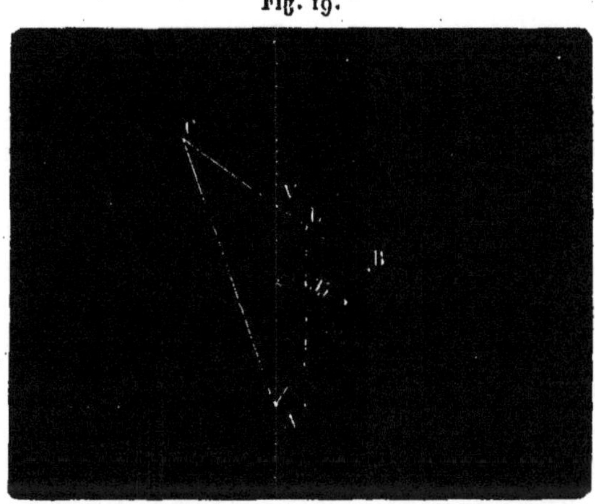

contre un plan qui fait avec la verticale un angle de 35 degrés ; le grand côté BC fait alors nécessairement le même angle de 35 degrés avec l'horizon. Le rapport entre les longueurs de ces deux côtés de l'angle droit est tel, que le centre de gravité du triangle est sur la verticale AV qui passe par le sommet de l'angle A opposé au plus grand des deux.

» Abandonné à lui-même, le prisme se renverse de manière que l'hypoténuse AC se couche sur l'horizontale ; mais si nous chargeons le grand côté BC de l'angle droit d'une certaine quantité de sable siliceux très-fin et très-sec, nous voyons le prisme rester stable sous l'action de la poussée, qui, bien loin de le solliciter à tomber, le maintient au contraire appliqué par le petit côté de l'angle droit contre le plan AB, qui fait avec la verticale un angle de 35 degrés. »

M. le général Ardant ajoute que, dans son expérience, l'angle du frottement du sable contre lui-même était de 35 degrés, et que l'on avait enduit de gomme et parsemé de sable fin la face BC du prisme mobile, de manière que le frottement du sable sur cette paroi fût égal à celui du sable sur lui-même.

Nous avons cru devoir répéter l'expérience en nous plaçant dans des conditions mieux définies, ainsi qu'on le verra en détail au Chapitre IV ci-après (*voir* aussi les épures n°s 2 et 7).

Nous nous bornerons à dire ici que, tout en laissant à une inclinaison constante la paroi intérieure du revête-ment, représentée par une des faces d'un plateau en bois que l'on avait enduite de silicate de potasse ou de gomme et ensuite saupoudrée d'un sable pareil à celui dont se composait le remblai, nous avons fait varier la base d'ap-pui du revêtement, et que l'épaisseur de cette base, dans le cas où l'équilibre a été rompu, concorde à peu de chose près avec les résultats des épures n°s 2 et 7, dont les con-structions sont fondées sur la théorie que nous cherchons en ce moment à établir.

Pour plus amples renseignements nous renvoyons aux paragraphes du Chapitre IV, où il sera spécialement ques-tion de ces épures.

Nous ne discuterons pas d'ailleurs l'explication donnée par M. le général Ardant au sujet de son expérience. Nous pensons que les considérations développées dans ce Mémoire suffisent pour mettre en lumière ce que le rai-sonnement sur lequel il s'appuie pourrait laisser à désirer.

Quoi qu'il en soit, l'expérience de M. le général Ardant et celle qui fait l'objet des épures n°ˢ 2 et 7 nous semblent prouver l'exactitude du principe suivant, que nous regarderons dès à présent comme démontré :

Les poussées totales correspondant à deux prismes de rupture différents peuvent se faire équilibre.

Et nous en tirons cette autre conséquence :

Que *le moment de la poussée totale la plus favorable à la stabilité doit être retranché du moment de la poussée la plus dangereuse,* puisque l'expérience prouve que ces deux forces doivent être considérées comme exerçant leur action simultanément quand leurs moments sont de sens contraires.

Mais, dans aucun cas, les actions de deux poussées totales dont les moments seraient de même sens ne pourraient s'ajouter l'une à l'autre, car il s'agit ici d'un choix à faire entre les effets produits par les différents prismes de rupture ; et si les effets des deux prismes que l'on considère peuvent se faire équilibre en tout ou en partie, c'est uniquement par la raison que quand il s'agit de choisir entre deux prismes de rupture dont les poussées produisent deux moments de sens contraires, on ne peut le faire qu'en tenant compte à la fois de l'un et de l'autre.

Nous ferons encore remarquer incidemment que la poussée la plus dangereuse correspond, pour les murs qui ont une certaine épaisseur, à un plan de rupture dont l'inclinaison ne s'éloigne que d'un petit nombre de degrés de celle du talus naturel des terres, tandis que la poussée la plus favorable à la stabilité correspond à un plan dont l'inclinaison est beaucoup plus rapprochée de celle de la paroi intérieure du revêtement.

Cette remarque n'est pas sans importance, car elle montre que les poussées dangereuses sont celles qui ont le plus de chances d'être détruites par l'augmentation que peut éprouver la cohésion des couches inférieures du remblai, par suite de la compression qu'elles supportent.

Des considérations qui viennent d'être exposées il résulte que si nous désignons par

P la poussée primitive, ou par

Π la poussée effective la plus dangereuse, et par

p ou π son bras de levier, et par

P′ ou Π' la poussée la plus favorable à la stabilité, et par

p' ou π' son bras de levier,

on aura, suivant les circonstances,

$$\xi(\mathrm{P}p - \mathrm{P}'p') = \mathrm{S}s,$$

ou bien

$$\xi(\mathrm{P}p - \Pi'\pi') = \mathrm{S}s,$$

ou enfin

$$\xi(\Pi\pi - \Pi'\pi') = \mathrm{S}s,$$

ξ étant le coefficient de stabilité correspondant à cette nouvelle manière d'envisager les choses.

Le premier cas se présentera rarement et seulement pour des murs à paroi intérieure très-inclinée.

Le deuxième cas se présentera ordinairement pour les murs à paroi intérieure inclinée.

Le troisième cas correspond aux murs dont la paroi intérieure est verticale ou très-peu inclinée.

C'est dans le deuxième cas surtout qu'il y aura lieu de tenir compte de la nouvelle manière d'envisager la stabilité, qui nous occupe en ce moment.

Si l'on remarque que l'on a en même temps $\sigma\,\mathrm{P}p = \mathrm{S}s$, on obtient, en éliminant $\mathrm{S}s$, la relation suivante entre ξ et σ :

$$\xi(\mathrm{P}p - \Pi'\pi') = \sigma\mathrm{P}p$$

ou

$$\frac{\sigma}{\xi} = 1 - \frac{\Pi'\pi'}{\mathrm{P}p};$$

ξ est donc généralement plus grand que σ.

Il lui devient égal quand $\Pi'\pi'$ est nul.

Il devient infini, quel que soit σ, quand $Pp = \Pi'\pi'$.

Enfin ξ devient négatif quand $\Pi'\pi' > Pp$.

Il est facile de voir dès à présent que quand on voudra construire des murs à paroi intérieure inclinée, on pourra trouver par tâtonnement, ou à l'aide d'une courbe d'erreurs, au moyen d'une série d'épures, l'inclinaison à assigner à la paroi intérieure d'un 'mur dont la hauteur, l'épaisseur au sommet et l'inclinaison du parement extérieur seraient donnés, de manière à obtenir une stabilité $\xi = \infty$; et les épaisseurs correspondantes ne seront pas exagérées.

On peut s'en assurer en se reportant aux résultats des épures n°s 5 et 6.

Ces résultats font voir que lorsque l'épaisseur moyenne du revêtement va en augmentant, le coefficient ξ converge très-rapidement vers ∞ .

Nous pensons qu'en adoptant $\xi = 5$ pour la valeur normale de ce coefficient, on aurait encore une stabilité très-convenable et des épaisseurs suffisantes, bien que très-modérées.

Quoi qu'il en soit, la possibilité d'établir l'équilibre entre celles des diverses poussées qui exercent l'action la plus considérable sur le revêtement constitue un avantage réel, que présentent les murs à paroi intérieure inclinée sur les murs à paroi intérieure verticale; et nous faisons rentrer dans la catégorie des revêtements à paroi intérieure inclinée ceux dont la paroi intérieure forme une suite de gradins, comme dans les profils des murs de quai exécutés par le service des Ponts et Chaussées.

L'introduction du coefficient ξ dans le calcul entraînerait à des opérations et à des discussions trop compliquées; il serait donc difficile, dans la pratique, de résoudre de cette manière les problèmes qui peuvent se présenter.

On pourra souvent se contenter de faire entrer dans le calcul le coefficient σ; mais il sera facile, dans chaque cas particulier, en vérifiant à l'aide d'une épure les resultats ainsi obtenus, de voir quelle sera la valeur correspondante du coefficient ξ.

Remarque au sujet de l'emploi des coefficients de stabilité. — Au lieu d'avoir recours aux coefficients de stabilité, on peut encore exprimer que la résultante des différentes forces qui entrent en jeu passe à une distance déterminée, en arrière de l'arête de rotation.

Nous ne nous occuperons pas en détail de cette manière de résoudre les problèmes relatifs à la stabilité des revêtements; nous nous bornerons à faire remarquer qu'il serait facile de modifier dans ce sens les solutions que nous donnerons plus loin.

On peut aussi se proposer la question suivante, qu'il sera aisé de traiter dans les cas simples : exprimer, en fonction du coefficient σ, la distance comprise entre l'arête de rotation et le point où la base du mur est rencontrée par la résultante des différentes forces qui sollicitent le revêtement. La recherche de cette relation entre la distance dont il s'agit et le coefficient σ n'offre pas assez d'intérêt pour que nous nous en occupions ici. Mais les personnes qui voudraient se faire une idée complète des avantages qu'offrent respectivement les deux manières de procéder feront bien d'entreprendre ce calcul, afin de voir, d'une part, ce que devient la distance dont il s'agit quand σ est donné, et, de l'autre, quelles sont les valeurs que prend σ quand cette distance est adoptée pour point de départ et qu'on la fait varier dans des limites convenables.

CHAPITRE IV.

MÉTHODE GRAPHIQUE PERMETTANT DE DÉTERMINER DANS TOUS LES CAS LE DEGRÉ DE STABILITÉ D'UN MUR DE REVÈTEMENT DONNÉ.

Nous allons exposer dans ce Chapitre une méthode graphique qui permet de déterminer dans tous les cas le degré de stabilité d'un mur de revètement donné, et par suite, au moyen de tàtonnements ou d'une courbe d'erreurs, de trouver l'épaisseur qu'il faut donner à un mur de revètement pour lui assurer une stabilité convenable.

Nous appliquerons ensuite cette méthode aux expériences que nous pouvons invoquer à l'appui de notre théorie.

Construction des centres de gravité et des poids des prismes de rupture. Échelle des longueurs et échelle des forces. — Ainsi que nous l'avons dit au Chapitre Ier, le moyen auquel nous avons recours, pour résoudre graphiquement les problèmes relatifs à la stabilité des murs de revètement, consiste à faire varier, sur l'épure qui représente un profil donné, l'angle que le plan de rupture peut faire avec la verticale, et à déterminer le plan auquel correspond la poussée la plus dangereuse.

Pour plus de régularité, nous ferons ordinairement varier de 5 en 5 degrés l'angle du plan de rupture avec la verticale.

La première chose à faire ensuite est de déterminer le
centre de gravité du profil de chacun des prismes de rupture considérés.

Puis à chacun des centres de gravité obtenus, il faut
appliquer une force proportionnelle au poids du prisme
de rupture correspondant.

Il s'agit donc d'obtenir des longueurs proportionnelles
aux surfaces des profils de ces différents prismes.

Dans le cas où les profils des prismes de rupture se
réduisent à des triangles, que l'on peut considérer comme
ayant pour base la portion $H_1 R$ du côté du profil $H_1 H_2$,
rencontré par les différents plans de rupture tels que BR,
qui est comprise entre le point H_1 et le point R; la hauteur commune de ces triangles étant la perpendiculaire
abaissée du point B sur le côté $H_1 H_2$, on peut prendre la
longueur $H_1 R$ comme représentant la surface du triangle
$BH_1 R$.

Comme le poids véritable de 1 mètre courant du
prisme triangulaire qui a pour profil ce triangle serait
$\frac{1}{2}pab$, la base $H_1 R$ étant désignée par b et la perpendiculaire abaissée du point B sur cette base par a, l'échelle
graphique à laquelle les poids des prismes de terre, et,
par suite, toutes les autres forces se trouveraient repré-
sentées sur l'épure, serait $\dfrac{b}{\frac{1}{2}pab} = \dfrac{1}{\frac{1}{2}pa}$; c'est-à-dire que
chacune des longueurs représentant un poids ou une
poussée devrait être multipliée par $\frac{1}{2}pa$; il est entendu,
d'ailleurs, que a et les longueurs représentant des forces
seraient mesurées à l'échelle graphique de l'épure;
comme, du reste, p représente, en kilogrammes, le poids
du mètre cube de terre, toutes les forces seraient ainsi
exprimées en kilogrammes.

On pourrait encore prendre sur la perpendiculaire

à $H_1 H_2$ (*fig.* 20), abaissée du point B, une longueur arbitraire, 20 mètres par exemple, à l'échelle de l'épure; mener par le point ainsi obtenu, une parallèle à $H_1 H_2$ et porter sur cette droite, à partir de son point d'intersection avec la paroi intérieure du mur BH_1, des longueurs

Fig. 20.

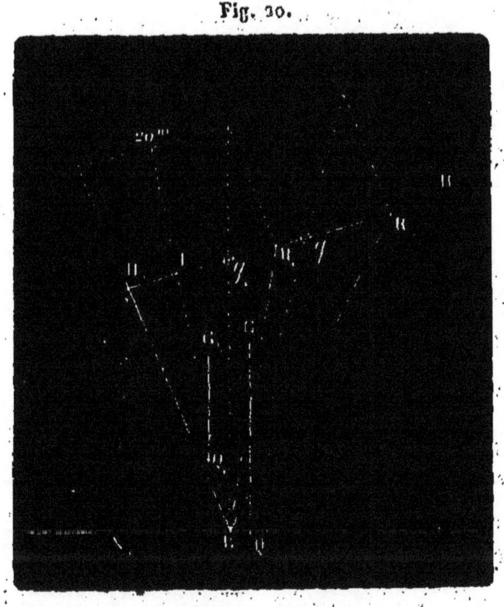

égales à $H_1 R_1$, $H_1 R_2$,... On en joindrait les extrémités au point B, et les longueurs interceptées sur $H_1 H_2$ seraient égales, en vertu de la similitude des nouveaux triangles ainsi formés, à $\dfrac{ab}{20}$. Comme le poids véritable du prisme est $\frac{1}{2} pab$, il s'ensuit que l'échelle des forces serait alors de 1 mètre, mesuré à l'échelle graphique de l'épure, pour 10 p.

Quand les prismes de rupture ont pour profil des polygones plus ou moins compliqués, on peut ramener ce cas au précédent en joignant le pied B (*fig.* 21) de la paroi intérieure du mur aux différents sommets, de manière à décomposer la surface en une série de triangles qu'on remplace successivement par d'autres équivalents, ayant

Fig. 21.

tous leur base sur $H_1 H_2$ et leur sommet au point B. Il suffit, pour cela, de mener par le point H_3 une parallèle à la diagonale BH_2 jusqu'à la rencontre du prolongement de $H_1 H_2$. De même du point H_4, on mène une parallèle à BH_3 jusqu'à la rencontre de $H_2 H_3$, et, de ce point, une parallèle à BH_2 jusqu'à la rencontre de $H_1 H_2$.

On obtient ainsi, sur $H_1 H_2$, des longueurs proportion-nelles aux différentes surfaces que l'on se propose de re-

présenter, et il est facile, si l'on veut, de les remplacer
par d'autres, de manière à adopter pour les forces
l'échelle qui paraîtra la plus convenable.

Quand les prismes de rupture considérés ont les uns
des triangles, les autres des quadrilatères pour profil, la
construction la plus commode consiste à mener la diagonale BH_2 (*fig.* 22), et à prendre sur cette droite, à partir

Fig. 22.

du point B, une longueur arbitraire que nous supposons
encore être de 20 mètres, mesurés à l'échelle graphique de
l'épure. Au point ainsi obtenu, on élève une perpendiculaire à la diagonale BH_2, et, sur cette droite, on projette le
point H_1 d'une part, et de l'autre les points tels que R, où
les différents plans de rupture rencontrent le côté $H_2 H_3$
du profil du remblai. Les projections ainsi obtenues déterminent, sur la perpendiculaire menée à 20 mètres de distance du point B, des longueurs qui sont les hauteurs
des deux triangles dont la somme ou la différence forme

la surface du profil du prisme de rupture, et dont la diagonale BH$_2$ est la base commune. Si donc on élève au point H$_2$ une seconde perpendiculaire à la diagonale BH$_2$, et si l'on joint le point B aux différents points dont il s'agit, on déterminera, sur la perpendiculaire menée par le point H$_2$, des longueurs qui exprimeront encore, à l'échelle de 1 mètre pour 10 p, les poids des prismes de terre entrant dans la construction de l'épure.

Cela fait, on transporte les différentes longueurs représentant ces forces de manière à les appliquer suivant des verticales menées par les centres de gravité correspondants.

Poussées primitives verticales. — Pour les plans de rupture compris entre la verticale menée par le point B et la paroi intérieure BH$_1$, si la verticale BV ne passe pas dans l'épaisseur du mur, les poids eux-mêmes représentent les poussées primitives verticales (*).

Poussées primitives ordinaires. — Pour tout autre plan de rupture, il faut décomposer le poids du prisme correspondant, en tenant compte du frottement sur ce plan. A cet effet, on mène par le point B, au-dessous du plan dont il s'agit, une droite faisant avec lui l'angle φ, et l'on décompose le poids Q en deux forces, l'une parallèle au plan de rupture, l'autre perpendiculaire au plan représenté sur le dessin par la droite ci-dessus, qui fait l'angle V + φ avec la verticale. Cette dernière composante est détruite par la résistance normale du plan de rupture et par le frottement développé sur ce plan, ainsi que nous l'avons fait voir au Chapitre Ier. La composante dirigée dans le sens de la pente du plan de rupture est la poussée primitive. Elle doit être transportée au point où sa direction va rencontrer la paroi intérieure du mur.

(*) *Voir* la note de la page 17.

En joignant par un tracé continu les extrémités de ces poussées, on obtient la *courbe des poussées primitives* qui se raccorde avec la courbe des poussées verticales au point qui correspond à un plan de rupture vertical.

Si le plan $H_1 H_2$ est incliné au talus naturel des terres, la portion de la courbe des poussées ordinaires correspondante est un arc de cercle tangent à la paroi intérieure du mur, en un point situé au tiers de la longueur BH_1, à partir du point B.

Le diamètre de ce cercle, ainsi que nous l'avons vu au Chapitre II, est donné par la formule

$$m = \frac{1}{2}\, p H_1^2 \, \frac{\sin(\alpha + \varepsilon)}{\cos^2 \varepsilon \sin \alpha}.$$

Nous avons indiqué comment on peut construire géométriquement la quantité représentée par cette expression. Nous ne nous arrêterons pas davantage ici sur cette question.

Poussées effectives quand il y a décomposition des poussées primitives à leur point d'application à la paroi intérieure du mur. — Lorsque les poussées verticales ou les poussées primitives ordinaires font, avec la normale à la paroi intérieure du mur, un angle moindre que l'angle φ' du frottement des terres sur les maçonneries, elles s'appliquent au mur, sans subir aucune décomposition. Quand au contraire elles font un angle plus grand, il se produit, comme nous l'avons dit au Chapitre Ier, une décomposition au contact de la maçonnerie, et *la poussée effective* fait l'angle φ' avec la normale à la paroi du mur. On construit, d'ailleurs, la vraie grandeur de cette poussée, en menant jusqu'à la rencontre de sa direction, par l'extrémité de la poussée primitive, une parallèle à la paroi intérieure du mur.

On obtient ainsi sans peine la *courbe des poussées effectives*.

Recherche de la poussée la plus dangereuse dans le cas du tassement de la fondation. — Nous avons indiqué d'une manière générale, au Chapitre Ier, comment on devra faire pour déterminer quelle est la poussée la plus dangereuse dans les cas où l'on doit craindre le tassement du sol sur lequel sont établies les fondations, ou le glissement du mur sur sa base. Nous n'entrerons pas dans de nouveaux développements à ce sujet; il sera facile de juger, dans chaque cas particulier, comment la question devra être traitée.

Poussée la plus dangereuse dans le cas où l'on a à redouter le glissement du mur sur sa base. — Si l'on avait à craindre le glissement du mur sur sa base, il y aurait à considérer deux cas distincts, suivant que la poussée primitive P s'applique sans décomposition à la paroi du mur, ou que c'est la poussée effective П faisant l'angle φ' avec la normale à cette paroi qui agit en réalité sur le mur.

Dans le premier cas, si l'on désigne par

S le poids de mur avec sa surcharge de terre; par

$f'' = \operatorname{tang} \varphi''$ le coefficient du frottement du mur sur sa base; par

σ le coefficient de stabilité,

et si l'on décompose la poussée primitive P en deux forces, l'une verticale P cos V, et l'autre horizontale P sin V, on aura la relation

$$\sigma P(\sin V - f'' \cos V) = f'' S,$$

ou

$$\sigma P \frac{\sin(V - \varphi'')}{\cos \varphi''} = f'' S.$$

Pour obtenir la poussée dangereuse il faut donc chercher le maximum de $P \sin(V - \varphi'')$.

Si toutes les poussées primitives ont un point d'application unique en L (*fig.* 23), on mènera une droite LF″ faisant avec la verticale LV′ un angle F″LV′ $= \varphi''$.

Fig. 23.

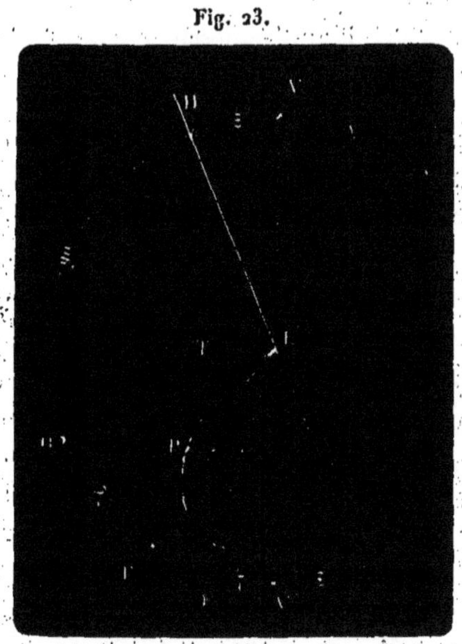

Alors l'angle PLF″ sera égal à $V - \varphi''$. L'expression $P \sin(V - \varphi'')$ représentera donc la distance d'un point quelconque P de la courbe des poussées à la ligne LF″; d'où il suit qu'on obtiendra le maximum de $P \sin(V - \varphi'')$ en menant à la courbe LP une tangente parallèle à LF″. Le point de contact P de cette tangente correspondra à la poussée la plus dangereuse.

Si les poussées primitives étaient appliquées à des points différents, on les transporterait parallèlement à elles-mêmes en un même point, et l'on obtiendrait une courbe auxiliaire par rapport à laquelle on opérerait comme dans l'hypothèse précédente.

Enfin, dans le cas où l'on aurait à considérer des poussées effectives Π faisant toutes l'angle φ' avec la normale à la paroi du mur, comme l'angle de ces poussées avec la verticale est égal à $90° - \varphi' - \varepsilon$, la composante verticale de Π sera $\Pi \sin(\varphi' + \varepsilon)$, et sa composante horizontale $\Pi \cos(\varphi' + \varepsilon)$; l'équation ci-dessus devra donc être remplacée par la suivante

$$\sigma \Pi \left[\cos(\varphi' + \varepsilon) - f'' \sin(\varphi' + \varepsilon) \right] = f'' S.$$

Il n'y aura alors à chercher que le maximum de Π, ce qui n'offre aucune difficulté.

Cette dernière équation revient à

$$\sigma \Pi \, \frac{\cos(\varphi' + \varepsilon + \varphi'')}{\cos \varphi''} = f'' S.$$

On construirait la quantité $\Pi \cos(\varphi' + \varepsilon + \varphi'')$ à peu près comme $P \sin(V - \varphi'')$, car l'angle $90° - \varphi' - \varepsilon$ joue, dans la première de ces deux expressions, le même rôle que V dans la seconde, avec cette différence, toutefois, qu'il n'est pas variable comme l'angle V.

Détermination du coefficient de stabilité. — Une fois l'une ou l'autre de ces deux expressions construite graphiquement, pour la valeur la plus dangereuse de P ou de Π, on obtiendra l'une ou l'autre des quantités

$$P \, \frac{\sin(V - \varphi'')}{\cos \varphi''} \quad \text{et} \quad \Pi \, \frac{\cos(\varphi' + \varepsilon + \varphi'')}{\cos \varphi''}$$

en menant, par l'extrémité de la poussée, une horizontale jusqu'à la rencontre avec la ligne LF'', car l'angle de cette horizontale avec la perpendiculaire abaissée sur LF'' sera égal à φ''.

On construira ensuite facilement la quantité

$$f'' S = S \, \mathrm{tang} \, \varphi''.$$

Pour obtenir le coefficient de stabilité σ il n'y aura plus alors qu'à prendre le rapport des deux quantités ainsi déterminées graphiquement.

Poussée la plus dangereuse dans le cas du renversement par rotation. — Nous passons au cas où l'on doit craindre le renversement par rotation autour de l'arête antérieure de la base du mur.

C'est alors la poussée dont le moment est maximum qui est la plus dangereuse, quand on considère les poussées passant au-dessus de cette arête, ou qui est la plus favorable à la stabilité du mur quand on considère les poussées qui passent au-dessous.

Nous allons donc indiquer comment on peut déterminer la poussée dont le moment est maximum.

Quand les poussées primitives sont toutes appliquées en un même point. — Supposons d'abord que les différentes poussées parmi lesquelles nous avons à choisir soient toutes appliquées en un même point L de la paroi intérieure du mur. Le moment d'une poussée LP (*fig.* 24), étant égal au

Fig. 24.

produit de cette force par la longueur de la perpendiculaire abaissée du point A sur sa direction, peut être considéré comme proportionnel à la surface du triangle ALP, que l'on obtiendrait en traçant les deux droites AL et AP. Mais, d'un autre côté, tous les triangles tels que ALP peuvent être considérés comme ayant la base AL commune et leur sommet variable P, sur la courbe des poussées. Celui dont la surface sera la plus grande sera donc celui pour lequel la distance du point P à la droite AL sera la plus considérable. Pour obtenir la poussée dont le moment est maximum, il suffira donc de mener à la courbe des poussées une tangente TT' parallèle à AL. En joignant le point P ainsi obtenu au point L, on aura la poussée cherchée, et en menant par le point B une parallèle à PL, on trouvera le prisme de rupture correspondant.

Quand les points d'application des poussées primitives diffèrent. — Considérons maintenant le cas où les points d'application des poussées appliquées à la paroi intérieure du mur ne sont pas tous réunis en un seul. Alors les intersections successives des directions de ces différentes forces obtenues en faisant varier, par degrés insensibles, l'angle du prisme de rupture formeront une courbe enveloppe, à laquelle toutes ces poussées seront tangentes.

Il est facile de ramener le cas actuel au précédent, en ayant recours à une courbe auxiliaire que l'on déterminera de la manière suivante. On remplacera chacune des poussées telles que PL par une autre P'Λ qui lui sera parallèle, dont le moment par rapport à l'arête antérieure A de la base du mur sera équivalent à celui de P, et dont le point d'application Λ sera commun à toutes les poussées de la courbe auxiliaire.

Quant à ce dernier point Λ (*fig.* 25), nous le prendrons à l'intersection de la paroi intérieure du mur avec la droite AE passant par l'arête extérieure A de la base du mur, et tangente en E à la courbe enveloppe des poussées primitives. Il est facile de voir que toutes les poussées

primitives ou effectives, sauf les poussées verticales ou
les poussées effectives qui leur correspondent, sont par-
tagées par la droite AE en deux groupes distincts : toutes

Fig. 25.

celles qui passent au-dessus du point A sont des poussées
dangereuses, tandis que celles qui passent au-dessous sont
favorables à la stabilité.

Cela posé, si par le point A nous menons une parallèle
AD à la paroi intérieure du mur BH, et par le point A,

une parallèle Λ D' à la direction LP, pour que les moments des poussées représentées par ces deux droites soient égaux, il suffira que l'on ait

$$PL \times AD = P'\Lambda \times AD'.$$

Prenons $\Lambda \Delta = AD$: il est clair que puisque L $\Lambda = D'D$, on aura aussi $\Delta L = AD'$.

Joignons ΔP et appelous P' le point d'intersection de la droite ΔP avec la direction Λ D', nous aurons, dans les deux triangles semblables ΔPL et $\Delta P'\Lambda$, la relation

$$\frac{PL}{\Delta L} = \frac{P'\Lambda}{\Delta \Lambda},$$

ou, ce qui revient au même,

$$PL \times AD = P'\Lambda \times A D'.$$

On remplacera ainsi la courbe lP par une autre Λ P', à laquelle il suffira de mener une tangente TT', parallèle à $\Lambda \Lambda$ pour obtenir la poussée Λ P' dont le moment par rapport au point A est maximum.

Pour trouver la poussée PL correspondante, on mènera une parallèle à P'Λ, tangente en même temps à la courbe enveloppe des poussées primitives. On peut aussi mener le plan de rupture parallèle à P'Λ et construire directement la poussée PL.

Quand on a à considérer les poussées effectives. — Mais dans le cas où l'on a à considérer des poussées verticales ou des poussées effectives qui sont toutes parallèles entre elles, il arrive que la courbe auxiliaire Λ P' se réduit à la direction Λ P' elle-même. Il faut donc, alors, avoir recours à un autre procédé que voici.

Quand les différentes poussées appliquées à la paroi intérieure du mur sont parallèles entre elles, il est à remarquer, d'abord, qu'on peut les considérer comme des ordonnées de la courbe qui joint leurs extrémités.

Or, si par l'arête antérieure de la base du mur, on mène une ligne parallèle à la direction commune de ces poussées, cette droite rencontrera au point j la paroi intérieure du mur, et elle partagera les poussées en deux groupes : celles qui passent au-dessus de la droite Aj sont les poussées dangereuses; celles qui passent au-dessous sont favorables à la stabilité. De plus, les moments de ces poussées par rapport au point j seront les mêmes que leurs moments par rapport à l'arête antérieure A de la base du mur.

Ces moments sont d'ailleurs proportionnels aux surfaces des triangles tels que $\Pi L j$ (*fig.* 26), que l'on forme

Fig. 26.

en joignant le point j à l'extrémité Π d'une poussée $L\Pi$. Nous substituerons à la courbe des poussées $l\Pi$ une courbe auxiliaire $l\Pi'$ telle, que le triangle $\Pi L j$ soit remplacé par un autre triangle $\Pi' l j$ ayant une surface équivalente et une base lj, invariable quel que soit le point Π de la courbe des poussées ou le point correspondant Π' de la courbe auxiliaire, que l'on considère. A cet effet il suffit de joindre par une ligne droite le point j au point Π, et de mener par le pied L de l'ordonnée ΠL une parallèle LΠ' à la ligne Πl. Son intersection Π' avec la ligne Πj sera le point de la courbe auxiliaire cherché. En effet, dans les deux triangles semblables Πlj et $\Pi'Lj$, nous aurons

$$lj : jL :: \Pi j : \Pi'j,$$

et dans les triangles ΠLj, $\Pi'\lambda j$,

$$\Pi j : \Pi'j :: \Pi L : \Pi'\lambda;$$

donc

$$lj : jL :: \Pi L : \Pi'\lambda,$$

et par suite

$$\Pi'\lambda \times lj = \Pi L \times jL.$$

Or, pour que le triangle $\Pi'lj$ soit maximum, il suffit que l'ordonnée $\Pi'\lambda$ soit elle-même un maximum. Si donc nous menons une tangente TT' à la courbe $l\Pi'$, parallèlement à la paroi intérieure du mur BH, nous trouverons le point Π' de la courbe auxiliaire correspondant à la poussée dont le moment sera maximum, et pour avoir cette poussée elle-même il suffira de mener la ligne $j\Pi'$ et de la prolonger jusqu'au point Π où elle rencontrera la courbe des poussées. On connaîtra alors facilement le point d'application L de la poussée effective; on pourra, par suite, trouver la poussée primitive correspondante, en menant par le point Π une parallèle à BH jusqu'à son intersection avec la courbe des poussées primitives qu'elle rencontrera en un point P. En joignant ce point P au point L, on obtiendra la poussée primitive, et, en lui menant par le point B une parallèle, on aura l'inclinaison du plan de rupture.

. Dans le cas où l'on se propose de chercher la poussée dont le moment est le plus favorable à la stabilité, c'est presque toujours à la dernière des trois constructions indiquées ci-dessus que l'on doit avoir recours.

Quand on a à considérer les poussées verticales ou les poussées effectives correspondantes. — Quand on applique cette même construction à la recherche de la poussée verticale, ou de la poussée effective correspondante dont le moment est maximum, il y a deux remarques à faire : si la courbe ou la portion de courbe considérée se réduit à une ligne droite, on peut éviter la construction d'une courbe auxiliaire, car la recherche de la poussée la plus dangereuse se ramène à un problème élémentaire connu : inscrire dans un triangle donné un parallélogramme ayant pour côtés deux des côtés du triangle et dont la surface soit un maximum. Il en résulte que le point d'application de la poussée cherchée sera au milieu de la distance comprise entre le point j, relatif aux poussées dont il s'agit, et le point situé aux deux tiers, à partir du point B, de la hauteur de la paroi totale BH_1.

La poussée la plus favorable à la stabilité, parmi les poussées verticales ou les poussées effectives qui les remplacent, se reconnaît à première vue quand la courbe de ces poussées est une ligne droite, car là poussée la plus considérable est en même temps celle qui a le plus grand bras de levier.

Construction du poids du mur et de la terre qu'il supporte à son sommet. — Nous venons d'exposer en détail comment on doit procéder pour obtenir la poussée, dont le moment par rapport à l'arête antérieure de la base du mur est maximum.

Il faut ensuite chercher le centre de gravité du profil du mur et celui du prisme de terre qui pèse directement sur sa partie supérieure et qui est compris entre le mur, le prolongement de la paroi intérieure de la maçonnerie et le profil extérieur du remblai.

Au moyen d'une quatrième proportionnelle, que l'on construit par la méthode des triangles semblables, et en prenant pour termes : 1° la même quantité arbitraire que pour la construction des poids des prismes de terre ; 2° la hauteur du mur ; 3° la somme de ses bases, on trouve une longueur qui représenterait, à l'échelle des forces (par exemple, l'unité graphique de l'épure pour 10 p), le poids du mur si son poids spécifique était le même que celui de la terre. Il faut ensuite multiplier cette longueur par le rapport $\dfrac{p'}{p}$, pour tenir compte du poids spécifique de la maçonnerie. C'est ce qu'on peut encore faire à l'aide d'une quatrième proportionnelle.

Ensuite, au moyen d'une construction analogue, on représente aussi par une longueur le poids du prisme de terre qui surmonte le mur.

On construit la résultante de ces deux derniers poids, en appliquant la règle de statique relative à la composition des forces parallèles.

Détermination du coefficient de stabilité σ. — Il ne reste plus qu'à comparer le moment de cette dernière résultante à celui de la poussée dangereuse. C'est ce que l'on pourrait faire en calculant ces moments et en prenant leur rapport.

Mais il est plus simple d'opérer comme on va le dire. On cherche directement, à l'aide du parallélogramme des forces, la résultante ωp (*fig.* 27) du poids S du mur, avec sa charge de terre, et de la poussée Π, après avoir transporté ces deux forces à leur point d'intersection ω.

Cela posé, si l'on joint le point d'application ω de cette résultante définitive au point A par rapport auquel les moments doivent être pris, et si l'on désigne par a le point où cette nouvelle droite va rencontrer le côté $\pi\rho$ du parallélogramme des forces, le coefficient de stabilité σ

Fig. 27.

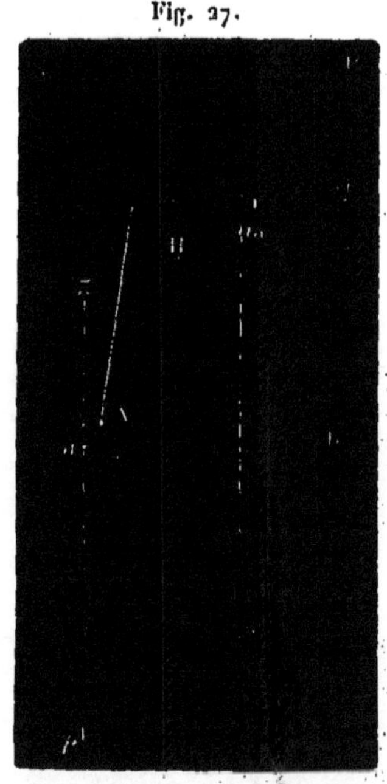

sera égal au rapport $\dfrac{\pi\rho}{\pi a}$. En effet, les moments des forces S et Π par rapport au point a sont proportionnels aux surfaces des triangles $\omega\pi a$ et $\omega\pi\rho$, ou, ce qui revient au même, à leurs bases $\pi\rho$ et πa.

D'un autre côté, les moments de ces mêmes forces, pris par rapport au point A, sont proportionnels aux moments par rapport au point a. Le coefficient de stabilité σ cherché est donc égal au rapport $\dfrac{\pi\rho}{\pi a}$.

Recherche de l'épaisseur qu'il faut assigner à un mur de revêtement pour qu'il ait une stabilité donnée. — Pour résoudre le problème inverse, c'est-à-dire pour chercher

quel profil il faudrait adopter, afin d'assurer à un mur
de revêtement une stabilité donnée, on prendra pour inconnue une des quantités qui déterminent la forme et les
dimensions du mur de revêtement, les autres étant considérées comme invariables. On fera différentes hypothèses sur la valeur de cette inconnue, et l'on exécutera
une épure correspondant à chacune de ces hypothèses.

Supposons, par exemple, que le point A (*fig.* 28) de
l'arête extérieure de la base du mur restant le même, on

Fig. 28.

ait opéré successivement sur des murs ayant à la base des
épaisseurs telles que AB_1, AB_2, AB_3, et que l'on ait trouvé
pour σ des valeurs correspondantes telles que $\sigma_1 = 2,10$,
$\sigma_2 = 3,40$, $\sigma_3 = 5,90$; on portera aux points B_1, B_2 et B_3
des ordonnées respectivement égales à ces différents
nombres, et l'on réunira les points σ_1, σ_2 et σ_3 ainsi obtenus par une courbe d'erreurs. On mènera ensuite à

l'horizontale AB_3 une parallèle *mm'* distante de cette droite d'une quantité représentant, à l'échelle, la valeur du coefficient que l'on veut adopter, $\sigma = 4{,}5o$, par exemple. Le point σ ainsi obtenu sur la courbe fera connaître le point B, et, par suite, la paroi intérieure BH cherchée.

Détermination du coefficient σ'.—Supposons maintenant que l'on veuille déterminer le coefficient de stabilité σ' que l'on obtient quand on considère séparément la résultante des poussées élémentaires qui passent au-dessus de l'arête antérieure de la base du mur et la résultante des poussées élémentaires qui passent au-dessous de cette arête, et que l'on regarde le moment de ces dernières comme s'ajoutant à celui du poids du mur. Il faudra, comme précédemment, chercher la poussée totale dont le moment est maximum.

On mènera par l'arête antérieure A (*fig.* 29 et 3o) de la base du mur une parallèle AJ ou AY à cette force; puis, par le point où cette droite rencontrera la paroi intérieure, on mènera, parallèlement au plan de rupture, un plan qui partagera le prisme de rupture en deux autres prismes $H_1 r$ et Br, dont on cherchera séparément les centres de gravité g_1 et g_2. En menant par ces deux points des parallèles au plan de rupture, on trouvera les points l_1 et l_2 où les poussées partielles qui correspondent respectivement à ces deux prismes s'appliquent à la paroi du mur. Par une simple décomposition de la poussée la plus dangereuse P ou Π en deux forces parallèles P_1 et P_2 ou Π_1 et Π_2, on aura les intensités de ces deux résultantes partielles.

On composera avec le poids du mur celle de ces deux forces dont le moment est favorable à la stabilité; puis on composera de même la résultante $\omega_2 \rho_2$ ainsi obtenue avec la poussée partielle qui tend à renverser le mur. On joindra ensuite le point A au point d'application ω_1 de la résultante $\omega_1 \rho_1$, par une droite $A\omega_1$ qui rencontrera le côté $P'_1 \rho_1$ ou $\Pi'_1 \rho_1$ du dernier parallélogramme des forces

Fig. 29.

construit en un point a tel, que le rapport $\dfrac{P'_1 \rho_1}{P'_1 a}$ ou $\dfrac{\Pi'_1 \rho_1}{\Pi'_1 a}$ sera égal au coefficient de stabilité σ' cherché.

Il est à remarquer que la résultante $\omega_1 \rho_1$ doit être identique à celle que l'on obtient en composant directement la poussée P ou Π avec le poids du mur et de sa surcharge; ce qui permettra de faire certaines vérifications sur les épures.

Les deux figures ci-contre ne sont que des réductions des épures n°s 4 et 6.

Fig. 3o.

La première donne

$$\sigma' = \frac{\Pi'_{\scriptscriptstyle 1}\rho_{\scriptscriptstyle 1}}{\Pi'_{\scriptscriptstyle 1}a} = 3,44, \quad \text{et, par suite,} \quad \frac{\sigma'}{\sigma} = \frac{3,44}{4,6o} = 0,75.$$

La seconde donne

$$\sigma' = \frac{P'_{\scriptscriptstyle 1}\rho_{\scriptscriptstyle 1}}{P'_{\scriptscriptstyle 1}a} = 2,67, \quad \text{et, par suite,} \quad \frac{\sigma'}{\sigma} = \frac{2,67}{4,5o} = 0,59.$$

Modifications à apporter aux constructions indiquées ci-

dessus, dans le cas où l'on considérerait le coefficient ξ de la stabilité par différence. — Si au lieu du coefficient de stabilité σ, on voulait avoir le coefficient ξ de la stabilité par différence entre les moments de la poussée la plus dangereuse et de celle qui est la plus favorable à la stabilité, on composerait d'abord entre elles les deux poussées, qui sont : l'une, la plus dangereuse, l'autre la plus favorable à la stabilité, et l'on opérerait par rapport à leur résultante, comme on a opéré ci-dessus avec la poussée totale la plus dangereuse.

REMBLAIS DOUÉS DE COHÉSION.

Modifications à apporter aux constructions indiquées ci-dessus, quand on tient compte de la cohésion. — Nous avons supposé jusqu'ici qu'il s'agissait d'un remblai dépourvu de cohésion.

Pour tenir compte de la cohésion, il suffit de retrancher des poussées verticales ou primitives un terme de la forme $Q \dfrac{\sin(\psi - \varphi)}{\cos\varphi}$. On calculera donc le coefficient de la cohésion $k = \dfrac{\sin(\psi - \varphi)}{\cos\varphi}$, qui sera généralement une fraction assez faible; puis, sur la ligne sur laquelle on aura construit les différentes valeurs de Q correspondantes aux hypothèses faites relativement à l'inclinaison du plan de rupture, on portera, à l'extrémité d'une des longueurs représentant une valeur de Q, et, perpendiculairement à cette ligne, une longueur égale à kQ. On en joindra l'extrémité au point qui correspond à $Q = o$, et l'on n'aura qu'à prendre l'ordonnée perpendiculaire élevée à l'extrémité d'une quelconque des valeurs de Q et prolongée jusqu'à la droite ainsi tracée; cette longueur représentera la cohésion cherchée : on devra la retrancher de la poussée verticale ou de la poussée primitive correspondante.

On construira, d'ailleurs, comme précédemment la courbe des poussées, sauf la modification qui vient d'être indiquée, et il n'y aura rien d'autre à changer à la série des constructions, à l'aide desquelles on arrive à déterminer le coefficient de stabilité d'un profil donné, et, par suite, l'épaisseur à assigner à un mur de revêtement projeté.

APPLICATIONS DE LA MÉTHODE GRAPHIQUE DONT LA THÉORIE A ÉTÉ DÉVELOPPÉE CI-DESSUS.

On peut reprocher, à la méthode graphique qui vient d'être exposée, la complication et la longueur des constructions qu'elle exige. Nous ferons observer que cette complication tient à la nature même des questions à traiter. L'inconvénient qui en résulte est d'ailleurs largement compensé par la facilité que donnent les méthodes graphiques d'aborder tous les problèmes, quels qu'ils soient, et de tenir compte de toutes les circonstances qui peuvent se présenter, tandis que le calcul n'est praticable que dans des cas simples, et ne se prête que d'une manière très-imparfaite à la discussion des différents résultats entre lesquels il faut choisir pour arriver à la détermination de la poussée la plus dangereuse, qui doit entrer dans les calculs de stabilité, et cependant on ne saurait éviter cette discussion sans s'exposer à commettre les plus graves erreurs.

On va voir, en passant en revue les épures annexées à ce travail, que les questions les plus diverses peuvent être résolues sans difficulté par la méthode graphique développée ci-dessus.

L'épure n° 1 est relative au cas où le sol sur lequel est établie la fondation peut subir un tassement.

L'épure n° 2 traite le cas d'un revêtement maintenu sur sa base par la poussée la plus favorable à la stabilité faisant équilibre à la poussée la plus dangereuse, circonstance qui explique l'expérience remarquable de M. le général Ardant dont il a été question précédemment, et à laquelle correspond ce que nous avons appelé « la stabilité par différence entre les moments des poussées qui agissent en sens contraires ».

L'épure n° 3 a pour objet un cas dans lequel l'équilibre d'un mur de soutènement à paroi intérieure verticale a été détruit par suite de l'augmentation de la hauteur du remblai que ce mur a eu à supporter.

Ces trois premières épures correspondent à des expériences dans lesquelles l'équilibre du revêtement a été rompu. Les cas considérés sont des cas extrêmes, dans lesquels l'accord des résultats donnés par la méthode graphique avec les faits observés offre une vérification remarquable de l'exactitude de notre théorie.

Les trois suivantes sont relatives à la stabilité d'un mur sur sa base.

L'épure n° 4 ne diffère de l'épure n° 3 que par les dimensions du profil, les valeurs des poids spécifiques p, p', et celle de l'angle φ, qui est égal à φ'.

Au lieu d'un mur simplement en équilibre, elle a pour objet un mur dont la stabilité est un peu inférieure à celle des murs de revêtement de Vauban.

Les épures n°ˢ 5 et 6 traitent la question de la stabilité des murs à paroi intérieure inclinée. Dans l'épure n° 5, le remblai est supposé de niveau avec le sommet du mur. Dans l'épure n° 6, le mur n'a pas autant de hauteur que le remblai.

Dans les expériences qui correspondent aux trois premières épures, le remblai n'était pas entièrement dépourvu de cohésion ; ainsi, dans celles qui font l'objet des épures 2 et 3, il se composait d'un sable que l'on n'avait pas pu rendre parfaitement sec. Pour que l'accord qui a été constaté entre l'expérience et la méthode graphique fût concluant, il fallait donc admettre :

1° Que le point d'application de la poussée, dans le cas des remblais homogènes doués de cohésion, doit être déterminé de la même manière que dans le cas des remblais dépourvus de cohésion, le plan de rupture étant supposé donné, proposition que nous avons établie dans le Chapitre Ier;

2° Que l'on peut tenir compte de la cohésion en prenant pour l'angle φ la valeur ψ que l'on obtient directement en cherchant le talus naturel du remblai doué de cohésion, ce qui n'est pas rigoureusement exact et ne doit être considéré que comme une approximation.

Les expériences qui font l'objet des épures 7 et 8 ont été exécutées avec un sable parfaitement sec, et spécialement en vue de vérifier notre théorie de la poussée des remblais dépourvus de cohésion, comparativement avec la théorie admise jusqu'à ce jour.

La discussion de ces deux épures confirme pleinement notre théorie.

De l'accord des épures 2, 3, 7 et 8 avec les expériences qui leur correspondent respectivement, nous sommes en droit de conclure en outre que, dans le cas des remblais homogènes doués d'une faible cohésion, on peut opérer sans erreur sensible, comme nous l'avons fait dans le cas des épures 1, 2 et 3, bien que cette manière de procéder ne soit pas entièrement rigoureuse.

Première épure : *Cas d'un mur exécuté sur un terrain de fondation compressible.* — Nous avons parlé, au commencement de ce travail, d'un mur qui a été exécuté au Havre, et qui nous a donné l'occasion de constater les bons résultats que les profils de revêtements à paroi intérieure inclinée, recommandés par M. le général Ardant, peuvent donner en mauvais terrain. L'épure n° 1 représente le profil de ce revêtement.

Des expériences directes ont donné pour l'angle du talus naturel des terres $\varphi = 35°$ ou $\tang\varphi = f = 0,70$, et pour l'angle du frottement des terres contre les maçonneries, une valeur plus grande dont la tangente a été trouvée égale à 0,84. Mais, comme nous l'avons dit précédemment, l'angle φ' que nous avons à considérer dans la théorie de la poussée des terres ne peut être supposé supérieur à l'angle φ, et lui est au plus égal. Nous devons donc admettre que l'on a

$$\varphi = \varphi' = 35°.$$

L'échelle adoptée pour la construction du profil est de $0^m,01$ pour 1 mètre ou de $\frac{1}{100}$.

L'échelle des forces est de $0^m,01$ pour $5p$, c'est-à-dire qu'une longueur de $0^m,01$ représente le poids de 5 mètres cubes de terre.

On a tracé un certain nombre de plans de rupture tels que BR, et, pour chacun des prismes de rupture correspondants, on a cherché le centre de gravité G. Puis on a construit le poids GQ de ce prisme $BH_1 H_2 R$, en remplaçant d'abord son profil par le profil triangulaire de même surface $BH_1 R'$, que l'on obtient en menant RR' parallèle à BH_2.

On abaisse ensuite, du point B, la perpendiculaire BI sur $H_1 H_2$; on porte sur cette perpendiculaire une distance de 10 mètres à l'échelle de l'épure, et, par le point ainsi obtenu, on mène une parallèle à $H_1 H_2$.

A partir du point de rencontre H'_1, de la paroi BH_1 prolongée, avec cette parallèle, on porte des longueurs $H'_1 R''$, égales aux côtés $H_1 R'$ des profils triangulaires transformés; puis, en menant la droite BR'', qui rencontre en Q' le côté $H_1 H_2$, on obtient la longueur $H_1 Q'$, qui représente le poids Q à l'échelle de $0^m,01$ pour $5p$. En effet,

$$H_1 Q' = \frac{R'' H'_1 \times BI}{10^m} = \frac{1}{5} \text{ surf.} BH_1 H_2 R;$$

donc

$$p \text{ surf.} BH_1 H_2 R = 5p \times H_1 Q'.$$

Or $H_1 Q'$ doit être mesuré, comme les autres grandeurs de l'épure, à l'échelle de $0^m,01$ pour 1 mètre. Considérée comme une force, cette longueur représente donc autant de fois le poids $5p$ qu'elle contient d'unités linéaires.

On décompose ensuite le poids Q en deux forces, l'une parallèle au plan de rupture, l'autre perpendiculaire à un plan BF, faisant au-dessous du plan de rupture un angle φ avec ce plan.

La première de ces composantes est la poussée primitive.

Pour les plans de rupture compris entre la verticale BV et la paroi intérieure BH_1, les poussées ne sont autres que les poids eux-mêmes des prismes de rupture.

Toutes ces forces, transportées au point où elles s'appliquent à la paroi du mur, déterminent la courbe $lP_0 PL_{55}$ des poussées primitives qui de l en P_0 correspond aux poussées verticales, et de P_0 en L_{55} aux poussées ordinaires.

La poussée verticale $L_0 P_0$ se transforme en une poussée effective $L_0 \Pi_0$, que l'on obtient en menant par le point P_0 une parallèle à BH_1 jusqu'à sa rencontre avec la direction $L\Pi$, qui fait avec la normale au mur l'angle $\varphi' = 35°$. Toutes les autres poussées verticales se transforment de même, et l'on obtient la ligne droite $l\Pi$ pour le lieu géométrique de leurs extrémités. Les poussées primitives correspondant à l'arc de la courbe $P_0 \Pi$ se transforment de la même manière, et donnent des poussées effectives qui sont toutes dirigées suivant la ligne $L_0 \Pi$.

La courbe des poussées effectives est finalement $l\Pi_0\Pi PL_{ss}$.

Comme le fait que nous nous proposons d'étudier consiste dans un tassement du sol sur lequel le mur est fondé, nous transporterons toutes les poussées effectives, de manière à les appliquer à la base du mur, ce qui nous donnera, pour les poussées effectives correspondantes aux poussées verticales, la ligne $l'\Pi_0$, et, pour les poussées effectives ordinaires, la courbe $L'_0\Pi'L'_{ss}$.

Dans le cas actuel, la poussée la plus dangereuse est celle dont la composante verticale est un maximum : pour l'obtenir, il suffit de mener à la courbe une tangente horizontale.

Or la poussée la plus dangereuse, $L'_0\Pi'$, que l'on trouve ainsi, passe un peu en arrière de la base du mur, et il en est de même du poids du mur lui-même. Sans chercher la résultante de cette poussée et du poids du mur, on voit donc que l'épure explique fort bien la possibilité d'un tassement du mur, plus prononcé du côté de l'intérieur que du côté de l'extérieur.

C'est ce qui a eu lieu en effet. La longueur du mur est d'une centaine de mètres, et son tracé traverse en écharpe les restes d'une ancienne digue. Une couche de sable d'une certaine épaisseur, établie sur la vieille maçonnerie, supporte la partie correspondante des fondations du nouveau mur.

Partout ailleurs, le mur est assis sur un terrain de remblai que l'on s'est contenté de consolider en y battant des pieux d'environ 2 mètres de longueur.

Le tassement a été très-faible au-dessus de l'ancienne digue. Deux lézardes profondes se sont formées aux extrémités de la partie du mur qui la traverse. En même temps, cette portion du mur s'est inclinée légèrement vers l'extérieur, en sorte que le fruit de $\frac{1}{20}$ a été réduit de $0^m,005$

par mètre. De part et d'autre de l'ancienne digue, il s'est produit un tassement très-prononcé, qui est allé jusqu'à $0^m,25$ en certains points. En même temps, au lieu de s'incliner vers l'extérieur, le mur s'est incliné d'une manière très-marquée du côté des terres, de telle sorte que le fruit a augmenté dans des limites comprises entre $0^m,005$ et $0^m,012$ par mètre de hauteur du revêtement.

L'accord des résultats de l'épure avec ceux de l'expérience que l'on vient de rapporter nous semble une vérification de notre théorie, dont, ainsi que nous l'avons déjà dit précédemment, le fait singulier constaté dans cette expérience nous a conduit à entreprendre l'étude.

Toutefois, il ne résout pas d'une manière directe la question de savoir si l'on doit accorder à notre théorie la préférence sur celle qui a été admise jusqu'à ce jour.

En second lieu, cette expérience prouve que dans certains cas, notamment pour les murs que l'on doit fonder en mauvais terrain, les profils à paroi intérieure inclinée recommandés par M. le général Ardant peuvent offrir de très-grands avantages.

Deuxième épure : *Expérience de M. le général Ardant modifiée* (*). — Pour avoir une nouvelle vérification de notre théorie, il était essentiel de l'appliquer à l'expérience de M. le général Ardant dont il a été question au Chapitre III ci-dessus. Mais, pour faire cette application, il fallait mieux préciser les données de la question. De plus, afin de pouvoir arriver à un résultat, sans avoir à exécuter toute une série d'épures, nous avons modifié l'expérience de manière à laisser invariable l'inclinaison de la paroi intérieure du revêtement, et à pouvoir faire varier la base du profil de ce revêtement, de manière à déterminer le point précis où l'équilibre serait rompu.

____

(*) *Voir* le n° 15 du *Mémorial de l'Officier du Génie*, p. 237.

A cet effet, un plateau en bois BH_1C, présentant une paroi BH_1 de $0^m,70$ dans le sens du profil, a été établi dans une position invariable, au moyen d'un support AC fixé à charnière au point C, et s'appuyant par sa partie inférieure A sur un profil en arc de cercle AB ayant le point C pour centre. On pouvait ainsi faire varier à volonté la base AB, sans changer l'inclinaison du plateau BH_1C; il a seulement fallu, pour empêcher le glissement du pied du plateau sur le profil, le retenir par deux petites pointes sans tête, plantées en B', faisant une saillie de 1 millimètre environ sur le profil, et qui suffirent pour s'opposer au glissement; on pensait que le frottement du plateau BH_1C contre cette pointe ne gênerait en rien le mouvement de renversement du profil par rotation autour du point A. Mais, ainsi qu'on s'en est assuré en faisant l'expérience de l'épure n° 7, c'est ce frottement qui doit être considéré comme la principale cause du léger désaccord qui a été constaté entre les résultats de l'expérience et ceux de l'épure. On serait arrivé à un meilleur résultat, en établissant, par un moyen quelconque, entre le plateau et son support, une liaison telle, qu'il fût possible de faire augmenter ou diminuer à volonté leur angle par degrés insensibles, et de le rendre invariable après chacun de ces accroissements ou de ces diminutions. Mais une disposition de ce genre eût été plus compliquée, c'est ce qui a empêché d'y avoir recours.

Pour que le plateau ainsi soutenu représentât d'une manière suffisante la paroi d'un mur de revêtement, on a enduit la face BH_1 d'une dissolution de silicate de potasse, au moyen de laquelle on a collé contre cette paroi une couche d'un sable identique à celui qui devait constituer le remblai.

Le sable dont on a fait usage n'avait pu être séché complétement, et présentait, par suite, une certaine cohésion.

On a trouvé, pour l'angle du talus naturel de ce sable,
$\varphi = 45°$.

Cette valeur, sans doute plus forte que celle que l'on
aurait obtenue si le sable avait été parfaitement sec, tient
compte implicitement, dans une certaine mesure, de la
légère cohésion du remblai. Nous pouvons donc opérer
comme s'il s'agissait d'un remblai dépourvu de cohésion;
mais nous ne serons pas surpris si l'expérience et l'épure
ne donnent pas des résultats parfaitement identiques, et
nous nous contenterons d'un accord obtenu avec une
certaine approximation.

Nous admettrons que l'angle du frottement du sable
contre la paroi BH_1 enduite, comme on vient de le dire,
d'un sable identique, était égal à l'angle du frottement
du sable sur lui-même, en sorte que nous aurons

$$\varphi = \varphi' = 45°.$$

Enfin, la paroi BH_1 faisait avec la verticale un angle de
45 degrés, et le remblai a été arasé de niveau avec le
sommet H_1 du revêtement. Toutes les précautions nécessaires ont été prises d'ailleurs pour que rien sur les bords
du plateau ne gênât son mouvement de renversement.

L'expérience a reproduit le résultat singulier signalé
par M. le général Ardant : le système formé par le plateau et son support, sans la charge de sable, s'est renversé quand l'arc de base Ba a été réduit à un développement de $0^m,323$, tandis que, sous l'action du remblai
disposé comme on vient de le dire, le revêtement s'est
soutenu jusqu'à ce que l'arc BA fût réduit à $0^m,253$.
Ainsi la présence du remblai équivalait à un accroissement de $0^m,070$ de la base du profil.

Voyons comment la théorie rendra compte de ce fait.

L'épure est construite à l'échelle de $0^m,15$ pour 1 mètre,
ou de $0^m,01$ pour $\frac{1}{15}$ de mètre pour les longueurs, et à

celle de $0^m,15$ pour $\frac{1}{2}p$, ou de $0^m,01$ pour $\frac{1}{30}p$ pour les forces. A cet effet, sur la verticale BV, on a porté une longueur de 1 mètre, par l'extrémité de laquelle on a mené une parallèle $R'H'_1$ à la ligne H_1R; puis, l'on a reporté par une parallèle telle que $R_{30}R'_{30}$ sur la direction H'_1R', chacune des longueurs telles que H_1R_{30} correspondant à un plan de rupture BR_{30}, et l'on a tracé la ligne BR'_{30} qui détermine, sur la direction H_1R, une longueur H_1q_{30}. Cette dernière longueur représente le poids du prisme de rupture BH_1R_{30} à l'échelle indiquée; en effet,

$$H_1q_{30} = \frac{H'_1R'_{30} \times BR_0}{1^m} = \frac{H_1R_{30} \times BR_0}{1^m} :$$

donc

$$\frac{p}{2}H_1q_{30} = p\,\text{surf.}\,BH_1R_{30}.$$

Ainsi, pour représenter le poids du prisme de rupture BH_1R_{30}, il faut multiplier la longueur H_1q_{30} correspondante par $\frac{1}{2}p$.

On trouve facilement, par la construction connue, la poussée primitive LP_{30}, et, pour la courbe des poussées ordinaires, la portion de courbe $LP_{30}\Pi$.

Quant aux plans de rupture compris entre la paroi intérieure du revêtement et la verticale, c'est-à-dire faisant des angles V négatifs, ils correspondent à des poussées verticales, et le lieu géométrique des extrémités de ces poussées est la droite $L\Pi$.

Cela posé, si l'on néglige le poids du plateau et de son support, ainsi que le frottement du plateau contre les pointes B', le problème à résoudre consiste à trouver sur l'arc Ba un point A_{30} tel, que les poussées de moment maximum, passant l'une au-dessus, l'autre au-dessous de $A_{30}L$, se fassent équilibre.

Or celle des poussées passant au-dessous dont le moment est maximum, est évidemment la poussée $L\Pi$ qui appartient à la fois aux différentes catégories de poussées primitives ordinaires, verticales et effectives.

Quant aux poussées passant au-dessus du point A_{30} cherché, nous allons déterminer séparément, pour les poussées ordinaires et pour les poussées verticales celle dont le moment est maximum, et en même temps égal et de signe contraire à celui de Π.

Considérons d'abord les poussées ordinaires. Construisons la courbe ΠT_{30} qui est le lieu géométrique des pieds des perpendiculaires abaissées du point Π sur les tangentes menées aux différents points de la courbe des poussées; et du point L comme centre, avec $L\Pi$ pour rayon, décrivons un arc de cercle qui coupe en T_{30} la courbe ΠT_{30} : la force P_{30} sera la poussée ordinaire de moment maximum cherchée.

En effet, si l'on mène LA_{30} parallèle à la tangente $T_{30}P_{30}$, cette droite sera perpendiculaire au milieu de la corde ΠT_{30}, en sorte que les deux triangles $L\Pi A_{30}$ et $LP_{30}A_{30}$ auront des surfaces équivalentes comme ayant même base LA_{30} et des hauteurs égales chacune à la moitié de la corde ΠT_{30}. Les moments des poussées $L\Pi$ et LP_{30} par rapport au point A_{30}, qui sont proportionnels à ces deux surfaces, comme étant les produits des côtés $L\Pi$ et LP_{30} de ces mêmes triangles par les perpendiculaires abaissées du point A_{30} sur leurs directions, seront donc égaux. De plus, la poussée LP_{30} est celle des poussées passant au-dessus du point A_{30} dont le moment est maximum, car la tangente à la courbe des poussées au point P_{30} est parallèle à LA_{30}, en sorte que de tous les triangles LPA_{30} proportionnels aux moments des poussées correspondantes, c'est le triangle $LP_{30}A_{30}$ qui est maximum, comme ayant même base et la hauteur la plus grande.

Cherchons maintenant quelle est, parmi les poussées verticales, celle qui remplit à la fois les deux conditions de faire équilibre à la poussée $L\Pi$ par rapport au point A_{-30} cherché, et d'être en même temps celle de toutes les poussées passant au-dessus de ce point dont le moment est maximum.

Comme la poussée $L\Pi$ est parallèle aux poussées verticales considérées, on trouverait le point d'application de la résultante de $L\Pi$ et de chacune de ces poussées, en portant sur chacune de leurs directions une longueur, telle que $l_{-40}\Pi'_{-40}$, égale à $L\Pi$, et, à partir du point L, en sens contraire de $L\Pi$, une longueur $L\mu_{-40}$ égale à $l_{-40}P_{-40}$, puis en menant la ligne droite $\Pi'_{-40}\mu_{-40}$ dont le point d'intersection avec la paroi BH_1 serait le point d'application de cette résultante.

Il est clair que les moments des forces $L\Pi$ et $l_{-40}P_{-40}$ par rapport à ce point se feraient équilibre.

D'un autre côté, si la force $l_{-40}P_{-40}$ était celle dont le moment est maximum, la distance ll_{-40} devrait être égale à la distance de l_{-40} au point d'application de la résultante ; car on sait que le parallélogramme de surface maximum inscrit dans un triangle a pour hauteur la moitié de la hauteur de ce triangle. Si donc on portait au delà du point l_{-40} une longueur $l_{-40}m_{-40}$ égale à ll_{-40}, et si l'on menait par le point m_{-40} une verticale $m_{-40}M_{-40}$ jusqu'à son point d'intersection avec la ligne $\Pi'_{-40}\mu_{-40}$, cette ordonnée $m_{-40}M_{-40}$ devrait être nulle. Il suffira donc de construire la courbe $M_{-40}M_{-20}\ldots$, et de chercher son point d'intersection avec la paroi BH_1.

La poussée $l_{-30}P_{-30}$ est celle qui remplit cette condition, en sorte que cette force et la poussée $L\Pi$ ont des moments égaux par rapport au point M_{-30}, ou, ce qui revient au même, par rapport au point A_{-30}, et qu'en même temps la poussée $l_{-30} P_{-30}$ est celle dont le moment est maximum.

Il reste à comparer la force lP_{-30} à la force LP_{+30}; or, comme le point A_{+30} est plus éloigné du point B que le point A_{-30}, c'est la poussée LP_{30} que nous devons considérer comme la plus dangereuse; c'est-à-dire qu'il n'y a pas à s'occuper des poussées verticales correspondant à des plans de rupture inclinés.

Si nous faisons mouvoir le pied du support de manière que son arête extérieure arrive au point A_{+30}, à cet instant le moment de la poussée LΠ par rapport à l'arête extérieure cessera d'être plus considérable que le moment de la poussée la plus dangereuse, et fera exactement équilibre au moment de la poussée la plus dangereuse, qui sera alors $L P_{30}$.

Si le support se rapproche encore plus du point B, l'équilibre sera détruit.

Dans cette discussion, nous ne nous occupons pas du plateau et du support, dont il faudrait aussi tenir compte, puisque cette partie du dispositif employé dans l'expérience cesse d'être d'elle-même en équililibre, dès que l'arête extérieure du pied du support est plus rapprochée de B que le point a.

D'après l'épure, ... l'arc $A_{+30} B = 0,280^{\text{m}}$

Tandis que, d'après l'expérience,.. l'arc $AB = 0,253$

La différence est de..... $0,027$

Malgré cette différence, qui doit être attribuée en partie à la difficulté de connaître exactement les véritables valeurs des angles φ et φ', en partie à ce que le remblai n'était pas entièrement dépourvu de cohésion, mais surtout à l'influence du frottement développé au contact du plateau BH_1C avec les pointes plantées en B'; le résultat trouvé doit être considéré comme d'accord avec notre théorie.

Pour nous faire une idée aussi approchée que possible de l'influence du frottement, auquel nous attribuons le désaccord signalé ci-dessus, nous avons refait l'épure en supposant, à défaut des données précises que nous avions négligé de nous procurer, que le poids du plateau avec son support était de $23^{kg},10$ par mètre courant, ce qui serait exact si le support avait été un plateau plein, identique au plateau BH_1C, dont le poids spécifique aurait été $0^{kg},660$ par mètre cube. L'hypothèse d'un support plein compense la différence de poids due à la présence de la couche de silicate de potasse, saupoudrée de sable, sur la paroi BH_1, et à la qualité du bois employé, dont le poids spécifique était sans doute plus fort que $0^{kg},660$. Quant à la position du centre de gravité du plateau, pour le déterminer, nous avons abandonné l'hypothèse d'un support plein et tenu compte de la donnée d'expérience relative à la longueur de l'arc de base, dans le cas où le plateau avec son support se trouve en équilibre sans charge de sable, en négligeant dans cette opération le frottement développé au contact des pointes B', frottement dont l'influence est peu sensible quand le plateau n'est sollicité que par son propre poids.

Nous avons trouvé que, dans ces conditions, pour ramener le point A_{+30} à coïncider avec le point A, il faut supposer en B' un frottement représenté par

$$\frac{0^m,0065}{0^m,15} \times \frac{p^{kg}}{2} = 0,65 \times \frac{p^{kg}}{30},$$

et agissant dans la direction CB', ce qui correspond à un coefficient du frottement $f'' = 0,315$, chiffre très-admissible, eu égard à ce que la surface des pointes sans tête plantées en B' était à peu près polie.

Nous ne reproduisons pas ces constructions, n'ayant pu les exécuter qu'à l'aide des hypothèses que nous venons de mentionner, et que nous avons dû faire pour suppléer à l'absence des données d'expérience qui nous manquent.

Le tracé auquel nous avons eu recours est d'ailleurs, à peu de chose près, celui de l'épure n° 7 ci-après, sauf en ce qui concerne le frottement développé en B', frottement dont l'intensité a été déterminée par la condition que la résultante générale de toutes les forces qui sont en jeu passe par le point A.

Du reste, le résultat auquel on arrive ainsi diffère peu de celui que l'on trouverait en combinant la résultante dirigée suivant LA_{30} avec un frottement dirigé suivant CB' et dont l'intensité serait déterminée par la condition de faire passer la résultante définitive par le point A.

Nous ajouterons que l'expérience qui vient d'être discutée serait inexplicable, si l'on admettait que la poussée doit nécessairement faire l'angle φ' avec la normale à la paroi du mur, c'est-à-dire qu'elle doit coïncider avec la verticale menée par le point L. S'il en était ainsi, le renversement n'aurait pu se produire que lorsque le point A du support mobile se serait trouvé sur la direction de la résultante de la poussée Π appliquée en L et du poids du plateau, et même un peu en dedans de la direction de cette résultante, eu égard au frottement dû à la présence des pointes plantées en B'; or la résultante dont il s'agit est nécessairement verticale, et très-voisine de la verticale menée par le point L, comme on peut le voir sur l'épure n° 7.

Le désaccord entre l'expérience et la théorie généralement admise serait représenté en effet par une différence de l'arc de base d'environ $\dfrac{0^m,00525}{0,15} = 0^m,035$, différence que le frottement développé en B' n'expliquerait nullement et tendrait au contraire à augmenter.

TROISIÈME ÉPURE : *Expérience faite au Havre sur un petit mur, à paroi intérieure verticale, soutenant un remblai que l'on a élevé jusqu'à ce que le mur se soit renversé.* — L'expérience qui fait l'objet de la troisième épure a été exécutée en vue de fournir des résultats susceptibles d'être vérifiés, soit par une construction graphique, soit par le calcul. On a voulu pour ce motif qu'elle fût relative au cas qui se présente le plus habituellement dans la pratique, celui d'un mur à paroi intérieure verticale, et, pour plus de simplicité, que le profil du mur fût rectangulaire. Enfin, pour que l'expérience pût fournir une donnée précise, de nature à être comparée aux résultats de la théorie, on a élevé le remblai à une hauteur suffisante pour que l'équilibre fût détruit, c'est-à-dire pour que le coefficient de stabilité σ fût égal ou légèrement inférieur à l'unité.

Le mur a été construit en maçonnerie de briques grésées et mortier de ciment de Portland, avec enduit de ciment sur toutes ses faces. Il avait $1^m,014$ de longueur sur $0^m,90$ de hauteur et $0^m,23$ d'épaisseur. On le posa debout et à sec sur une fondation solidement établie, et l'on éleva en arrière un remblai formé d'un sable que l'on n'avait pas pu obtenir parfaitement sec.

L'angle du talus naturel de ce sable était $\varphi = 45°$, et l'angle du frottement sur la paroi intérieure du mur $\varphi' = 35°$.

Le poids du mètre cube de sable était $p = 1260^{kg}$; celui du mètre cube de maçonnerie, $p' = 2024^{kg}$.

Au moment où le remblai, élevé par couches horizontales successives de peu d'épaisseur, a atteint une hauteur de $1^m,30$ au-dessus du sommet du mur, ou une hauteur totale de $2^m,20$, l'équilibre a été détruit.

L'épure est construite à l'échelle de $0^m,10$ pour 1 mètre, ou $\frac{1}{10}$ pour les longueurs.

L'échelle des forces est de $0^m,10$ pour p.

Pour construire le poids $Q'_0 Q'_{35}$ d'un prisme de rupture tel que BR_{35}, on porte sur la diagonale BH_2 une longueur de 2 mètres, à l'extrémité de laquelle on élève une perpendiculaire à cette diagonale, et on lui en mène une seconde par le point H_2.

La longueur $R'_0 R'_{35}$ est égale à la somme des distances des points H_1 et R_{35} à la diagonale BH_2, en sorte que la surface du prisme de rupture $BH_1 H_2 R_{35}$ est égale à $\frac{1}{2} R'_0 R'_{35} \times BH_2$.

On joint le point B à chacun des points R'_0 et R'_{35}, et l'on prolonge ces deux droites respectivement jusqu'à leur rencontre en Q'_0 et Q'_{35} avec la perpendiculaire menée en H_2 à la diagonale BH_2. Alors on a

$$Q'_0 Q'_{35} = \frac{R'_0 R'_{35} \times BH_2}{2^m} = \text{surf.}\, BH_1 H_2 R_{35},$$

donc

$$p\, Q'_0 Q'_{35} = p\, \text{surf.}\, BH_1 H_2 R_{35}.$$

Soit G_{35} le centre de gravité du prisme de rupture qui correspond au plan BR_{35} et $G_{35} Q_{35} = Q'_0 Q'_{35}$ le poids de ce prisme, on trouvera facilement la poussée primitive que l'on transportera en son point d'application à la paroi BH, en $L_{35} P_{35}$. La poussée effective correspondante sera $L_{35} \Pi_{35}$. On obtient ainsi la courbe des poussées primitives, puis celle des poussées effectives. Les plans de rupture compris entre BH_1 et BH_2 donnent des poussées primitives appliquées au point L et qui ont leurs extrémités situées sur un arc de cercle. Ces poussées se transforment suivant une même droite qui fait l'angle φ' avec la normale à la paroi du mur, en L, et qui fait partie de la courbe des poussées.

Les points d'application de toutes les autres poussées sont compris entre le point L, situé au tiers de la hauteur BH_1, et le point l_{45} correspondant au plan de rupture qui fait avec l'horizon l'angle du talus naturel des terres.

Par le point A on mène une ligne AJ parallèle à la direction commune des poussées effectives, et l'on cherche quelle est la poussée dont le moment par rapport au point J est un maximum, en ayant recours à une courbe auxiliaire qui remplit la condition suivante. Le produit de l'ordonnée de l'un quelconque de ses points Π'_{35} par la longueur $l_{45}J$ est égal au produit de l'ordonnée du point Π_{35} par l'abscisse $L_{35}J$; autrement dit, comme la longueur $l_{45}J$ est la même, quel que soit le point de la courbe auxiliaire que l'on considère, les ordonnées de cette courbe sont proportionnelles aux moments des poussées effectives. On mène à la courbe auxiliaire une tangente parallèle à BH, qui fait connaître le point Π'_{35}, et, par suite, la poussée Π_{35} dont le moment est maximum; on obtient cette dernière en menant une droite du point J au point de tangence Π'_{35} et en la prolongeant jusqu'à sa rencontre avec la courbe des poussées effectives en Π_{35}. On obtient ensuite la poussée primitive P_{35} en menant par le point Π_{35} une parallèle à BH, et en joignant ensuite par une droite le point d'intersection P_{35} de cette parallèle avec la courbe des poussées primitives au point d'application L_{35} de la poussée effective. Cette poussée primitive $P_{35}L_{35}$ est parallèle au plan de rupture BR_{35} que l'on tracera d'après cette condition.

On cherche ensuite le centre de gravité γ du mur ABHC et de sa surchage de terre CHH_1, et leur poids total γS.

Puis on construit la résultante $\omega\rho$ de ce poids γS et de la poussée la plus dangereuse $L_{35}\Pi_{35}$.

Enfin on joint le point ω au point A et l'on prolonge la ligne ωA jusqu'au point a, où elle rencontre le côté $\pi\rho$ du parallélogramme des forces $\omega\pi\rho$S' ou son prolongement. Le coefficient de stabilité σ serait égal à l'unité si la diagonale $\omega\rho$ passait par le point A ou si $\pi\rho$ était égal à πa. C'est à peu de chose près ce qui a lieu. L'épure donne $\sigma = \dfrac{\pi\rho}{\pi a} = \dfrac{720}{743} = 0{,}969$. Ce résultat est entièrement d'accord avec celui de l'expérience, puisque, lorsque la hauteur totale du remblai a été portée à $2^m,20$, l'équilibre a été rompu.

Nous verrons plus loin qu'il est également d'accord avec le calcul.

Quatrième épure : *Revêtement de profil rectangulaire soutenant un remblai limité à deux plans, l'un incliné au talus naturel des terres, l'autre horizontal.* — L'épure n° 4 est semblable à la précédente ; elle n'en diffère que par les valeurs des données de la question. Il s'agit encore d'un mur de profil rectangulaire soutenant un remblai limité à deux plans, l'un incliné au talus naturel des terres, l'autre horizontal.

Les données du problème sont

$$\frac{p'}{p} = \frac{2000^{kg}}{1800^{kg}}, \quad \varphi = \varphi' = 35^\circ,$$

$$H' = 15^m,00, \quad H = 7^m,00, \quad e = 3^m,80.$$

L'échelle des longueurs est de $0^m,01$ pour 1 mètre.

L'échelle des forces est de $0^m,01$ pour $10\,p$.

Les longueurs qui représentent les poids des prismes de rupture sont, en effet, des quatrièmes proportionnelles aux quantités suivantes :

1° Une longueur de 20 mètres mesurée à l'échelle graphique ;

2° La diagonale commune BH_2 de tous les prismes de rupture;

3° La somme des hauteurs par rapport à cette diagonale, considérée comme base des deux triangles dont se compose chacun des prismes de rupture.

Le produit par $10p$ des longueurs ainsi obtenues est donc égal au poids des prismes de rupture correspondants.

Les poids du prisme de terre qui surmonte le mur et du mur lui-même sont construits également au moyen de quatrièmes proportionnelles, dont deux des termes sont leur base et leur hauteur. Pour le prisme CHH_1, le premier terme est une longueur de 20 mètres, mesurée à partir du point B sur la verticale BV. Pour le poids du mur lui-même, c'est une distance de 10 mètres seulement, mesurée à partir du même point. La quatrième proportionnelle Bs_1 ainsi obtenue est ensuite augmentée dans le rapport de p à p' ou de 9 à 10.

Cela fait, on compose ensemble les deux poids du mur et de sa surcharge de terre, et l'on trouve pour le poids total la quantité γS appliquée au centre de gravité γ.

On a ensuite à faire les mêmes constructions que dans l'épure n° 3 pour trouver la courbe des poussées primitives, celle des poussées effectives, puis la courbe auxiliaire des moments de ces poussées par rapport à la droite AJ qui fait l'angle φ' avec la normale à la paroi BH; enfin pour déterminer la poussée la plus dangereuse. Ces constructions ont d'ailleurs été déjà exposées en détail précédemment.

Dans l'épure dont nous nous occupons, afin d'éviter l'inconvénient d'avoir à opérer sur des poussées et des bras de levier de petites dimensions, comparativement aux longueurs qui représentent les poids des prismes de rupture, on a amplifié à une échelle triple celles de ces constructions où l'on a spécialement à rechercher la poussée dont le moment est maximum et à déterminer le coefficient de stabilité. On obtient ainsi presque autant d'exactitude que si l'on avait exécuté toute l'épure à une échelle triple, c'est-à-dire sur une surface 9 fois plus grande.

Le résultat auquel on arrive est

$$\sigma = \frac{\pi \rho}{\pi a} = \frac{\omega S'}{\pi a} = 4{,}60.$$

Quant au coefficient σ', nous avons vu au paragraphe relatif à la recherche de ce coefficient (p. 120) que, dans l'épure dont nous nous occupons en ce moment, il est égal à 3,44, et que, par suite, on a $\dfrac{\sigma'}{\sigma} = 0{,}75$.

Le profil du mur de revêtement de l'épure a donc une stabilité que nous pouvons considérer comme suffisante, et qui est à peu près égale à celle des murs de revêtement de Vauban.

CINQUIÈME ÉPURE : *Revêtement à paroi intérieure inclinée et remblai de niveau avec le sommet du mur.* — Cette épure a pour objet le cas le plus simple que l'on ait à considérer quand il s'agit de murs à paroi intérieure inclinée. On en a profité pour répéter la même construction plusieurs fois, en faisant varier l'inclinaison de la paroi intérieure, afin de pouvoir, à l'aide de courbes d'erreurs, résoudre complétement le problème direct de l'épaisseur à assigner à un mur de revêtement.

On a supposé $\dfrac{p'}{p} = \dfrac{2000^{kg}}{1800^{kg}}$, $\varphi = \varphi' = 35°$.

Le parement extérieur présente un fruit de $\frac{1}{20}$. La hauteur H du revêtement est de 10 mètres, et son épaisseur au sommet de $0^{m}{,}70$. Quant à la paroi intérieure, sa projection horizontale a été supposée successivement de

$3^m,90$, $2^m,80$, $2^m,40$, $1^m,75$ et $0^m,00$. Les trois premiers cas sont les seuls que l'on ait traités en détail sur l'épure. On s'est contenté, pour les deux derniers, de tenir compte dans le tracé des courbes d'erreurs des résultats auxquels ces dernières hypothèses ont conduit.

L'épure est construite à l'échelle de $0^m,01$ pour 1 mètre pour les longueurs, et à l'échelle de $0^m,01$ pour $5p$ pour les forces.

On a pris, pour représenter les poids des différents prismes de rupture, leur base supérieure HR. Or la surface d'un de ces prismes est égale à

$$\tfrac{1}{2}\,HR \times BR_0 = \tfrac{1}{2}\,HR \times 10^m;$$

son poids est donc $5p \times HR$, en sorte qu'il est représenté dans le rapport de 1 à $5\,p$ par la ligne HR.

Quant au poids du mur, on l'obtient en augmentant dans le rapport de p à p' ou de 9 à 10 la longueur BC' égale à la somme des bases. Comme le poids du mur est égal à $p' \times \dfrac{AB + CH}{2} \times 10^m,00$ et comme d'ailleurs

$$BS_1 = \frac{p'}{p}\,(AB + CH),$$

on voit que, pour passer de BS_1 au poids du mur, il faut multiplier cette longueur par $5\,p$.

La courbe des poussées primitives se compose, pour les poussées verticales, de la droite lP_0, et pour les poussées ordinaires de la portion de courbe P_0PL.

Les extrémités des poussées effectives qui correspondent aux poussées verticales ont pour lieu géométrique la droite $l\Pi_0$, et les poussées effectives qui correspondent aux poussées ordinaires sont données par la portion de courbe $LP\Pi$ et par la droite $L\Pi$ qui fait avec la normale LO à BH un angle égal à φ'.

Pour avoir la poussée effective, provenant des poussées primitives verticales, dont le moment par rapport au point A est un maximum, il suffit de partager en deux parties égales la longueur lJ comprise entre le point l et le point où la droite AJ, qui fait avec BH un angle égal à $90° - \varphi'$, vient rencontrer cette paroi.

Le rapport $\dfrac{\pi \rho'}{\pi a'}$ donne le coefficient de stabilité σ relatif à cette poussée

Pour avoir la poussée ordinaire dont le moment est maximum, il suffit de joindre le point A au point L par une droite et de mener à la courbe des poussées une tangente parallèle à AL.

Le coefficient de stabilité relatif à la poussée ordinaire la plus dangereuse est $\sigma = \dfrac{P'\rho}{P'a}$.

Nous n'avons pas exécuté sur la même feuille les constructions qui donnent le coefficient σ'; nous nous bornerons à donner les résultats que nous avons trouvés.

Il reste à considérer la stabilité par différence entre les moments des poussées qui sollicitent le mur en sens contraire.

Quand c'est la poussée ordinaire qui est la plus dangereuse, on construit, au moyen du parallélogramme des forces, la résultante Lw de cette poussée et de celle qui est la plus favorable à la stabilité, puis la résultante de cette force Lw et du poids du mur. On trouve ainsi, pour le coefficient de stabilité par différence, $\xi = \dfrac{w''\rho''}{w''a''}$.

Quand, au contraire, c'est une poussée effective provenant des poussées verticales qui est la plus à craindre, on obtient la résultante de cette poussée effective et de la poussée la plus favorable à la stabilité par une composition de forces parallèles. C'est ce qui a lieu dans la Fig. 1.

Les résultats que nous avons obtenus sont réunis dans le tableau suivant :

N^{os} des figu- res.	ÉPAIS- SEURS moy.	ABSCISSES.	POUSSÉES ordinaires.		POUS- SÉES verti- cales.	ξ	$\dfrac{1}{\xi}$	OBSERVATIONS.
			σ'	σ	σ_v			
1.	m 2,90	m 3,90	12,90	44,40	32,20	$\left.\begin{array}{l}-2,025 \\ -1,95\end{array}\right.$	$\begin{array}{l}-0,494 \\ -0,507\end{array}$	Poussée vertic.
2.	2,35	2,80	4,75	9,95	17,42	—2,32	—0,043	Poussées ordin.
3.	2,15	2,40	3,33	5,82	13,71	+4,64	+0,216	
"	1,825	1,75	"	2,32	"	"	"	
"	0,95	0,00	"	0,351	"	"	"	

Les courbes d'erreurs des coefficients σ, σ_v et σ' ont été construites à l'échelle de $0^m,00125$ pour $1,00$. On a remplacé la courbe des coefficients ξ par la courbe des inverses $\dfrac{1}{\xi}$ de ces coefficients, afin d'éviter les branches infinies que la courbe aurait présentées aux points où l'équilibre aurait lieu entre les moments des poussées de sens contraires. Cet équilibre, qui se produit quand on a $\dfrac{1}{\xi} = 0$, est alors obtenu quand on prend l'épaisseur de mur qui correspond au point où cette dernière courbe coupe l'axe des abscisses. L'échelle adoptée pour les ordonnées $\dfrac{1}{\xi}$ est de $0^m,0025$ pour $0,10$.

A l'hypothèse $\dfrac{1}{\xi} = 0$ ou $\xi = \infty$ correspond une projection de la paroi intérieure du mur égale à $2^m,78$, ou une épaisseur moyenne de $2^m,31$.

La valeur de σ est alors 8,60, et celle de σ', 4,40.

Sixième épure : *Cas d'un mur de revêtement à paroi intérieure inclinée soutenant un remblai limité à deux plans, l'un incliné au talus naturel des terres, l'autre horizontal.*

— Le profil qui fait l'objet de l'épure n° 6 est celui d'un mur de revêtement à paroi intérieure inclinée qui a 10 mètres de hauteur, $0^m,50$ d'épaisseur au sommet, et dont le parement extérieur est incliné à raison de 20 de hauteur pour 1 de base. La berme est égale à l'épaisseur au sommet du mur. La hauteur totale du remblai est de 16 mètres. Le talus qui surmonte le mur est à l'inclinaison du talus naturel des terres. On a d'ailleurs

$$\varphi = \varphi' = 35° \quad \text{et} \quad \frac{p'}{p} = \frac{2000^{kg}}{1800^{kg}}.$$

L'épure est construite à l'échelle de $0^m,01$ pour 1 mètre, pour les longueurs.

L'échelle des forces est de $0^m,01$ pour $10\,p$, car le poids d'un prisme de rupture quelconque, tel que $B\,H_1\,H_2\,R_{50}$, est représenté par une longueur $Q'_t\,Q'_{50}$, qui est une quatrième proportionnelle aux quantités suivantes :

1° Une longueur de 20 mètres, mesurée à partir du point B sur la diagonale BH_2 ;

2° Cette diagonale BH_2 ;

3° La somme $R'_t\,R'_{50}$ des hauteurs des deux triangles dont se compose le prisme de rupture par rapport à leur base commune BH_2.

On a donc

$$Q'_t\,Q'_{50} = \frac{B\,H_2 \times R'_t\,R'_{50}}{20^{m}} ;$$

donc

$$10\,p\;Q'_t\,Q'_{50} = p\;\text{surf.}\,B\,H_1\,H_2\,R'_{50}.$$

Ainsi, pour obtenir le poids d'un prisme de rupture, il suffit de multiplier par $10\,p$ la longueur $Q'_t\,Q'_{50}$ correspondante.

Quant au poids du mur, il est représenté par une longueur γS égale à Bs, qui est la demi-somme des bases, augmentée dans le rapport de p à p' ou de 9 à 10.

La surface du profil du mur est représentée par $\frac{1}{2}BC' \times 10^m$ et le poids du mur par $p' \times \frac{1}{2}BC' \times 10^m$. Or Bs est égal à $\frac{1}{2}BC' \times \frac{p'}{p}$; pour passer du nombre qui représente cette longueur au poids du mur, on voit qu'il suffit de la multiplier par $10\,p$.

Le lieu géométrique des extrémités des poussées primitives verticales est la droite $l\mathrm{P}_0$, qui est remplacée par la droite $l\Pi_0$, lieu géométrique des extrémités des poussées effectives correspondantes.

La courbe des poussées primitives ordinaires est $\mathrm{P}_0\mathrm{P}_{50}\mathrm{L}_{55}$, et la courbe enveloppe de ces poussées primitives est $\mathrm{L}_0\mathrm{E}e$.

Si l'on mène à la courbe enveloppe une tangente faisant l'angle $90° - \varphi'$ avec la paroi intérieure du mur, cette tangente déterminera le point $\mathrm{P}_{\varphi'}$ de la courbe des poussées à partir duquel la courbe des poussées effectives se détache de celle des poussées primitives.

Si par le point A on mène une ligne AJ, faisant avec la paroi intérieure BH, l'angle $90° - \varphi'$, on obtiendra la poussée effective Π_ν la plus dangereuse de celles qui proviennent des poussées verticales, en prenant la poussée dont le point d'application est situé au milieu de la longueur lJ.

C'est également au moyen de la ligne AJ que l'on trouvera celle des poussées effectives dont le moment est le plus favorable à la stabilité, attendu que les moments de ces forces par rapport à J sont les mêmes que par rapport au point A. On construira une courbe auxiliaire, lieu géométrique des points Π', dont les ordonnées seront égales aux moments des poussées par rapport à J divisés par la quantité constante L_0J. Pour cela, il suffit de joindre chacun des points tels que Π de la courbe des poussées au point L_0 par une ligne droite, et de mener à cette droite, par le pied L de la poussée, une parallèle dont le point d'intersection Π' avec la ligne ΠJ sera le point cherché.

Quand on aura construit cette courbe auxiliaire, on lui mènera une tangente parallèle à BH_1 qui fera connaître le point Π' dont l'ordonnée est maximum, et, par suite, la poussée Π dont le moment est maximum.

Pour trouver celle des poussées primitives ordinaires qui est la plus dangereuse, c'est-à-dire dont le moment par rapport au point Λ est maximum, on mène par ce point une tangente AE à la courbe enveloppe; cette tangente coupe la paroi intérieure BH_1 au point Λ. Par le point Λ, on mène une parallèle à BH_1, et par le point Λ une parallèle aux différentes poussées telles que P_{50}. Soient D_{50} et D'_{50} les points où la poussée P_{50} prolongée et la parallèle $\Lambda P'$ menée par le point Λ vont rencontrer la droite ΛD_{50}; on porte en $\Lambda \Delta_{50}$ une longueur égale à ΛD_{50}; on mène la ligne $\Delta_{50} P_{50}$ que l'on prolonge jusqu'à son point d'intersection P'_{50} avec la parallèle à la force P_{50} menée par le point Λ. Ce point P'_{50} sera l'un des points d'une courbe auxiliaire dont les poussées $\Lambda P'_{50}$ seront toutes appliquées en un même point Λ et auront mêmes moments que les poussées telles que $L_{50} P_{50}$ correspondantes. En effet

$$\Lambda P'_{50} = \frac{L_{50} P_{50} \times \Lambda \Delta_{50}}{L_{50} \Delta_{50}},$$

ou

$$\Lambda P'_{50} = \frac{L_{50} P_{50} \times \Lambda D_{50}}{\Lambda D'_{50}}.$$

Il suffira de mener à cette dernière courbe une tangente parallèle à $\Lambda \Lambda$ pour trouver la poussée auxiliaire $\Lambda P'_{50}$ dont le moment est maximum, et, par suite, la poussée $L_{50} P_{50}$, qui remplit cette même condition.

Les résultats de l'épure sont les suivants :

Le moment de la poussée la plus dangereuse provenant des poussées verticales est moindre que celui de la poussée ordinaire P_{50}, qui ainsi est la plus dangereuse de toutes les poussées.

Le coefficient de stabilité correspondant est

$$\sigma = \frac{P''_{50}\rho}{P''_{50}a} = 4,50.$$

On n'a pas exécuté sur l'épure n° 6 la construction qui conduit à la détermination du coefficient σ'; mais cette construction est indiquée au paragraphe qui traite spécialement cette question (p. 120).

On a trouvé $\sigma' = 2,67$, d'où

$$\frac{\sigma'}{\sigma} = \frac{2,67}{4,50} = 0,59.$$

Si maintenant on cherche la résultante αW de la poussée la plus dangereuse P_{50} et de la poussée Π la plus favorable à la stabilité, et si l'on construit ensuite le parallélogramme des forces qui donne la résultante de αW et $\omega''S''$, on trouve, pour la valeur du coefficient de stabilité par différence,

$$\xi = -\frac{\omega''S''}{a'W'} = -1,12.$$

On ne doit pas oublier que la stabilité est d'autant plus grande que ce coefficient est plus faible en valeur absolue quand il est négatif.

Septième épure. — *Expérience de M. le général Ardant, modifiée et refaite dans le cas d'un remblai entièrement dépourvu de cohésion.* — L'épure n° 7 est relative à une expérience pareille à celle qui fait l'objet de l'épure n° 2, mais qui en diffère principalement en ce que l'on a employé un sable parfaitement sec. En outre, on a supprimé les petites pointes sans tête qui, dans l'expérience de

l'épure n° 2, étaient placés en B′ pour empêcher le glissement du revêtement sur sa base, et qui avaient l'inconvénient de développer un frottement dont le moment par
rapport à l'arête de rotation A modifiait les conditions de
l'expérience.

Pour pouvoir supprimer ces pointes en B′, il a fallu
maintenir l'écartement des deux plateaux CB et CA dans
deux positions fixes, au moyen de petites cales en bois
clouées à la hauteur du centre de gravité, et l'on a planté
les pointes sans tête, destinées à empêcher le glissement,
aux points correspondants de l'arête de rotation A dans
ses deux positions α et α'.

Dans cette expérience, les données relatives au sable
employé étaient $p = 1450^{kg}$, $\varphi = 35^o = \varphi'$; chacun des
plateaux assemblés à charnière avait la forme d'un carré
de $0^m,20$ de côté; la paroi intérieure du revêtement était
représentée par la face BH_1 de $0^m,20$, qui avait été enduite de gomme liquide, puis saupoudrée immédiatement de sable; l'épaisseur de chacun des plateaux était
$BB' = AA' = 0^m,013$; la distance du centre de gravité g
d'un plateau au plan supérieur CH_1 était $0^m,097$.

Le renversement du système formé par les deux plateaux, sans charge de sable, a eu lieu quand le point A du
plateau-support AC a coïncidé avec le point a pour lequel
on avait $B'a = 0^m,1235$. Ces dernières données permettent de construire la position du centre de gravité g.

Enfin, le poids des deux plateaux avec les charnières C
et l'enduit de sable sur la paroi BH était $0^{kg},4535$ pour
$0^m,20$ courant, ce qui correspond à $2^{kg},2675$ pour 1 mètre
courant de revêtement. Ce poids, réduit à l'échelle graphique de $0^m,10$ pour $0,02\,p$, donne

$$g S = \frac{0^m,1 \times 2^{kg},2675}{0,02 \times 1540^{kg}} = \frac{0^m,0147}{2} = 0^m,00735.$$

On a cherché graphiquement, au moyen de quelques tâtonnements, la position de l'arête A, pour laquelle le système devait se renverser d'après notre théorie, et l'on a trouvé, par une première construction, que dans ce cas l'on doit avoir corde $B'A_0 = 0^m,098$.

En refaisant plus exactement l'épure, on a trouvé que cette longueur doit être légèrement modifiée et que la résultante passe en réalité par un point A, pour lequel on a corde $B'A = 0^m,1005$.

Dans cette position, il y a équilibre entre le moment de la poussée la plus dangereuse P et celui de la résultante de la poussée Π_0 la plus favorable à la stabilité et du poids de revêtement.

Pour vérifier si ce résultat de la théorie concorde avec l'expérience, on a d'abord fait coïncider l'arête antérieure A du pied du support à charnière AC avec le point α, choisi de telle sorte que la corde $B'\alpha = 0^m,095$ fût moindre que $B'A$, mais n'en différât que d'une faible quantité.

Le revêtement s'est renversé.

On a répété l'expérience en faisant coïncider l'arête A avec le point α', pour lequel on avait $B'\alpha' = 0^m,101$, quantité plus grande que la valeur de $B'A$ correspondant, d'après notre théorie, à l'équilibre.

Le revêtement s'est maintenu.

On voit que l'accord de la théorie avec l'expérience est aussi complet que possible.

Cette expérience prouve d'ailleurs d'une manière positive que les poussées primitives ont réellement le mode d'action que nous leur attribuons.

S'il en était autrement, et si, dans le cas où la poussée primitive fait avec la normale à la paroi intérieure du revêtement un angle moindre que φ', on devait la décomposer de manière à obtenir une poussée effective faisant

cet angle φ' avec la normale, et si, en outre, les poussées
effectives devaient être données par la formule

$$\Pi = Q \frac{\cos(\varphi + V)}{\sin(\varphi + \varphi' + \epsilon + V)};$$

autrement dit, si l'on devait maintenir sans changement
les bases de l'ancienne théorie, le renversement aurait
dû se produire pour une corde de base égale à $0^m,0715$,
c'est-à-dire très-peu différente de $B'A_3 = 0^m,072$ (*),
mais qui diffère de $0^m,024$ au moins, et de $0^m,029$ au plus
de la corde de base pour laquelle le renversement a lieu
en réalité. Or notre expérience est beaucoup trop précise
pour comporter une pareille erreur.

Elle ne se prête pas non plus à un compromis consistant à n'adopter qu'une partie de notre théorie, par
exemple à admettre notre formule des poussées effectives
tout en supposant que les poussées primitives ne peuvent
pas avoir d'action réelle, ou bien à admettre les poussées
primitives, en conservant l'ancienne formule pour les
poussées effectives.

En effet, s'il fallait rejeter les poussées primitives, et
si, en même temps, les poussées effectives devaient être
calculées par la formule

$$\Pi = P \frac{\sin(\epsilon + V)}{\cos\varphi'},$$

le renversement aurait lieu pour une corde de base égale
à $0^m,074$ environ, et peu différente, par conséquent, de
$B'A_2 = 0^m,075$ (**), ce qui supposerait dans l'expérience

(*) Quand on tient compte du déplacement du centre de gravité du
revêtement, on trouve que, pour l'équilibre strict, la corde $B'A_3$ doit être
diminuée de $0^m,0005$.

(**) Dans la construction de la corde $B'A_2$, on n'a pas tenu compte
du déplacement du centre de gravité du revêtement.

une erreur de $0^m,021$ à $0^m,027$ que l'on ne saurait expliquer.

Enfin, si l'on devait admettre les poussées primitives, tout en calculant les poussées effectives par la formule

$$\Pi = Q\,\frac{\cos(\varphi + V)}{\sin(\varphi + \varphi' + \varepsilon + V)},$$

le renversement devrait avoir lieu pour une corde de base $B'A_1 = 0^m,088$, résultat qui diffère encore de $0^m,007$ à $0^m,013$ de ceux de l'expérience.

Quant aux détails de l'épure, il suffit de mentionner les suivants :

L'échelle des longueurs est de $0^m,10$ pour $0^m,20$ ou de $\frac{1}{2}$.

L'échelle des forces est de 1 mètre pour $0,20\,p$, ou de $0^m,10$ pour $0,02\,p$; p étant égal à 1540 kilogrammes.

Pour construire le poids $G_{30}Q_{30}$ d'un prisme de rupture BH_1R_{30}, on porte au-dessus de B une longueur de $0^m,20$, mesurée à l'échelle, et l'on trace, par le point H'_1 ainsi obtenu, une parallèle à la ligne supérieure H_1R_{30} du remblai. On mène $R_{30}R'_{30}$ parallèle à BH_1, et l'on trace la ligne BR'_{30}. On a alors la proportion

$$H'_1\,q_{30} : H'_1\,R'_{30} \quad \text{ou} \quad H_1R_{30} :: BR_0 : 0^m,20,$$

donc

$$H_1\,q_{30} = \tfrac{1}{2}\,p\,H_1\,R_{30} \times BR_0 \times \frac{10}{p}.$$

Ainsi $H_1\,q_{30}$ ou $G_{30}Q_{30} = \dfrac{10}{p} \times$ poids de BH_1R_{30}.

L'échelle est donc bien de 1 mètre mesuré à l'échelle des longueurs pour $\frac{1}{10}\,p$, c'est-à-dire de $0^m,50$ pour $\frac{1}{10}\,p$, ou de $0^m,10$ pour $0,02\,p$.

Cela posé, on détermine facilement, par la méthode qui a été indiquée, la poussée la plus dangereuse P et la poussée la plus favorable à la stabilité Π. En combinant ces deux forces avec le poids gS, on a trouvé une résultante qui rencontre la courbe du profil de base au point A.

En combinant seulement la poussée Π avec le poids gS, on trouve le point A_2, qui ne se déplace que d'une faible quantité quand on suppose qu'en même temps le pied A du support coïncide avec ce point. Le tâtonnement à faire n'offre aucune difficulté.

Quant à la construction de la poussée effective correspondant à l'ancienne théorie, d'après la formule

$$\Pi = Q\,\frac{\cos(\varphi + V)}{\sin(\varphi + \varphi' + \varepsilon + V)};$$

il est à remarquer que, si l'on fait d'abord dans cette formule les hypothèses

$$\varphi' = 35^\circ \quad \text{et} \quad \varepsilon = 55^\circ,$$

$\sin(\varphi + \varphi' + \varepsilon + V)$ se réduit à

$$\sin(90^\circ + \varphi + V) = \cos(\varphi + V),$$

ce qui donne

$$\Pi = Q.$$

Le maximum de Π correspond donc au maximum de Q, c'est-à-dire à

$$V = 55^\circ.$$

En combinant la poussée ainsi obtenue avec le poids gS du revêtement, on trouve une résultante passant par le poids A_3 du profil de base.

En composant ensuite cette première résultante avec la poussée primitive la plus dangereuse P, on trouve une dernière résultante passant par le point A_1.

Ainsi que nous l'avons dit plus haut, ces deux points A_1 et A_3 devraient être légèrement modifiés, eu égard au déplacement que subit le centre de gravité g du profil quand on fait coïncider le pied A du support mobile avec la position correspondant à l'équilibre dans les deux cas dont il s'agit. Nous n'indiquons pas sur l'épure le résultat du tâtonnement à faire dans ce but, afin d'éviter de surcharger la figure de constructions qui n'offrent aucune difficulté.

Sauf la légère correction indiquée, les points A_1 et A_3 sont ceux qui devraient correspondre respectivement au renversement du système formé par le revêtement et sa charge de sable, dans les deux hypothèses suivantes :

1° Le point A_1, dans l'hypothèse où l'on devrait admettre l'action réelle des poussées primitives, faisant un angle moindre que φ' avec la normale à la paroi intérieure du revêtement, conjointement avec la décomposition des poussées primitives, faisant un angle plus grand en deux forces, l'une faisant cet angle φ' avec la même normale, et qui serait la poussée effective, l'autre faisant l'angle φ avec la normale au plan de rupture, et qui serait sans action sur le revêtement.

2° Le point A_3, dans l'hypothèse où l'on devrait admettre exclusivement ce dernier mode de décomposition, quel que fût l'angle de la poussée primitive P avec la normale à la paroi du mur.

Ainsi qu'on l'a vu plus haut, l'expérience condamne d'une manière absolue cette dernière manière de construire la poussée effective.

Elle prouve que les poussées primitives faisant un angle moindre que φ' avec la normale à la paroi intérieure d'un revêtement, s'appliquent sans décomposition à cette paroi.

Enfin elle montre que, pour obtenir la poussée effective quand la poussée primitive fait avec la normale à la paroi un angle plus grand que φ', il faut décomposer la poussée primitive en deux forces, dont l'une sera parallèle à la paroi intérieure et n'exercera aucune action sur le revêtement, tandis que l'autre, faisant l'angle φ' avec la normale, sera la poussée effective cherchée.

HUITIÈME ÉPURE. — *Expérience relative à l'équilibre d'un petit revêtement à paroi intérieure verticale, soutenant un remblai de sable parfaitement sec arasé de niveau.* — L'expérience qui fait l'objet de l'épure n° 8 avait pour but de vérifier le plus simplement possible si, pour obtenir la poussée effective qui fait avec la normale à la paroi intérieure du mur un angle égal à φ', on doit attribuer à l'autre composante de la poussée primitive une direction faisant l'angle φ avec la normale au plan de rupture, conformément à la théorie habituellement admise, ou si, comme nous le pensons, l'on doit diriger cette deuxième composante dans le sens même de la paroi intérieure du mur.

La première décomposition donne, pour la poussée effective, une intensité plus grande que la seconde.

Il s'agissait donc, pour arriver au résultat cherché, d'installer un petit revêtement qui devrait se renverser d'après l'ancienne théorie, tandis qu'il devrait se maintenir en équilibre d'après la nôtre.

Les données de l'expérience, telle que nous l'avons exécutée, sont les suivantes :

Le revêtement était formé d'un bloc en bois, dont l'épaisseur était $e = 0^m,0485$; ce bloc, qui avait la forme d'un parallélépipède était enduit de gomme saupoudrée de sable sur sa paroi intérieure et sur sa paroi extérieure; sa longueur était de $0^m,147$; le poids spécifique moyen par mètre cube, dans ces conditions, était $p' = 468^{kg},5$.

Ce revêtement, dont la hauteur sera indiquée ci-après, soutenait un remblai de sable parfaitement sec, pour lequel on avait $\varphi = \varphi' = 35°$, $p = 1540^{kg}$, et dont la partie supérieure était limitée à un plan horizontal de niveau avec le sommet du revêtement.

Le calcul que l'on trouvera plus loin, dans la note à la suite du Chapitre V, fait voir que, d'après les données ci-dessus, la hauteur à assigner au revêtement pour qu'il fût exactement en équilibre serait, suivant le premier mode de décomposition correspondant à l'ancienne théorie,

$$H = 0^m,1659,$$

et suivant le deuxième mode de décomposition, qui doit être admis, selon nous,

$$H = 0^m,1738;$$

enfin, si l'on suppose $p' = 474^{kg}$, on trouve, par le dernier calcul,

$$H = 0^m,1744.$$

L'épure n° 8 vérifie l'accord du premier et du troisième de ces résultats du calcul avec les constructions graphiques.

Dans le premier cas, l'angle de rupture est donné par la construction du général Poncelet.

Dans le deuxième cas, il est donné par le tableau (Q_1) du Chapitre V.

L'épure représente à l'échelle de $\frac{1}{2}$ les données de l'expérience. Quant aux forces, elles sont exprimées graphiquement, comme dans l'épure précédente, à l'échelle de 1 mètre pour $\frac{1}{5} p$ ou de $0^m,10$ pour $0,02 p$.

La construction graphique conduit à ce résultat que, dans les deux cas considérés, la résultante de la poussée la plus dangereuse et du poids du mur passe exactement par l'arête antérieure A du pied du revêtement.

Ainsi, d'après l'ancienne théorie, c'est la hauteur $BH_1 = 0^m,1659$, qui correspond à l'équilibre, tandis que, d'après notre théorie, le système devrait être encore en équilibre pour $BH_2 = 0^m,1738$, si $p' = 468^{kg},5$, ou pour $BH_3 = 0^m,1744$, si $p' = 474^{kg}$, quoique ces deux dernières hauteurs correspondent à une épaisseur relative $\dfrac{e}{H}$ moindre.

L'expérience a consisté à prendre un bloc dont la hauteur était $BH_2 = 0^m,170$, c'est-à-dire, à peu de chose près, une moyenne entre les hauteurs calculées BH_1 et BH_3, et dont le poids spécifique moyen était $p' = 468^{kg},5$.

Pour qu'elle réussît, il a fallu prendre d'assez grandes précautions, à cause de la difficulté d'avoir une base rigoureusement plane et une arête de rotation A réellement en contact avec cette base. Pour remplir cette dernière condition, qui était indispensable si l'on voulait pouvoir tirer une conclusion de l'expérience, il a fallu former, au fond de la caisse où se faisait l'expérience, un petit bourrelet de sable collé avec de la gomme, bourrelet sur lequel la base portait uniquement par son arête antérieure. La paroi intérieure s'appuyait contre la face extérieure de deux petites planchettes verticales qui retenaient le remblai latéralement et qu'elle ne débordait que d'une quantité très-faible.

De la sorte, le revêtement ne portait, en réalité, sur la base d'appui que par l'arête même de rotation, et les joints latéraux par lesquels le sable aurait pu s'écouler étaient fermés aussi bien que possible; cette fermeture était d'ailleurs complétée, soit au moyen de petites bandes de papier appliquées dans les joints, soit au moyen de bouts de ficelle coupés à une longueur égale à la hauteur du revêtement et maintenus dans les joints par la pression même du sable.

Le système s'est tenu en équilibre avec une stabilité telle, qu'il a fallu plusieurs percussions assez fortes sur le

fond de la caisse où était installée l'expérience, pour déterminer un mouvement de renversement.

L'expérience a été répétée ensuite avec un bloc de
$0^{m},175$ de hauteur, dont le poids spécifique moyen était
$p' = 474^{kg}$. Ce bloc devait se renverser immédiatement,
d'après notre théorie, puisque sa hauteur était de $0^{m},0006$
plus forte que la hauteur $0^{m},1744$ correspondant à l'équilibre d'après le calcul et d'après l'épure. Il s'est maintenu néanmoins, mais dans un état d'équilibre tout à fait
instable, car quelques très-légères percussions sur le
fond de la caisse, dans laquelle était organisée l'expérience, ont suffi pour déterminer le renversement qui
s'est alors produit brusquement et sans aucun temps
d'arrêt.

L'expérience qui vient d'être décrite vérifie donc l'exactitude de ce principe sur lequel est fondée notre théorie :

Que, pour obtenir la poussée effective, quand la poussée
primitive fait un angle plus grand que φ' avec la normale
à la paroi intérieure du revêtement, il faut décomposer
la poussée primitive en deux forces, l'une dirigée dans le
plan de la paroi intérieure du mur, et qui sera sans action
sur le mur, l'autre faisant l'angle φ' avec la normale à
cette paroi, et qui sera la poussée effective.

CHAPITRE V.

SOLUTION ANALYTIQUE RIGOUREUSE DES PROBLÈMES RELATIFS A LA STABILITÉ DES REVÊTEMENTS A PAROI INTÉRIEURE VERTICALE.

Méthode générale à suivre pour déterminer par le calcul l'épaisseur à donner à un mur de revêtement. — Nous nous bornerons, dans la recherche de la solution analytique des problèmes relatifs à la stabilité des murs qui soutiennent des terres, à considérer le cas où l'on doit craindre le renversement par rotation autour de l'arête antérieure de leur base.

Les données ordinaires de la question sont le profil extérieur du remblai et de son revêtement, avec les différents éléments nécessaires pour faire connaître exactement la nature des maçonneries et celle des terres.

L'inconnue du problème est habituellement l'épaisseur du mur en un point connu de sa hauteur, par exemple à sa base, quand l'angle de la paroi intérieure du mur avec la verticale est donné.

On pourrait aussi avoir à calculer l'angle de la paroi intérieure avec la verticale, en supposant connue l'épaisseur au sommet du mur.

Nous allons traiter le cas où l'inclinaison de la paroi intérieure est donnée, et où l'on prend pour inconnue l'épaisseur du mur à sa base.

Outre l'épaisseur du revêtement, le problème comporte une seconde inconnue, qui est l'angle V du plan de rupture avec la verticale.

Il faut exprimer, en fonction de ces deux quantités, le moment de la poussée par rapport à l'arête antérieure de la base du mur, et chercher, en considérant V seulement comme variable, la condition pour que ce moment soit maximum.

On obtient ainsi une équation entre les deux inconnues, qui sont l'épaisseur e du mur et l'angle V, ainsi qu'il vient d'être dit.

On en trouve une autre en multipliant le moment de la poussée par le coefficient de stabilité σ, et en égalant ce produit à la somme des moments du poids du mur et de sa surcharge de terre, par rapport à la même arête de rotation.

En éliminant l'angle V entre ces deux équations, on trouverait une équation unique faisant connaitre l'épaisseur e cherchée.

Mais, dans la plupart des cas, les calculs à faire seraient très-compliqués.

Cas où la paroi intérieure verticale, ou son prolongement, rencontre le plan supérieur du remblai, supposé, horizontal. — Le problème se simplifie beaucoup quand la paroi intérieure du mur est verticale, et qu'en même temps cette paroi ou son prolongement rencontre le plan supérieur du remblai supposé lui-même horizontal.

Dans ce cas, on doit considérer la poussée effective dont l'expression (B_1) est

$$\Pi = P\,\frac{\sin(\varepsilon + V)}{\cos\varphi'}$$

$$= \tfrac{1}{2}p\,H_1^2\,\frac{\sin(\theta + \varepsilon)}{\cos^2\varepsilon\,\cos\varphi\,\cos\varphi'}\,\frac{\sin^2(\varepsilon + V)\,\cos(\varphi + V)}{\sin(\theta - V)}.$$

Elle devient, quand on y fait $\varepsilon = 0°$, $\theta = 90°$ et $H_1 = H'$,

$$(B_2) \qquad \Pi = \tfrac{1}{2}p\,H'^2\,\frac{\sin^2 V\,\cos(\varphi + V)}{\cos\varphi\,\cos\varphi'\,\cos V},$$

ou encore

$$(\text{B}_3) \quad \Pi = \tfrac{1}{2} p \, \frac{\text{H}'^2}{\cos\varphi'} \, \sin^2\text{V}\,(1 - \text{tang}\,\varphi\,\text{tang}\,\text{V}) = p \, \frac{\text{H}'^2}{\cos\varphi'} \text{M},$$

si l'on désigne par M la quantité

$$\tfrac{1}{2} \sin^2\text{V}\,(1 - \text{tang}\,\varphi\,\text{tang}\,\text{V}).$$

Quel que soit l'angle de rupture, cette poussée sera d'ailleurs appliquée en un point situé au tiers de la hauteur totale de la paroi intérieure, prolongée, s'il y a lieu, jusqu'à sa rencontre avec le plan supérieur du remblai. Et, comme la poussée effective fait avec l'horizon l'angle invariable φ', le bras de levier de la poussée est lui-même invariable ; en sorte que la recherche du moment maximum se réduit à la recherche de la poussée maximum.

Le calcul serait facile à effectuer pour l'expression plus générale (B_1) de Π. Mais, dans ce cas, il faudrait en outre s'assurer s'il n'existe pas une poussée primitive s'appliquant sans décomposition au mur, qui soit plus dangereuse que la poussée Π trouvée. Nous nous bornons à faire le calcul dans le cas simple que nous avons indiqué.

Désignons tang V par x et remplaçons tang φ par sa valeur f ; la formule ci-dessus peut s'écrire

$$(\text{B}_4) \qquad \Pi = \tfrac{1}{2} p \, \frac{\text{H}'^2}{\cos\varphi'} \, \frac{x^2}{1 + x^2}\,(1 - fx).$$

En égalant à zéro la dérivée de cette expression, prise par rapport à x, on trouve, toutes réductions faites, l'équation

$$(\text{Q}) \qquad x^3 + 3\,x - \frac{2}{f} = 0.\;(^*)$$

______

(*) Cette équation qui figurait déjà dans la première rédaction de ce travail adressée en 1839 au Ministre de la Guerre, a été donnée aussi par M. le commandant Chepot.

Cette équation a toujours une racine réelle comprise entre o et $+\infty$, car pour $x = o$, le premier membre est négatif, et pour $x = +\infty$ il devient positif.

De plus, il est facile de s'assurer que ses autres racines sont imaginaires.

Le tableau ci-dessous donne les résultats auxquels on arrive en la résolvant dans les différentes hypothèses correspondant aux valeurs successives que l'on obtient pour f, quand on fait varier φ de 5 en 5 degrés, depuis zéro jusqu'à 60 degrés (*).

(*) Pour obtenir l'unique racine réelle de l'équation (Q), on peut appliquer la formule générale qui donne les racines de l'équation

$$x^3 + px + q = o.$$

On trouve, toutes réductions faites,

$$x = \sqrt[3]{\frac{1}{\tang \frac{1}{2}\varphi}} - \sqrt[3]{\tang \tfrac{1}{2}\varphi}.$$

La valeur que prend x est alors facile à déterminer avec la règle à calcul.

On l'obtient très-simplement à l'aide des logarithmes, en appliquant le procédé indiqué dans l'*Algèbre* de M. Bertrand. Il suffit de poser

$$\tang \chi = \sqrt[3]{\tang \tfrac{1}{2}\varphi},$$

ce qui donne

$$x = 2 \cot 2\chi.$$

On a donc à chercher d'abord χ donné par la relation

$$\log \tang \chi = \tfrac{1}{3} \log \tang \tfrac{\varphi}{2};$$

puis on a

$$\log x = \log 2 + \log \cot 2\chi.$$

Quant à la quantité $M = \tfrac{1}{2} \dfrac{x^2(1 - fx)}{1 + x^2}$, pour les valeurs de x qui vérifient l'équation (Q), elle peut s'écrire

$$M = \frac{fx^3}{4},$$

expression facilement calculable par logarithmes.

φ	$\dfrac{2}{f}$	$x = \lg V$	V	$M = \dfrac{\sin^2 V (1 - \lg\varphi\, \lg V)}{2}$	$\dfrac{\sin^2 V}{2\cos\varphi'} (1 - \lg\varphi\, \lg V)$ (dans l'hypothèse $\varphi = \varphi'$)
0 0	∞	∞	90. 0	0,500 (a)	0,500
5	22,860	2,488	68. 6	0,337	0,338
10	11,343	1,809	61. 4	0,261	0,265
15	7,464	1,457	55.32	0,207	0,215
20	5,495	1,223	50.43	0,166	0,177
25	4,289	1,047	46.19	0,134	0,148
30	3,464	0,906	42.11	0,107	0,124
35	2,856	0,789	38.16	0,0859	0,1048
40	2,384	0,686	34.28	0,0679	0,0886
45	2,000	0,596	30.48	0,0529	0,0749
50	1,678	0,514	27.12	0,0405	0,0630
55	1,400	0,439	23.41	0,0301	0,0525
60	1,155	0,368	20.13	0,0216	0,0432

(a) Quand on fait $\varphi = 0^\circ$ et $V = 90^\circ$ dans l'expression $\frac{1}{2}\sin^2 V (1 - \tang\varphi\, \tang V)$, le terme $\tang\varphi\, \tang V$ prend la forme $0 \times \infty$. On fait disparaître l'indétermination en remontant à l'équation $x^2 + 3x - \frac{2}{f} = 0$; d'où l'on tire

$$\tang\varphi\, \tang V = fx = \frac{2}{x^2 + 3},$$

quantité qui devient nulle quand on y fait

$$x = \tang V = \tang 90^\circ = \infty.$$

Pour obtenir la poussée Π, il suffit de multiplier par $\dfrac{p\,H'^2}{\cos\varphi'}$ les chiffres contenus dans l'avant-dernière colonne, ou simplement par $p\,H'^2$ les chiffres de la dernière colonne, dans le cas où $\varphi = \varphi'$.

Ce tableau sera encore utile pour abréger certaines épures, en ce qu'il fait connaitre l'inclinaison du plan de rupture correspondant à la poussée la plus dangereuse, sans qu'il soit nécessaire de construire la courbe des poussées.

On remarque, à l'inspection des valeurs de V comparées à celles de l'angle φ, qu'il n'est pas vrai, d'après notre théorie, d'admettre que l'angle V soit égal à $\frac{1}{2}(90^\circ - \varphi)$; ces deux quantités diffèrent même souvent entre elles d'une manière très-notable.

On ne doit pas oublier d'ailleurs que les valeurs trouvées pour l'angle V ne sont exactes que dans le cas pour lequel elles ont été calculées, c'est-à-dire quand la paroi intérieure du mur est verticale et que son prolongement rencontre le plan supérieur du remblai.

Une fois que l'on connait la valeur de la poussée, il ne reste plus qu'à former l'équation des moments, que l'on résoudra facilement.

Posons (*fig.* 31) $AB = e$, $SD = b$ et $\dfrac{CS}{AS} = n$, nous aurons

$$(R) \quad \left\{ \begin{aligned} &\sigma\Pi\left(\tfrac{1}{3}H'\cos\varphi' - e\sin\varphi'\right) \\ &= \tfrac{1}{2}p'e^2H - \frac{p'}{6}n^2H^3 \\ &\quad + p\frac{e^2-b^2}{2}h - p\frac{h^2}{2}\tang\zeta(b + \tfrac{1}{3}h\,\tang\zeta)\,(^*); \end{aligned} \right.$$

d'où l'on tire successivement :

1° Dans le cas où le profil du mur est rectangulaire et la berme nulle, c'est-à-dire quand $n = 0$ et $b = 0$,

$$(R_1) \quad e = \frac{-\sigma\Pi\sin\varphi'}{p'H + ph}$$

$$+ \frac{\sqrt{\sigma^2\Pi^2\sin^2\varphi' + 2(p'H + ph)\left(\dfrac{\sigma\Pi}{3}H'\cos\varphi' + \dfrac{ph^3\tang^2\zeta}{6}\right)}}{p'H + ph};$$

2° Dans le cas où le plan horizontal supérieur est de

<hr>

(*) Le second membre de cette équation est identique au premier

niveau avec le sommet du mur, c'est-à-dire quand $h = 0$.

Fig. 31.

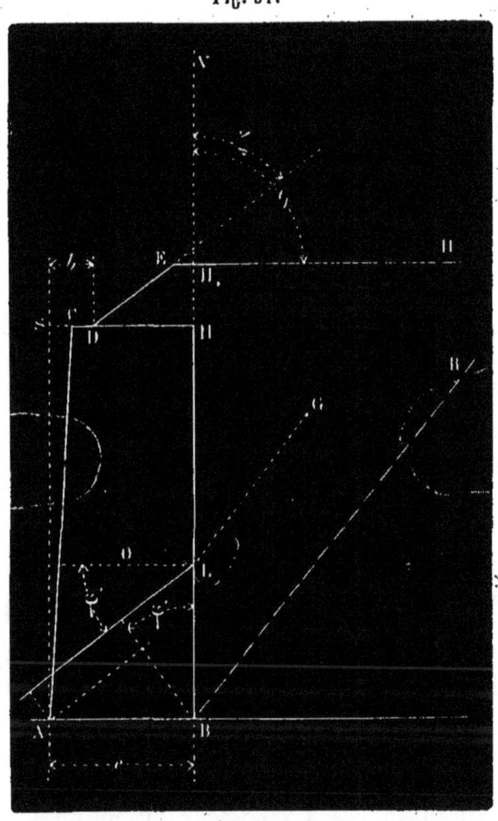

et par suite $H' = H$, n étant d'ailleurs différent de zéro,

$$(R_2) \begin{cases} e = \dfrac{-\sigma\Pi \sin\varphi'}{p'H} \\[2em] + \dfrac{\sqrt{\sigma'\Pi^2 \sin^2\varphi' + 2p'H^2 \left(\dfrac{\sigma\Pi}{3} \cos\varphi' + \dfrac{p'n^2H^2}{6} \right)}}{p'H} \, ; \end{cases}$$

membre de l'équation analogue donnée par M. le général Poncelet dans le n° 13 du *Mémorial de l'Officier du Génie*, p. 20 ; mais l'expression du moment de la poussée est différente.

3° Dans le cas où l'on a à la fois $h = 0$ et $n = 0$,

$$(\text{R}_3) \quad e = \frac{-\,\sigma\Pi\sin\varphi' + \sqrt{\sigma^2\Pi^2\sin^2\varphi' + \frac{2}{3}p'\sigma\Pi\,H^2\cos\varphi'}}{p'\,H}.$$

Enfin, en se reportant à l'équation (R) ci-dessus, on voit que l'hypothèse $\sigma = \infty$ donne

$$\tfrac{1}{3}H'\cos\varphi' - e\sin\varphi' = 0,$$

ou

$$(\text{R}_4) \quad e = \frac{H'}{3\tan\varphi'}.$$

Il est à remarquer que le second membre de l'équation au moyen de laquelle on obtient la valeur de e peut prendre des formes très-diverses, suivant le profil que l'on veut donner au mur, sans cependant que la solution diffère en réalité, car l'équation sera toujours du second degré.

Pour pouvoir employer la formule que nous venons d'obtenir, il est essentiel de connaître la valeur qu'il convient d'assigner au coefficient σ. Cette recherche nous fournira une première application du calcul qui précède; seulement nous considérerons l'épaisseur e comme une donnée du problème, et c'est le coefficient σ qui sera l'inconnue.

Détermination du coefficient de stabilité des murs de revêtement de Vauban. — L'épaisseur du mur de profil de Vauban, mesurée à sa base, est donnée par la formule

$$e = 5^{\text{pi}} + \tfrac{1}{5}H,$$

ou, ce qui revient au même, en mètres,

$$e = 1^{\text{m}},624 + 0,20\,H.$$

Cette formule exprime que Vauban donnait uniformément 5 pieds d'épaisseur aux murs à leur sommet, et

que le parement extérieur était incliné à 5 de hauteur
sur 1 de base. En outre, dans le profil ordinaire, le mur
de revêtement était couronné d'un petit mur de 3 pieds
d'épaisseur et de 4 pieds de hauteur, ayant son parement
extérieur vertical et représentant le parapet du chemin de
ronde ; seulement le chemin de ronde était supprimé et
le parapet en terre venait s'appuyer contre ce petit mur,
dont le sommet était tenu dans le plan de la plongée.
Nous supposerons que le profil formé par la plongée, le
talus intérieur, la banquette, le talus de banquette et le
terre-plein du rempart soit remplacé par un plan unique
de niveau avec la crête extérieure E de la plongée (*fig.* 32).

Fig. 32.

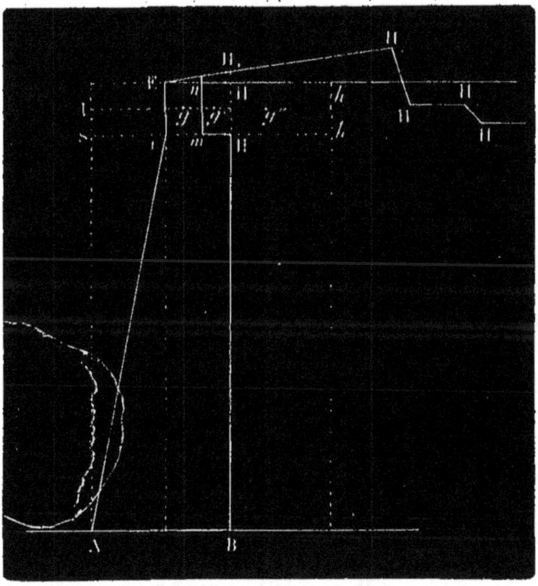

Cette hypothèse s'écartera peu de la réalité, et elle aura
l'avantage de ramener le problème au cas dont nous nous
occupons en ce moment.

Nous admettrons, ce qui a presque toujours lieu, que l'on ait $\varphi = 35°$, et que φ' soit égal à φ, ou plus grand, ce qui, comme nous l'avons dit, exige que nous introduisions dans le calcul l'hypothèse $\varphi' = \varphi$.

Nous aurons donc d'abord, pour les principales données de la question,

$$\varphi = \varphi' = 35°; \quad n = \tfrac{1}{5}, \quad e = 3^m,624, \quad H = 10^m, \quad H' = 11^m,30.$$

Quant à p et p', nous nous réservons de faire plus tard sur ces quantités différentes hypothèses, suivant les différents cas qui peuvent se présenter.

Cela posé, nous savons que l'expression de la poussée dont nous avons à faire usage est, (B_2), (B_3),

$$\Pi = \tfrac{1}{2} p H'^2 \frac{\sin^2 V \cos(\varphi + V)}{\cos\varphi \cos\varphi' \cos V}$$
$$= \tfrac{1}{2} p \frac{H'^2}{\cos\varphi'} \sin^2 V (1 - \tang\varphi \, \tang V),$$

et que l'angle V est donné par l'équation (Q)

$$x^3 + 3x - \frac{2}{f} = 0,$$

dans laquelle $x = \tang V$.

Nous avons vu aussi que, quand $\varphi = 35°$, on a

$$V = 38° 16',$$

et

$$\Pi = p \frac{H'^2}{\cos\varphi'} \times 0,086,$$

ou

$$\Pi = p H'^2 \times 0,105,$$

dans l'hypothèse, $\varphi' = 35°$.

L'équation (R) ci-dessus devra être remplacée par la

suivante :

$$\sigma \Pi \left(\tfrac{1}{3} H' \cos \varphi' - e \sin \varphi' \right)$$

$$= \tfrac{1}{2} p' e^2 H - \frac{p'}{6} n^2 H^3 + p' \operatorname{surf} C\, mn\, E \times g\mathrm{l}$$

$$+ p \operatorname{surf} H\, mn\, H' \times g' \mathrm{I},$$

ou

$$\sigma p \times 0,105 \times \overline{11,3}^2 \left(\tfrac{1}{3} 11,3 \cos 35^\circ - 3,624 \sin 35^\circ \right)$$

$$= \tfrac{1}{2} p' \times \overline{3,624}^2 \times 10 - \frac{p'}{6} \times \frac{1}{25} \times 10^3$$

$$+ p' \times 0,974 \times 1,30 \times 2,487$$

$$+ p \times 0,650 \times 1,30 \times 3,299.$$

Cette relation devient, tous calculs faits,

$$\sigma = 4,60 \frac{p'}{p} + 0,206 ;$$

ce qui donne :

pour $\dfrac{p'}{p} = 1$,   le coefficient $\sigma = 4,81$;

» $\dfrac{p'}{p} = \dfrac{2000}{1800}$,   » $\sigma = 5,33$ $\left\{ \begin{array}{l} \text{maçonneries} \\ \text{du Havre ;} \end{array} \right.$

» $\dfrac{p'}{p} = \dfrac{2200}{1800}$,   » $\sigma = 5,84$;

» $\dfrac{p'}{p} = \dfrac{3}{2}$,   » $\sigma = 7,11$;

» $\dfrac{p'}{p} = \dfrac{2800}{1500}$,   » $\sigma = 8,79.$

Si l'on fait le même calcul en supposant $\varphi' = 0$, ce qui revient à négliger de tenir compte du frottement des terres contre les maçonneries, il est à remarquer d'abord que le terme du premier membre qui contient $\sin \varphi'$ devient nul, et que le premier membre se réduit ainsi à

$\dfrac{\sigma \Pi H'}{3}$, car $\cos \varphi'$ est alors égal à l'unité. Le second membre ne change pas.

On arrive, tous calculs faits, à l'expression suivante de σ :

$$\sigma = 1,502 \frac{p'}{p} + 0,0674;$$

ce qui donne :

$$\text{Pour } \frac{p'}{p} = 1, \qquad \text{le coefficient } \sigma = 1,57;$$

$$» \quad \frac{p'}{p} = \frac{2000}{1800}, \qquad » \qquad \sigma = 1,74;$$

$$» \quad \frac{p'}{p} = \frac{3}{2}, \qquad » \qquad \sigma = 2,32;$$

$$» \quad \frac{p'}{p} = \frac{2800}{1500}, \qquad » \qquad \sigma = 2,87.$$

En refaisant le calcul dans l'hypothèse $\varphi = 45°$ et $\varphi' = 0$, pour nous rapprocher des suppositions faites par le général Poncelet (*Mémorial de l'Officier du Génie*, n° 13, p. 23), nous trouvons d'abord que, pour $\varphi = 45°$, l'angle de rupture correspondant à la poussée maximum est

$$V = 30° 48',$$

et que la poussée devient, par suite,

$$\Pi = p \frac{H'^{2}}{\cos \varphi'} \times 0,053,$$

ou

$$\Pi = p H'^{2} \times 0,053,$$

puisque nous supposons $\varphi' = 0$.

On obtient ensuite l'expression ci-dessous de σ, en fonction de p et de p' :

$$\sigma = 2,44 \frac{p'}{p} + 0,109;$$

ce qui donne :

$$\text{Pour } \frac{p'}{p} = 1, \qquad \text{le coefficient } \sigma = 2,55;$$

$$\text{» } \frac{p'}{p} = \frac{2000}{1800}, \qquad \text{» } \qquad \sigma = 2,82;$$

$$\text{» } \frac{p'}{p} = \frac{3}{2}, \qquad \text{» } \qquad \sigma = 3,77;$$

$$\text{» } \frac{p'}{p} = \frac{2800}{1500}, \qquad \text{» } \qquad \sigma = 4,66.$$

Le coefficient $\sigma = 3,77$, correspondant à $\varphi = 45°$, $\varphi' = 0$ et $\frac{p'}{p} = \frac{3}{2}$, devrait être peu différent du résultat trouvé par le général Poncelet dans les mêmes hypothèses, quoique le profil qu'il considère diffère un peu de celui auquel nous venons d'appliquer le calcul. Il admet en effet que la surcharge de terre est de 2 mètres, et que le pied du talus extérieur des terres aboutit au sommet même du parement extérieur du mur, ce qui augmente un peu la poussée, tout en diminuant d'une faible quantité le moment résistant. Mais nous ne chercherons pas à faire directement le calcul dans ce cas, attendu que, pour le profil considéré par le général Poncelet, la paroi intérieure du mur prolongée rencontre le talus extérieur, en sorte que les équations (Q) et (R) ne lui sont pas applicables. Quoi qu'il en soit, la différence qui existe dans les données ne semble pas motiver suffisamment le désaccord que présentent les résultats, désaccord qui est très-sensible, car, au lieu du coefficient 3,77, le général Poncelet trouve (p. 25) le nombre 1,912. C'est donc principalement à la différence des théories auxquelles on a eu recours que doit être attribué l'écart qui vient d'être signalé entre les chiffres trouvés par les deux méthodes.

Nous ajouterons qu'il n'y a pas lieu de se demander ici s'il n'y aurait pas à craindre quelque confusion due à la possibilité d'envisager le coefficient de stabilité aux différents points de vue que nous avons indiqués au Chapitre III ci-dessus. En effet, lorsque la paroi intérieure du mur est verticale et qu'en même temps le prisme de rupture est triangulaire, comme toutes les poussées effectives ont une même direction et comme, en outre, leur point d'application est le même, il n'y a pas à s'occuper du coefficient de stabilité ξ, que l'on obtient lorsque l'on considère la poussée totale la plus favorable à la stabilité et qu'on retranche son moment de celui de la poussée la plus dangereuse, attendu qu'alors il n'existe aucune poussée totale favorable à la stabilité s'il y a des poussées totales dangereuses.

En second lieu, quand on suppose $\varphi' = o$ et que la paroi intérieure du mur est verticale, toutes les poussées élémentaires effectives tendent à renverser le mur; en sorte qu'il n'y a pas à tenir compte de la différence entre les deux sortes de coefficients de stabilité de natures distinctes que nous avons désignées par σ et par σ'.

Cela posé, il nous reste à choisir, parmi les chiffres que nous avons obtenus ci-dessus, le coefficient qui doit être considéré comme exprimant réellement la stabilité du mur de Vauban.

Nous écarterons d'abord les chiffres qui correspondent à l'hypothèse $\varphi' = o$, attendu que, dans la pratique, le frottement des terres sur les maçonneries exerce, sans aucun doute, une action très-sensible, qu'il est facile d'apprécier en comparant les chiffres que nous avons obtenus dans l'hypothèse $\varphi = \varphi' = 35°$ avec ceux que nous avons trouvés pour $\varphi = 35°$ et $\varphi' = o$.

Nous nous en tiendrons donc avant tout aux chiffres qui correspondent à $\varphi = \varphi' = 35°$. Mais ces chiffres varient dans des limites assez étendues, puisque, pour $\frac{p'}{p} = 1$,

nous avons trouvé $\sigma = 4,81$, et, pour $\frac{p'}{p} = \frac{2800}{1500}$, $\sigma = 8,79$.

On pourrait songer à prendre une moyenne entre ces coefficients extrêmes, ou que du moins nous pouvons considérer comme tels, vu qu'il est rare que le poids spécifique de la maçonnerie soit moindre que celui de la terre, et que le rapport $\frac{2800}{1500}$ est une limite supérieure qui ne sera presque jamais atteinte.

Mais. il serait peu rationnel de procéder ainsi. Il est clair, en effet, que Vauban, qui ne pouvait recourir à une théorie rigoureuse pour tenir compte des circonstances plus ou moins favorables provenant de la nature particulière de la terre et de la maçonnerie, dans les différentes hypothèses, a dû adopter une règle applicable dans les cas les plus défavorables de la pratique.

D'un autre côté, si nous remarquons que la règle de Vauban, uniformément appliquée par lui dans un grand nombre de places, a donné des résultats satisfaisants, il faut conclure de là que sa règle est bonne dans les conditions ordinaires de hauteurs d'escarpes dans lesquelles il s'est placé, et dans les hypothèses les plus défavorables relativement au rapport entre le poids de la maçonnerie et celui de la terre.

Le coefficient de stabilité que nous devons déduire de l'expérience des travaux faits par Vauban, expérience dont les résultats subsistent dans la plupart de nos places fortes, est donc celui qui correspond à l'hypothèse la plus défavorable. Comme il est rare que le poids spécifique de la maçonnerie soit moindre que celui de la terre, il conviendra d'adopter le plus faible des chiffres obtenus, lequel est $4,81$, ou, en nombre rond, $\sigma = 5,00$.

Comme, d'un autre côté, l'hypothèse $p' < p$ n'est pas à écarter d'une manière absolue, et peut se présenter dans la pratique, nous pensons qu'on pourra souvent se contenter de $\sigma = 4,5\varrho$, par exemple quand le terrain de la fondation sera d'une résistance qui ne laissera aucune espèce de doute, et quand toutes les autres conditions paraîtront favorables.

Il est à remarquer que, pour déterminer σ, nous ne nous sommes pas occupé de la cohésion. Nous pensons qu'il sera bon, dans la pratique, d'agir ainsi, attendu que les questions qui s'y rapportent n'ont pas encore été beaucoup étudiées, mais surtout par la raison que la cohésion des remblais est susceptible de varier dans des limites assez étendues, suivant le degré d'humidité des terres, et que les coefficients ci-dessus tiennent suffisamment compte de cette circonstance.

Il faut encore remarquer que l'humidité, en délavant la paroi intérieure du mur, pourrait diminuer beaucoup le frottement des terres contre les maçonneries ; aussi, tout en tenant compte de ce frottement, ne faut-il pas s'y fier outre mesure.

Ainsi, pour des fossés alternativement secs et contenant une grande profondeur d'eau, ou dans le cas des murs de quais d'un avant-port quand le niveau de l'eau s'élève et s'abaisse successivement d'une quantité considérable à chaque marée, il sera peut-être bon d'adopter le coefficient $\sigma = 5$, et de supposer en même temps que le frottement $f' = \tang\varphi'$ des terres contre les maçonneries soit nul.

Application de la formule (R), *faisant voir comment l'épaisseur du mur varie quand on donne différentes valeurs à $\dfrac{p'}{p}$ ou à σ.* — Il est facile de voir dans quelle mesure l'emploi de formules se prêtant à toutes les circonstances de la pratique, et permettant de tenir compte exactement des différentes données de la question, permettra de diminuer l'épaisseur de la maçonnerie quand, par exemple, pour $\sigma = 5$, au lieu de $\dfrac{p'}{p} = 1$, on aura

$$\frac{p'}{p} = \frac{3}{2} \quad \text{ou} \quad \frac{p'}{p} = \frac{2800}{1500}.$$

Il est facile de voir également comment varie l'épaisseur du mur, quand, pour une même valeur du rapport $\dfrac{p'}{p}$, on fait prendre à σ des valeurs différentes, depuis $\sigma = 1$, par exemple, jusqu'à $\sigma = 9$.

Ces questions vont nous fournir une nouvelle application de la formule (R) sous sa forme (R_3).

Supposons $\varphi = \varphi' = 35°$, $h = 0$ et $n = 0$; nous aurons

$$\Pi = p H^2 \times 0,105$$

et

$$e = \frac{-\sigma \Pi \sin\varphi' + \sqrt{\sigma^2 \Pi^2 \sin^2\varphi' + \frac{2}{3} p' \sigma \Pi H^2 \cos\varphi'}}{p' H},$$

ou, en substituant à Π sa valeur,

$$e = \sigma \frac{p}{p'} H \times 0,105 \sin\varphi' \left(-1 + \sqrt{1 + \frac{2}{3} \frac{p'}{p\sigma} \frac{\cos\varphi'}{0,105 \sin\varphi'}} \right),$$

ou enfin

$$e = \sigma \frac{p}{p'} H \times 0,060228 \left(-1 + \sqrt{1 + \frac{p'}{p\sigma} \times 15,8085} \right).$$

Faisons d'abord dans cette formule l'hypothèse $\sigma = 5$; elle devient

$$e = \frac{p}{p'} H \times 0,30114 \left(-1 + \sqrt{1 + \frac{p'}{p} \times 3,1617} \right).$$

Si maintenant nous supposons $H = 10^m$, et si en même

temps nous faisons prendre à $\frac{p'}{p}$ différentes valeurs, nous aurons :

$$\text{Pour } \frac{p'}{p} = 1, \qquad \text{l'épaisseur } e = 3\overset{m}{,}12;$$

$$\text{» } \quad \frac{p'}{p} = \frac{2000}{1800}, \qquad \text{» } \qquad e = 3,05;$$

$$\text{» } \quad \frac{p'}{p} = \frac{3}{2}, \qquad \text{» } \qquad e = 2,80;$$

$$\text{» } \quad \frac{p'}{p} = \frac{2800}{1500}, \qquad \text{» } \qquad e = 2,63.$$

Ainsi, suivant que le rapport du poids de la maçonnerie à celui d'un volume égal de terre est plus ou moins considérable, l'épaisseur à donner à un revêtement de 10 mètres de hauteur, pour obtenir un même degré de stabilité, peut varier de près de $0^m,50$, ce qui fait environ 5 mètres cubes de maçonnerie par mètre courant.

Donnons maintenant à $\frac{p'}{p}$ une valeur déterminée; faisons, par exemple, $\frac{p'}{p} = \frac{2000}{1800}$, et exprimons l'épaisseur e en fonction de H et de σ seulement; la formule devient

$$e = \sigma H \times 0,0542052 \left(-1 + \sqrt{1 + \frac{1}{\sigma} \times 17,565} \right).$$

Dans l'hypothèse $H = 10^m$, nous aurons :

$$\text{Pour } \sigma = 1,00, \quad \text{l'épaisseur } e = 1\overset{m}{,}79;$$

$$\text{» } \quad \sigma = 1,50, \qquad \text{» } \qquad e = 2,09;$$

$$\text{» } \quad \sigma = 4,50, \qquad \text{» } \qquad e = 2,96;$$

$$\text{» } \quad \sigma = 5,00, \qquad \text{» } \qquad e = 3,05;$$

$$\text{» } \quad \sigma = 7,00, \qquad \text{» } \qquad e = 3,31;$$

$$\text{» } \quad \sigma = 8,50, \qquad \text{» } \qquad e = 3,46;$$

$$\text{» } \quad \sigma = 9,00, \qquad \text{» } \qquad e = 3,50.$$

On voit, d'après ces chiffres, que, pour passer du coefficient $\sigma = 5,00$ au coefficient $\sigma = 4,50$, il suffit, dans le cas que nous considérons, de diminuer de $0^m,09$ l'épaisseur du mur.

On voit aussi que, dans les limites dans lesquelles nous avons fait varier σ, l'accroissement moyen de l'épaisseur est environ les $0,20$ de l'accroissement du coefficient de stabilité; mais cette fraction varie environ depuis les $0,60$ jusqu'aux $0,08$, dans les limites que nous considérons.

Ces derniers résultats sont importants, attendu qu'ils font voir quel est le degré d'approximation dont on pourra se contenter quand on aura vérifié par une épure la stabilité d'un mur de revêtement donné, et que le coefficient obtenu ne sera pas rigoureusement celui qu'on voudrait avoir. Ils permettront aussi de corriger un peu l'épaisseur obtenue, sans s'astreindre à faire un nouveau calcul ou une nouvelle épure.

Il est à remarquer que la promptitude relative avec laquelle la stabilité varie quand l'épaisseur du mur vient à changer doit être considérée comme une circonstance favorable, au point de vue de la sensibilité du procédé de vérification, consistant à chercher le coefficient de stabilité d'un profil donné, puisque la moindre différence dans l'épaisseur du mur sera accusée par une différence très-appréciable des coefficients de stabilité.

Détermination du coefficient de stabilité des murs de revêtement de Vauban, quand on tient compte des contre-forts. — Comme application des calculs qui font l'objet de ce Chapitre, nous allons maintenant chercher le coefficient de stabilité des murs de revêtement de Vauban, en tenant compte des contre-forts.

Nous considérerons toujours le revêtement de 10 mètres de hauteur, ayant $3^m,624$ d'épaisseur à la base et $1^m,624$ au sommet, surmonté d'un petit mur de $0^m,974$ d'épaisseur et de $1^m,30$ de hauteur, et nous supposerons encore que les terres arasent le sommet du mur.

Les contre-forts sont espacés de 15 à 18 pieds (de $4^m,87$ à $5^m,85$) d'axe en axe.

Leur longueur de queue, donnée par la formule

$$l = 0,65 + 0,2\,\mathrm{H}, \quad \text{est}\quad 2^m,65.$$

Leur épaisseur à la racine, donnée par la formule

$$e_1 = 0,65 + 0,1\,\mathrm{H}, \quad \text{est}\quad 1^m,65,$$

et leur épaisseur à la queue $e_2 = \frac{2}{3}\,e_1 = 1^m,10$.

L'épaisseur moyenne des contre-forts sera donc $1^m,38$, et l'intervalle qui les sépare variera de $3^m,49$ à $4^m,47$.

L'épaisseur du mur au point où il existe des contre-forts sera, avec le contre-fort,

$$3^m,624 + 2^m,65 = 6^m,274,$$

et nous la désignerons par e'.

Cela posé, dans l'équation des moments, nous aurons à considérer séparément le moment de la poussée dans la partie où il n'y a pas de contre-forts et celui de la poussée qui s'exerce contre les contre-forts; puis les moments du mur entre les contre-forts et de la terre qu'il supporte, ainsi que ceux de la partie du mur épaissie par les contre-forts et de sa charge de terre.

Il faudra donc faire le calcul, non pour un mur d'une longueur égale à l'unité, mais pour une longueur de mur correspondant à la distance qui sépare les axes de deux contre-forts consécutifs.

Nous admettrons encore que l'on a $\varphi = \varphi' = 35°$ et par suite $\Pi = p\mathrm{H}'^2 \times 0,105$.

La poussée exercée contre les contre-forts sera exprimée par la même formule.

Quant aux contre-forts eux-mêmes, nous les supposerons remplacés par d'autres, dont l'épaisseur à la queue et à la racine soit égale à leur épaisseur moyenne de $1^m,38$ ci-dessus.

Considérons d'abord des contre-forts espacés de 15 pieds, c'est-à-dire séparés par des intervalles de $3^m,49$; l'équation des moments sera la suivante :

$$\sigma\Pi\left[\left(\tfrac{1}{3}H'\cos\varphi' - e\sin\varphi'\right)\times 3,49\right.$$
$$\left.+\left(\tfrac{1}{3}H'\cos\varphi' - e'\sin\varphi'\right)\times 1,38\right]$$
$$=\left(\tfrac{1}{2}p'e^2H - \frac{p'}{6}n^2H^3 + p'\,\mathrm{surf}\,Cmn\,E\times gI\right.$$
$$\left.+ p\,\mathrm{surf}\,Hmn\,H'\times g'I\right)\times 3,49$$
$$+\left(\tfrac{1}{2}p'e'^2H - \frac{p'}{6}n^2H^3 + p'\,\mathrm{surf}\,Cmn\,E\times gI\right.$$
$$\left.+ p\,\mathrm{surf}\,hmn\,h'\times g''I\right)\times 1,38.$$

Cette relation devient, tous calculs faits,

$$\sigma = 5,74\frac{p'}{p} + 0,80.$$

Elle donne :

Pour $\dfrac{p'}{p} = 1$,   le coefficient $\sigma = 6,54$;

» $\dfrac{p'}{p} = \dfrac{2000}{1800}$,   » $\sigma = 7,18$; -

» $\dfrac{p'}{p} = \dfrac{2800}{1500}$,   » $\sigma = 11,50$.

Si les contre-forts étaient espacés de 18 pieds, c'est-à-dire séparés par des intervalles de $4^m,47$, l'équation des moments conduirait à la relation

$$\sigma = 5,49\frac{p'}{p} + 0,668,$$

qui donne :

$$\text{Pour } \frac{p'}{p} = 1, \qquad \text{le coefficient } \sigma = 6,16;$$

$$\text{»} \quad \frac{p'}{p} = \frac{2000}{1800}, \qquad \text{»} \qquad \sigma = 6,77;$$

$$\text{»} \quad \frac{p'}{p} = \frac{2800}{1500}. \qquad \text{»} \qquad \sigma = 10,91.$$

On pourra donc adopter, en choisissant les plus petites des valeurs ainsi obtenues, pour le coefficient de stabilité des murs de Vauban avec contre-forts, le nombre 6,50 ou même le nombre 6,00, d'après les mêmes considérations qui nous ont conduit à admettre, pour les murs sans contre-forts, le coefficient 5,00 ou même le coefficient 4,50.

REMBLAIS DOUÉS DE COHÉSION.

Cas où la paroi intérieure verticale du mur, ou son prolongement, rencontre le plan supérieur du remblai supposé horizontal. — Dans le cas d'un remblai doué de cohésion, on peut résoudre, comme dans le cas des remblais sans cohésion, le problème de l'épaisseur à donner à un mur de revêtement, lorsque la paroi intérieure du mur est verticale et que cette paroi, ou son prolongement, rencontre le plan supérieur du remblai supposé horizontal. L'équation (R) reste la même; il n'y a que la poussée Π qui change.

L'expression générale de la poussée primitive, quand on tient compte de la cohésion, est (N)

$$P = Q \frac{(\cos\varphi + V)}{\cos\varphi} - Qk,$$

et l'on a vu (C) que

$$k = \frac{\sin(\psi - \varphi)}{\cos\varphi}.$$

La poussée effective a pour expression (B) :

$$\Pi = P \frac{\sin(V + \varepsilon)}{\cos \varphi'}.$$

De plus, quand le profil du prisme de rupture est triangulaire, on a (E)

$$Q = \tfrac{1}{2} p \, \frac{H_1^2}{\cos^2 \varepsilon} \, \frac{\sin(\theta + \varepsilon)\sin(\varepsilon + V)}{\sin(\theta - V)}.$$

D'ailleurs, dans le cas actuel, $\varepsilon = 0$ et $\theta = 90^\circ$ et $H_1 = H'$; donc

$$(P_1) \qquad \Pi = \tfrac{1}{2} p H'^2 \frac{\sin V}{\cos V} \left[\frac{\cos(\varphi + V)}{\cos \varphi} - \frac{\sin(\psi - \varphi)}{\cos \varphi} \right] \frac{\sin V}{\cos \varphi'},$$

$$(P_2) \qquad \Pi = \tfrac{1}{2} p \, \frac{H'^2}{\cos \varphi'} \sin^2 V \left(1 - \tang \varphi \, \tang V - \frac{k}{\cos V} \right),$$

ou, si l'on désigne $\tang V$ par x, ce qui donne

$$\sin V = \frac{x}{\sqrt{1 + x^2}}, \quad \cos V = \frac{1}{\sqrt{1 + x^2}},$$

$$(P_3) \qquad \Pi = \tfrac{1}{2} p \, \frac{H'^2}{\cos \varphi'} \, \frac{x^2}{1 + x^2} \left(1 - fx - k \sqrt{1 + x^2} \right).$$

Si l'on cherche la condition pour que le moment de Π soit maximum, ou, ce qui revient au même, pour que cette force elle-même soit un maximum, on trouve la condition suivante :

$$(Q_2) \quad (2 - 3fx - fx^3)^2 - k^2 (2 - \tfrac{1}{2} x + 2x^2)^2 (1 + x^2) = 0.$$

Calcul de la poussée la plus dangereuse, dans une hypothèse donnée. — Comme application du calcul dont on vient d'indiquer la marche, supposons $\varphi = 35^\circ$ et $\psi = 45^\circ$.

Nous avons déjà dit que l'on doit presque toujours admettre dans la pratique, pour l'angle du frottement des terres sur elles-mêmes, $\varphi = 35^\circ$, ainsi que M. le lieutenant-colonel Leblanc l'a fait observer dans un article inséré au *Mémorial de l'Officier du Génie*, n° 14, p. 152.

D'un autre côté, il est d'usage de donner aux talus extérieurs de la fortification, aux talus intérieurs, en temps de paix, et, dans certains cas, même aux talus de rempart, l'inclinaison de 45 degrés, et les terres se soutiennent assez bien avec cette pente; mais il ne faut pas oublier que les remblais sont damés, les talus façonnés avec soin et gazonnés. Nous admettrons donc que, dans ces conditions, c'est grâce à la cohésion qu'ils se soutiennent à une inclinaison plus roide que le talus naturel, et nous considérerons l'angle de 45 degrés comme une limite qu'il est prudent de ne pas dépasser. On n'atteint d'ailleurs même pas cette limite dans les batteries de côte, dont on tient habituellement les talus à la pente de $\frac{4}{3}$.

L'hypothèse dans laquelle nous nous plaçons peut donc être considérée comme ne s'écartant pas beaucoup de la réalité. Or elle donne, pour le coefficient de la cohésion,

$$k = \frac{\sin(\psi - \varphi)}{\cos\varphi} = \frac{\sin 10°}{\cos 35°} = 0,2119862.$$

L'équation qui fait connaître l'angle de rupture devient donc

$$(2 - 2,1\,x - 0,7\,x^3)^2 - \overline{0,212}^2 \, (2 - \tfrac{1}{2}x + 2\,x^2)^2(1 + x^2) = 0.$$

En la résolvant, on trouve $x = \tang V = 0,60$, et, par suite, $V = 31° 0'$.

Pour substituer la valeur de V dans l'expression générale

$$(P_1) \quad \Pi = \tfrac{1}{2}\,p\,\frac{H'^2}{\cos\varphi\,\cos\varphi'}\,\frac{\sin^2 V\,[\cos(\varphi + V) - \sin(\psi - \varphi)]}{\cos V},$$

on peut rendre cette expression calculable par logarithmes, en la mettant sous la forme

$$(\mathrm{P}_5) \quad \left\{ \begin{aligned} &\Pi = p\,\mathrm{H}'^2 \cos\left(45° - \varphi - \frac{\psi - \mathrm{V}}{2}\right) \\ &\quad \times \sin\left(45° - \frac{\psi + \mathrm{V}}{2}\right) \frac{\tang \mathrm{V} \sin \mathrm{V}}{\cos \varphi \cos \varphi'}\,; \end{aligned} \right.$$

mais si l'on veut opérer avec la règle à calculs, il
est plus simple de recourir à l'équation (P_3). Si, aux
hypothèses déjà faites, on ajoute l'hypothèse $\varphi' = 35°$,
on trouve

$$\Pi = p\,\mathrm{H}'^2 \times 0{,}0538.$$

Si l'on supposait $\varphi' = 0$, on aurait

$$\Pi = p\,\mathrm{H}'^2 \times 0{,}044.$$

*Détermination du coefficient de stabilité des murs de revé-
tement de Vauban, quand on tient compte de la cohésion.* —
Comme application du calcul qui précède, nous allons
chercher le coefficient de stabilité du mur de Vauban sans
contre-forts, en tenant compte de la cohésion.

Si nous nous reportons au calcul qui a été fait ci-
dessus, dans l'hypothèse d'un remblai dépourvu de cohésion, il est facile de voir que le calcul à faire se réduit
à remplacer dans l'équation des moments la valeur de
Π par l'une des deux valeurs qui viennent d'être obtenues.

Dans l'hypothèse $\varphi' = 35°$, il faut remplacer, au premier membre de l'équation des moments, le coefficient
$0{,}105$ par $0{,}0538$, ce qui conduit à la formule

$$\sigma = 8{,}47\,\frac{p'}{p} + 0{,}38,$$

qui donne :

$$\text{Pour } \frac{p'}{p} = 1, \qquad \text{le coefficient } \sigma = 8,85 ;$$

$$\text{» } \quad \frac{p'}{p} = \frac{2000}{1800}, \qquad \text{» } \qquad \sigma = 9,79 ;$$

$$\text{» } \quad \frac{p'}{p} = \frac{3}{2}, \qquad \text{» } \qquad \sigma = 13,09 ;$$

$$\text{» } \quad \frac{p'}{p} = \frac{2800}{1500}, \qquad \text{» } \qquad \sigma = 16,18 .$$

Dans l'hypothèse $\varphi' = 0$, le premier membre de l'équation des moments se réduit à $\dfrac{\sigma \Pi H'}{3}$, et si l'on substitue à Π sa valeur $p\,H'^2 \times 0{,}044$ obtenue ci-dessus, on arrive à la formule

$$\sigma = 2{,}939\,\frac{p'}{p} + 0{,}131,$$

qui donne :

$$\text{Pour } \frac{p'}{p} = 1, \qquad \text{le coefficient } \sigma = 3,07 ;$$

$$\text{» } \quad \frac{p'}{p} = \frac{2000}{1800}, \qquad \text{» } \qquad \sigma = 3,40 ;$$

$$\text{» } \quad \frac{p'}{p} = \frac{3}{2}, \qquad \text{» } \qquad \sigma = 4,54 ;$$

$$\text{» } \quad \frac{p'}{p} = \frac{2800}{1500}, \qquad \text{» } \qquad \sigma = 5,62 .$$

Coefficient de stabilité à adopter, quand on voudra appliquer la théorie de la cohésion. — Il résulte des chiffres ci-dessus que, si la cohésion exerce réellement toute son action, dans l'hypothèse $\varphi = 35°$, $\varphi' = 35°$, $\psi = 45°$ que nous avons faite, et qui n'a assurément rien d'exagéré, on obtiendrait en réalité, avec les murs de Vauban, une stabilité beaucoup plus considérable que ne l'indiquaient les calculs que nous avons effectués sans appliquer la théorie de la cohésion.

Dans la même hypothèse, quand on voudra appliquer cette théorie, il faudrait, d'après les résultats ci-dessus, admettre, pour le coefficient de stabilité des murs de Vauban, $\sigma = 9$, ou peut-être même $\sigma = 14$, eu égard à la difficulté d'observer exactement l'angle ψ et à la manière irrégulière dont la cohésion exerce souvent son action.

Quand les faits qui se rapportent au mode d'action de la cohésion auront été étudiés expérimentalement dans leur relation avec la théorie, si l'on reconnaît que cette force peut être considérée comme répartie d'une manière uniforme dans les remblais, et qu'elle n'est pas sujette à des variations trop irrégulières sous l'influence des intempéries atmosphériques, on pourra s'en tenir à la plus petite des valeurs de σ données par les tableaux ci-dessus ($\sigma = 9$), ou même à un chiffre moindre déterminé d'une manière analogue.

Le premier effet ainsi obtenu sera de ne conserver les épaisseurs des murs de Vauban que dans les cas défavorables, et de réduire ces épaisseurs dans les autres cas d'après une loi rationnelle. Ensuite, on pourra se demander si l'application d'une théorie entièrement rigoureuse de la poussée des terres ne permettra pas aussi de réduire le coefficient $\sigma = 9$ à $\sigma = 8$ ou à un chiffre plus faible, tel que $\sigma = 5$, au moins dans les cas où l'on sera parfaitement certain de la résistance du sol sur lequel devront être établies les fondations, résistance sur laquelle il est en général bien difficile d'avoir des données positives et à l'insuffisance de laquelle il sera toujours nécessaire de faire une large part, ainsi qu'à l'écrasement possible des maçonneries, tant qu'on n'en tiendra pas compte d'une manière rigoureuse dans le calcul, et aux circonstances diverses qu'il sera toujours impossible de prévoir.

Mais jusqu'à ce que notre théorie de la cohésion ait été suffisamment contrôlée par l'expérience et complétée par la détermination des coefficients à appliquer suivant les circonstances, ce qu'il y aura de mieux à faire dans la pratique, ce sera de ne pas s'occuper de cette force, et, en la négligeant, d'adopter, dans les cas ordinaires, le coefficient 4,50 ou le coefficient 5,00, qui peut être considéré comme tenant implicitement compte de la cohésion et des autres conditions que l'on n'a pas pu faire entrer dans le calcul par lequel on a obtenu ces coefficients, conditions entre lesquelles, dans la pratique, il s'établit une compensation.

REMBLAIS DÉPOURVUS DE COHÉSION.

Cas où le prolongement de la paroi intérieure verticale du mur rencontre le talus qui surmonte ce mur, le remblai étant limité à un plan supérieur horizontal: — Revenons maintenant au cas des remblais dépourvus de cohésion; supposons toujours que la paroi intérieure du mur soit verticale, mais admettons que son prolongement aille rencontrer le talus qui surmonte le mur, le remblai étant limité à un plan supérieur horizontal (*fig.* 33).

Nous admettrons aussi que le talus qui surmonte le mur soit à terres coulantes.

Pour mettre le problème en équation, nous avons à égaler le produit du moment de la poussée par le coefficient de stabilité σ au moment du poids du mur, et à exprimer que le moment de la poussée est un maximum, en différentiant ce moment par rapport à l'angle V ou à sa tangente considérée comme variable, et en égalant la différentielle à zéro.

Formons d'abord *l'équation des moments.* A cet effet,

nous considérerons le prisme de rupture BH_1H_2R comme décomposé en deux autres BH_2R et BH_1H_2, et le moment

Fig. 33.

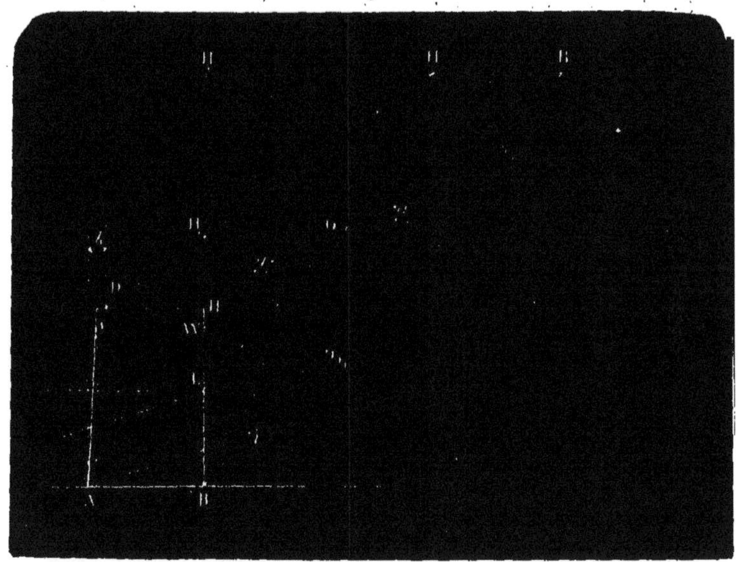

de ce prisme comme étant la somme des moments des deux prismes partiels.

Nous savons d'ailleurs que la poussée effective Π, que nous devons faire entrer dans le calcul, est égale au poids du prisme de rupture multiplié par le rapport $\dfrac{\cos(\varphi + V)\sin(V + \varepsilon)}{\cos\varphi\cos\varphi'}$, qui se réduit dans le cas actuel à $\dfrac{\cos(\varphi + V)\sin V}{\cos\varphi\cos\varphi'}$, attendu que l'on a $\varepsilon = 0$.

Comme nous devons multiplier chacun des poids partiels par cette quantité pour obtenir la poussée, nous commencerons par former le moment du poids du prisme de rupture, et nous le multiplierons par le facteur $\dfrac{\cos(\varphi + V)\sin V}{\cos\varphi\cos\varphi'}$ pour obtenir le moment de la poussée, ce qui reviendra au même, pourvu que nous supposions, en prenant les moments des poids partiels, que ces forces ont la direction de la poussée effective qui fait avec l'horizon l'angle φ'.

En suivant cette marche, on trouve :

Poids du prisme BH_2R :

$$\frac{p}{2}\frac{H_2^2 \sin(V - \omega_2)}{\cos\omega_2 \cos V};$$

Bras de levier par rapport au plan de rupture BR :

$$\tfrac{1}{3}H_2 \frac{\sin(V - \omega_2)}{\cos\omega_2};$$

Bras de levier vertical par rapport au point B :

$$\tfrac{1}{3}H_2 \frac{\sin(V - \omega_2)}{\cos\omega_2 \sin V};$$

Bras de levier, perpendiculaire à la direction de la poussée effective, pris par rapport au point B :

$$\tfrac{1}{3}H_2 \frac{\sin(V - \omega_2)}{\cos\omega_2 \sin V}\cos\varphi';$$

Bras de levier par rapport au point A :

$$\tfrac{1}{3}H_2 \frac{\sin(V - \omega_2)}{\cos\omega_2 \sin V}\cos\varphi' - e\sin\varphi'.$$

En multipliant le poids du prisme BH_2R par ce dernier bras de levier, on trouve :

MOMENT *du poids du prisme partiel* BH_2R par rapport au point A, le poids étant supposé agir dans la direction de la poussée effective :

$$\frac{p}{2}\frac{H_2^2 \sin(V - \omega_2)}{\cos\omega_2 \cos V}\left[\tfrac{1}{3}H_2 \frac{\sin(V - \omega_2)}{\cos\omega_2 \sin V}\cos\varphi' - e\sin\varphi'\right].$$

On trouve de même :

Poids du prisme BH_1H_2 :

$$\tfrac{1}{2}\, p\, H_1\, H_2\, \tang\omega_2;$$

Bras de levier par rapport au plan de rupture : -

$$\tfrac{1}{3}\,(H_2\,\eta_2 + H_1\,\eta_1) = \frac{1}{3}\left(\frac{H_2\sin(V-\omega_2)}{\cos\omega_2} + H_1\sin V\right);$$

Bras de levier vertical par rapport au point B :

$$\frac{1}{3}\left[\frac{H_2\sin(V-\omega_2)}{\cos\omega_2\sin V} + H_1\right];$$

Bras de levier perpendiculaire à la direction de la poussée effective, pris par rapport au point B :

$$\frac{1}{3}\left[H_2\frac{\sin(V-\omega_2)}{\cos\omega_2\sin V} + H_1\right]\cos\varphi';$$

Bras de levier par rapport au point A :

$$\tfrac{1}{3}H_2\frac{\sin(V-\omega_2)\cos\varphi'}{\cos\omega_2\sin V} + \tfrac{1}{3}H_1\cos\varphi' - e\sin\varphi'.$$

En multipliant le poids du prisme BH_1H_2 par ce dernier bras de levier, on trouve :

Moment *du poids du prisme partiel* BH_1H_2 par rapport au point A, le poids étant supposé agir dans la direction de la poussée effective :

$$\tfrac{1}{2}\,p\,H_1\,H_2\,\tang\omega_2$$
$$\times\left[\tfrac{1}{3}H_2\frac{\sin(V-\omega_2)\cos\varphi'}{\cos\omega_2\sin V} + \tfrac{1}{3}H_1\cos\varphi' - e\sin\varphi'\right].$$

Quant au moment du poids du mur et de sa surcharge, il se composera des trois termes suivants :

Moment du prisme rectangulaire de maçonnerie, ayant AB *pour base et* BH *pour hauteur* :

$$\frac{p'}{2}\,H\,e^2.$$

A déduire : *le moment du prisme triangulaire de maçonnerie* ayant pour hauteur la hauteur du mur et pour base la différence entre l'épaisseur du mur à la base et l'épaisseur au sommet :

$$\frac{p'}{6}\, n^2 H^3.$$

Moment du prisme triangulaire de terre DHH$_1$:

$$\frac{p}{2}\,(e-b)^2 f\,[\,b+\tfrac{2}{3}\,(e-b)\,].$$

LE MOMENT DU POIDS DU MUR ET DE SA SURCHARGE DE TERRE sera donc

$$\frac{p'}{2}\,H e^2 - \frac{p'}{6}\, n^2 H^3 + \frac{p}{2}\,(e-b)^2 f\,[\,b+\tfrac{2}{3}\,(e-b)\,].$$

Si nous supposions la berme nulle, il faudrait faire dans cette expression $b = nH$, ce qui donne

$$\frac{p'}{2}\,H e^2 - \frac{p'}{6}\, n^2 H^3 + \frac{p}{6}\,(e-nH)^2 (2e+nH)f.$$

L'équation des moments sera, dans l'hypothèse générale,

$$\sigma p\,\frac{\cos(\varphi+V)\sin V}{\cos\varphi}$$

$$\times\left\{\frac{1}{2}\,\frac{H_2^2 \sin(V-\omega_2)}{\cos\omega_2 \cos V}\left[\tfrac{1}{3}H_2\,\frac{\sin(V-\omega_2)}{\cos\omega_2 \sin V} - e\tan\varphi'\right]\right.$$

$$\left.+ \frac{H_1 H_2}{2}\tan\omega_2\left[\frac{H_2}{3}\,\frac{\sin(V-\omega_2)}{\cos\omega_2 \sin V} + \frac{H_1}{3} - e\tan\varphi'\right]\right\}$$

$$= \frac{p'}{2}\,H e^2 - \frac{p'}{6}\, n^2 H^3 + \frac{p}{6}\,(e-b)^2 (2e+b)f.$$

Comme l'angle ω_2 doit nécessairement varier lorsque l'épaisseur du mur vient à changer, il est indispensable d'introduire dans l'équation la relation qui lie cet angle aux autres quantités par lesquelles est déterminée la forme du profil. Cette relation est

$$\tan\omega_2 = \frac{H_2 - H_1}{f H_2};$$

d'où l'on tire

$$\sin\omega_2 = \frac{H_2 - H_1}{\sqrt{(H_2 - H_1)^2 + f^2 H_2^2}} \quad \text{et} \quad \cos\omega_2 = \frac{f H_2}{\sqrt{(H_2 - H_1)^2 + f^2 H_2^2}}.$$

Nous substituerons en outre, dans l'équation, aux sinus et aux cosinus des angles φ et V, leurs expressions en fonction des tangentes de ces angles. On a ainsi

$$\sin\varphi = \frac{f}{\sqrt{1+f^2}}, \quad \cos\varphi = \frac{1}{\sqrt{1+f^2}},$$

$$\sin V = \frac{x}{\sqrt{1+x^2}}, \quad \cos V = \frac{1}{\sqrt{1+x^2}},$$

$$\cos(\varphi + V) = \frac{1 - fx}{\sqrt{1+f^2}\sqrt{1+x^2}},$$

$$\sin(V - \omega_2) = \frac{H_1 - H_2(1 - fx)}{\sqrt{(H_2 - H_1)^2 + f^2 H_2^2}\sqrt{1+x^2}},$$

ce qui conduit, toutes réductions faites, à l'équation suivante, où nous remplaçons en outre H_2 par H' :

$$(r) \quad
\begin{aligned}
&\sigma p \frac{(1 - fx)}{1 + x^2} \\
&\times \left\{ \frac{H'[H_1 - H'(1 - fx)]}{2f}\left[\frac{H_1 - H'(1 - fx)}{3f} - ef'x\right] \right. \\
&\left. + \frac{H_1(H' - H_1)}{2f}\left[\frac{H_1 - H'(1 - fx)}{3f} + \frac{H_1 x}{3} - ef'x\right] \right\} \\
&= \frac{p'}{2}He^2 - \frac{p'}{6}n^2H^3 + \frac{p}{6}(e - b)^2(2e + b)f.
\end{aligned}$$

On a d'ailleurs la relation

$$(s) \qquad H + (e - b)f = H_1,$$

au moyen de laquelle on pourra ne conserver dans l'équation que les inconnues H, e et x, après avoir éliminé H_1. Mais il n'est pas nécessaire de faire immédiatement cette substitution, et, dans certains cas, il pourra y avoir avantage à conserver comme inconnue H_1 plutôt que H.

C'est ce qui a lieu quand il s'agit de différentier par rapport à V, ou plutôt par rapport à $\tang V = x$, le moment de la poussée, qui n'est autre que le premier membre de l'équation ci-dessus, dont on aurait fait disparaître le facteur σ.

Nous allons effectuer cette différentiation et égaler le résultat obtenu à zéro, pour exprimer que le moment de la poussée est un maximum, et, comme le premier membre de l'équation des moments ne renferme que les variables x, e et H_1, et ne contient pas H, il est clair que nous arriverons à une équation qui ne contiendra pas non plus H.

On trouve ainsi

$$
(q)\quad
\begin{aligned}
&\frac{-f-2x+fx^2}{(1+x^2)^2}\left\{\frac{H'}{6f^2}\,[H_1-H'(1-fx)]^2\right.\\[4pt]
&\qquad\qquad -\frac{f'H'}{2f}\,[H_1-H'(1-fx)]\,ex\\[4pt]
&\qquad\qquad +\frac{H_1(H'-H_1)}{6f^2}\,[H_1-H'(1-fx)]\\[4pt]
&\qquad\qquad \left.+\frac{H_1^2(H'-H_1)}{6f}\,x-\frac{H_1(H'-H_1)}{2f}f'ex\right\}\\[6pt]
&+\frac{1-fx}{1+x^2}\left\{\frac{H'^2}{3f}\,[H_1-H'(1-fx)]\right.\\[4pt]
&\qquad\qquad -\frac{f'H'}{2f}\,[H_1-H'+2fH'x]\,e\\[4pt]
&\qquad\qquad +\frac{H_1(H'-H_1)H'}{6f}+\frac{H_1^2(H'-H_1)}{6f}\\[4pt]
&\qquad\qquad \left.-H_1\frac{(H'-H_1)f'e}{2f}\right\}=0.
\end{aligned}
$$

Il est à remarquer que, si l'on substituait à H_1 sa valeur en fonction de H et de e, on arriverait à une expression où e entrerait au troisième degré, tandis que, sous cette forme, l'équation ne renferme e qu'au premier degré.

On pourrait donc facilement obtenir la valeur de e en fonction de H_1 et de x, et éliminer l'inconnue e par substitution, de manière à obtenir une équation entre H_1 et x, au moyen de laquelle, si H_1 était donné, on calculerait x, et par suite e. Le calcul n'offrirait aucune difficulté, mais il serait assez long.

Si, au contraire, on voulait conserver comme inconnues e et x, et comme donnée du problème H, au lieu de H_1, on se trouverait, après l'élimination de H_1, en présence de deux équations dans lesquelles les quantités H, e et x entreraient à un degré élevé, en sorte que le calcul serait alors beaucoup plus compliqué.

Simplification des équations (q) *et* (r) *dans l'hypothèse* $H_1 = H'$. — A titre de vérification des calculs ci-dessus, introduisons dans les deux équations (q) et (r) l'hypothèse $H_1 = H'$.

L'équation (q) se réduit alors à

$$\frac{-fx^3 - 3fx + 2}{x(1+x^2)^2}\left(\frac{H'}{3} - f'e\right)\frac{H'}{2}x^2 = 0.$$

Cette condition peut être remplie de diverses manières :

La solution $x = 0$ ou $V = 0$ est à écarter, comme ne répondant pas directement à la question;

La solution $\dfrac{H'}{3} - f'e = 0$, d'où $e = \dfrac{H'}{3f'}$, est une solution particulière qui correspond, comme nous l'avons vu, à l'hypothèse $\sigma = \infty$, et qui est à rejeter quand on veut se contenter d'une stabilité limitée.

L'équation se réduit donc à

$$x^3 + 3x - \frac{2}{f} = 0,$$

qui n'est autre que l'équation (Q) obtenue précédemment.

Enfin il existe une autre solution à laquelle on arrive en posant

$$\frac{(-fx^3 - 3fx + 2)x^2}{x(1 + x^2)^2} = 0,$$

ou

$$\frac{-f - 3\dfrac{f}{x^2} + \dfrac{2}{x^3}}{1 + \dfrac{2}{x^2} + \dfrac{1}{x^4}} = 0.$$

Cette dernière équation est vérifiée quand on y suppose en même temps $f = 0$ et $x = \infty$; c'est un cas dont nous nous occuperons ci-après.

Si maintenant nous introduisons l'hypothèse $H_1 = H'$ dans l'équation (r), elle devient

$$\frac{\sigma p(1 - fx)}{1 + x^2} \frac{H'^2 x^2}{2} \left(\frac{H'}{3} - ef' \right)$$
$$= \frac{p'}{2} H e^2 - \frac{p'}{6} n^2 H^3 + \frac{p}{6} (e - b)^2 (2e + b) f.$$

Or nous avons trouvé, dans le cas particulier dont il s'agit, l'expression (B_4) ci-dessous :

$$\Pi = \frac{p}{2} \frac{H'^2}{\cos \varphi'} \frac{x^2}{1 + x^2} (1 - fx).$$

Le premier membre peut donc s'écrire

$$\sigma \Pi \left(\frac{H'}{3} \cos \varphi' - e \sin \varphi' \right),$$

et, sous cette forme, il est identique au premier membre de l'équation (R).

Quant au second membre, il n'est autre que le second membre de cette même équation (R), dans l'hypothèse $\zeta = 90° - \varphi$ ou $\tang\zeta = \dfrac{1}{f}$, c'est-à-dire dans le cas d'un talus extérieur à terres coulantes, ce qui donne aussi

$$h = \frac{e - b}{\tang\zeta} = (e - b)f.$$

Ainsi, dans l'hypothèse $H_1 = H'$, le système des équations (q) et (r) se réduit au système des équations (Q) et (R) dans lesquelles on aurait introduit l'hypothèse $\tang\zeta = \dfrac{1}{f}$.

Application au cas d'un liquide. — Dans le cas d'un liquide, on doit supposer $f = f' = o$.

L'équation (q) se réduit alors à

$$\frac{-2x}{6(1 + x^2)^2}(H' - H_1)^3 = o; \quad \text{d'où} \quad H_1 = H'.$$

Or nous avons vu ci-dessus que, dans l'hypothèse $H_1 = H'$, l'équation (q) est vérifiée quand on y fait simultanément $f = o$ et $x = \infty$.

Si maintenant, dans l'équation (r) on introduit d'abord les hypothèses $H = H_1 = H'$, puis $f = f' = o$, elle se réduit à

$$\frac{\sigma p H^3}{6} \frac{x^2}{1 + x^2} = \frac{p'}{2} H e^2 - \frac{p'}{6} n^2 H^3.$$

Or, quand $x = \infty$, le rapport $\dfrac{x^2}{1 + x^2}$ devient égal à l'unité ; l'équation se réduit donc à

$$\frac{\sigma p}{6} H^3 = \frac{p'}{2} H e^2 - \frac{p'}{6} n^2 H^3,$$

d'où

$$e = \mathrm{H}\sqrt{\frac{\sigma p + n^2 p'}{3p'}},$$

et, dans le cas où $n = 0$, on aurait

$$e = \mathrm{H}\sqrt{\frac{\sigma p}{3p'}}.$$

Ces derniers résultats sont ceux auxquels on arrive directement en partant des lois connues suivant lesquelles s'exercent les pressions d'un liquide sur les parois du vase qui le contient.

Les principes d'hydrostatique relatifs aux pressions exercées par les liquides ne sont donc qu'un cas particulier des principes sur lesquels est fondée la théorie de la poussée des terres, telle qu'elle a été exposée dans les Chapitres qui précèdent.

Cas où $f' = 0$ et où H_1 est donné. — Dans le cas où f' est nul sans que f le soit, et où, de plus, H_1 est donné, soit en valeur absolue, soit par son rapport à H', l'équation (q) se simplifie et se réduit à une équation du quatrième degré en x, qui ne contient plus l'inconnue e. On peut donc la résoudre numériquement. L'épaisseur e est alors donnée par une équation du troisième degré obtenue en éliminant H entre (s) et (r).

Si H_1 et H étaient donnés, en substituant à x, e, ... leurs valeurs dans l'équation (r), qui est du premier degré par rapport à σ, on trouverait facilement le coefficient de stabilité. Ce calcul n'est pas une solution directe de la question telle qu'elle se présente ordinairement, car, en réalité, on suppose toutes les dimensions du mur connues à l'avance. Le problème qu'il résout est semblable à celui qu'on se propose dans la construction des épures, traitée avec détail dans le Chapitre IV. Il n'y a, à proprement parler, d'inconnues que x et σ.

Si H_1 n'était pas connu et que H fût donné, il faudrait, dans l'équation (q) débarrassée de la présence de e par l'hypothèse $f' = 0$, substituer la valeur de H_1 exprimée en fonction de H et de e au moyen de la relation (s). L'inconnue e reparaîtrait alors au degré auquel H_1 se trouve dans l'équation (q), c'est-à-dire au troisième degré; la solution du problème serait donc encore très-compliquée.

APPLICATION DES ÉQUATIONS (q), (r) ET (s) AU CALCUL DE TABLES DONNANT LA SOLUTION COMPLÈTE DE LA QUESTION.

Ensemble des calculs à faire. — Nous venons de voir que la résolution complète du système des équations (q), (r) et (s) conduirait presque toujours à des calculs réellement impossibles.

Une simple remarque suffit pour faire voir qu'on peut tourner la difficulté en abordant le système en sens inverse, et en se proposant de calculer des Tables qui permettraient de trouver immédiatement dans chaque cas particulier toutes les inconnues de la question.

En effet, un rapide coup d'œil jeté sur les trois équations (q), (r) et (s) permet de reconnaître que, lorsqu'on se donne p, p', $f = \mathrm{tang}\,\varphi$, $f' = \mathrm{tang}\,\varphi'$, H', H_1, b, n et x, et que l'on considère e, H et σ comme inconnues, toute difficulté disparaît, attendu que l'équation (q), qui ne contient ni H ni σ et qui est du premier degré par rapport à e, fera connaître immédiatement la valeur de cette inconnue; l'équation (s), qui ne contient pas σ et qui est du premier degré par rapport à H, donnera ensuite, presque sans calcul, la valeur de cette deuxième inconnue; enfin l'équation (r), qui est du premier degré par rapport à σ, fera connaître cette troisième inconnue lorsque les deux autres e et H auront été obtenues.

Le calcul se réduira donc aux substitutions à faire dans les trois équations (q), (r) et (s), qui peuvent être considérées comme toutes résolues par rapport à c, H et σ.

Il n'offre d'ailleurs absolument aucune difficulté, mais il sera nécessairement long.

Comme la formation de Tables donnant dans les cas ordinaires de la pratique la solution directe du problème n'exigerait qu'une fois pour toutes l'exécution des calculs que l'on vient d'indiquer, il serait utile d'entreprendre ce travail; mais il serait bon d'y employer plusieurs calculateurs, afin de le faciliter et d'éviter toutes les chances d'erreur.

Limites dans lesquelles le travail pourra être circonscrit.— La première chose à faire, pour procéder d'une manière méthodique, sera de déterminer les limites dans lesquelles le travail devra être circonscrit.

Il importe, en effet, que les calculs à faire se réduisent à ceux qui seront nécessaires pour que les Tables comprennent tous les cas de la pratique et pour que les résultats qu'elles donneront soient suffisamment rapprochés les uns des autres, de telle sorte que les erreurs d'interpolation soient négligeables.

On ferait, par exemple, varier les angles φ et φ' de zéro à 60 degrés; mais on pourrait à la rigueur s'en tenir pour φ à des valeurs comprises entre 25 et 45 degrés, et pour φ' à des valeurs comprises entre zéro et 45 degrés. Il suffirait d'ailleurs de faire varier ces deux angles par différence de 1, ou même de 5 ou 10 degrés.

Quant au rapport $\dfrac{p'}{p}$, il conviendrait de lui faire prendre successivement les différentes valeurs comprises entre 0, 80 et 2, en faisant varier ce rapport par différence de 0,1 ou, à la rigueur, seulement de 0, 2.

On pourra se contenter, en ce qui concerne n et b, de

faire successivement $n = 0$; $n = \frac{1}{20}$ et $n = \frac{1}{10}$, et de supposer $b = 0$, puis de le déterminer de telle sorte que la berme soit nulle ou qu'elle soit de $0^m,50$, ce qui suppose $b = \frac{1}{n} H$ ou $b = \frac{1}{n} H + 0^m,50$.

Il ne resterait plus alors à arrêter que les variations à faire subir à $x = \mathrm{tang}\, V$ et à $\frac{H_1}{H'}$. On ferait en sorte d'obtenir comme résultat final des valeurs de σ comprises entre 1 et 6, ou même seulement entre 4 et 5, et différant les unes des autres de $0,10$ ou $0,20$, en même temps que, pour le rapport $\frac{H}{H'}$, des valeurs variant, par exemple, par différences de $0,01$, dans les limites des hypothèses $\frac{H_1}{H'} = 0$ et $\frac{H_1}{H'} = 1$, ou, à la rigueur seulement, par différences de $0,10$ dans ces mêmes limites.

Les variations du rapport $\frac{e}{H'}$, qui est la véritable inconnue du problème, seraient déterminées par les conditions qui précèdent.

Pour éviter des tâtonnements inutiles, on commencerait les substitutions en faisant des hypothèses voisines de $\frac{H_1}{H'} = 1$, cas dans lequel, comme nous l'avons indiqué au commencement de ce Chapitre, le problème peut facilement être résolu directement; en même temps, on substituera des valeurs de x peu différentes de celles qui correspondent aux valeurs obtenues dans l'hypothèse $\frac{H_1}{H'} = 1$.

Il sera facile alors, en observant la marche suivie par les résultats successifs qui auront été trouvés, et en représentant au besoin leur variation par des courbes, de limiter les substitutions que l'on aura à faire, de manière à obtenir, presque sans tâtonnements, les résultats nouveaux que l'on aura en vue.

Application au cas de l'épure n° 3. — Comme exemple des calculs que l'on vient d'indiquer, et comme vérification de l'accord qui existe entre l'expérience, la méthode graphique et le système des équations (q), (r) et (s), nous allons appliquer le calcul au cas qui a déjà été traité dans l'épure n° 3.

Les données de la question sont :

$$p = 1260^{kg}; \quad p' = 2024^{kg}; \quad f = 1 \text{ ou } \varphi = 45°;$$
$$f' = 0,70 \text{ ou } \varphi' = 35°;$$
$$H' = 2^m,20, \quad H_1 = 1^m,13, \quad H = 0^m,90.$$

L'épure a donné $V = 35°$ ou $\tang V = x = 0,70$, et nous devrons trouver, au moyen de l'équation (q), si l'accord existe entre la théorie et l'expérience, $e = 0^m,23$, et au moyen de l'équation (r), $\sigma = 1$ ou un chiffre légèrement inférieur.

Toutefois, les valeurs $V = 35°$ ou $x = 0,70$ données par l'épure ne doivent pas être considérées comme suffisamment approchées pour que le résultat à obtenir soit immédiatement satisfaisant, et nous aurons à faire quelques tâtonnements, que nous pouvons considérer comme remplaçant les opérations définitives au moyen desquelles on calculerait les quantités successives qui devront figurer dans les Tables, et parmi lesquelles, en faisant usage de ces Tables, on trouverait immédiatement ou par interpolation les résultats cherchés.

En d'autres termes, la marche que nous allons suivre est analogue à celle que l'on devrait adopter pour former des Tables.

Nous supposerons x donné, quoique en réalité les

tâtonnements que nous aurons à faire aient pour objet de déterminer d'abord la valeur exacte de cette quantité.

Considérons l'équation (q); résolvons-la par rapport à e, et faisons immédiatement la substitution des données du problème dans les différents facteurs qui ne sont pas susceptibles de varier avec x.

Nous aurons

$$f = 1, \quad f' = 0,7, \quad H = 0^m,90, \quad H_1 = 1^m,13,$$

$$H' = 2^m,20, \quad \frac{H'}{3f} = 0,7333, \quad \frac{H_1}{3f}(H' - H_1) = 0,403033,$$

$$\frac{H_1^2}{3}(H' - H_1) = 0,45539, \quad \tfrac{2}{3}H'^2 = 3,22667,$$

$$\frac{H_1(H'^2 - H_1^2)}{3} = 1,341, \quad H_1(H' - H_1) = 1,209.$$

Si, de plus, nous posons

$$0,7333[H_1 - H'(1 - fx)]^2$$
$$+ 0,403[H_1 - H'(1 - fx)] + 0,45539x = \mathfrak{H},$$
$$3,22667[H_1 - H'(1 - fx)] + 1,341 = \mathfrak{L},$$
$$2,2[H_1 - H'(1 - fx)] + 1,209 = \mathfrak{M},$$
$$2,2[H_1 - H' + 2fH'x] + 1,209 = \mathfrak{N},$$

la formule qui donne e prendra la forme

$$(q_1) \quad e = \frac{1}{0,7} \cdot \frac{\dfrac{-f - 2x + fx^2}{1 + x^2}\mathfrak{H} + (1 - fx)\mathfrak{L}}{\dfrac{-f - 2x + fx^2}{1 + x^2}\mathfrak{M}x + (1 - fx)\mathfrak{N}}.$$

On voit quels seront les calculs à faire pour obtenir la valeur de e dans les différentes hypothèses à faire sur x.

Les résultats donnés ci-après ont été obtenus à l'aide de la règle à calcul; ils ne comportent donc pas une grande approximation.

On a trouvé :

Pour $x = 0,60,$ $e = + 0^m,945,$
  » $x = 0,65,$ $e = + 2^m,796,$
  » $x = 0,6606$ environ, $e = \pm \infty,$
  » $x = 0,69,$ $e = - 0^m,221,$
  » $x = 0,70,$ $e = + 0^m,0116,$
  » $x = 0,715,$ $e = 0^m,1938,$
  » $x = 0,719,$ $e = 0^m,23,$
  » $x = 0,72,$ $e = 0^m,2346,$
  » $x = 0,73,$ $e = 0^m,336,$
  » $x = 1,00,$ $e = 0^m,714.$

Pour une valeur de x inférieure à 0,70 et supérieure à 0,69, la quantité e est nulle. Quand x augmente, elle est positive et va en croissant.

Pour des valeurs de x inférieures à 0,69, quand x décroît, e croît en valeur absolue et reste négatif. Pour $x = 0,6606$ environ, e devient infini et change de signe. Il est évident que toutes les solutions qui correspondent à des valeurs de x inférieures à la valeur comprise entre 0,69 et 0,70, qui donne $e = 0$, sont étrangères aux questions qui peuvent se présenter dans la pratique et ne devront pas figurer dans les Tables.

Il sera en général intéressant de connaître, dans chaque cas particulier, la valeur de x qui rend e nul, puisque x sera toujours compris entre cette valeur particulière et sa limite supérieure $\tang(90° - \varphi)$.

Ainsi, dans le cas actuel, x sera compris entre 0,69... et 1,00, quand e variera de 0 jusqu'à 0,714.

Nous rappellerons à ce sujet que quand $H_1 = H'$, x a une valeur unique qui est $x = 0,596$ dans l'hypothèse $\varphi = 45°$.

On doit remarquer encore qu'à de faibles variations

de x correspondent des variations assez considérables
de e; on devra donc faire varier x par degrés peu sen-
sibles, par millièmes par exemple, ce qui correspond
pour les angles à des différences de 2 ou 3 minutes.

Quoi qu'il en soit, dans le cas particulier qui nous
occupe, on trouve que la valeur de x qui correspond à
$e = 0^m,23$ est sensiblement $x = 0,719$, ce qui donne
$V = 35°42'$ environ.

Considérons maintenant l'équation (r). Nous ne ferons
pas les calculs nécessaires pour trouver les valeurs de σ
correspondant aux différentes valeurs de x et de e ci-
dessus ; et nous nous bornerons à y introduire la valeur
$x = 0,719$ qui a donné $e = 0^m;23$.

Aux hypothèses déjà faites, il faut encore ajouter les
suivantes :

$$n = 0, \quad b = 0, \quad p = 1260^{kg} \quad \text{et} \quad p' = 2024^{kg}.$$

Pour profiter, dans le calcul de σ, des résultats partiels déjà obtenus, on peut mettre l'équation (r) sous la
forme suivante, qui correspond à la formule (q_1) ci-
dessus :

$$(r_1) \quad
\begin{cases}
\sigma p \, \dfrac{1-fx}{1+x^2} \, \dfrac{1}{2f} \left\{
\begin{aligned}
& 0,7333[H_1 - H'(1-fx)]^2 \\
& + 0,403[H_1 - H'(1-fx)] \\
& + 0,45539\,x \\
& - ef'x\big(2,2[H_1 - H'(1-fx)] + 1,209\big)
\end{aligned}
\right. \\[2em]
= \dfrac{p'}{2} He^2 + \dfrac{p\,e^3 f}{3}.
\end{cases}$$

Il est facile de voir que la somme des trois premiers
termes compris dans la grande parenthèse, d'une part,
et celle des deux termes par lesquels est multiplié le facteur $- ef'x$, de l'autre, ont été déjà obtenues dans le

calcul de e, en sorte que le calcul de σ sera beaucoup plus simple que celui de e.

Ce calcul nous a donné $\sigma = 0{,}996$, et comme la valeur $x = 0{,}719$ que l'on a trouvée ci-dessus donne $V = 35°42'$, on voit que les résultats obtenus concordent autant qu'on pouvait le désirer avec l'expérience et avec les résultats de l'épure n° 3 ; ce qui donne une nouvelle sanction à notre théorie.

———•———

NOTE

Relative à l'application de la théorie de la POUSSÉE *exercée contre un mur par un* PRISME SOLIDE *reposant sur un plan incliné, ou par une* SÉRIE DE LAMES SOLIDES *ayant chacune deux faces parallèles à ce plan.*

(La solution, dans ce cas, est celle qui, d'après l'ANCIENNE THÉORIE, conviendrait aux remblais dépourvus de cohésion.)

Nous allons maintenant considérer l'hypothèse d'un remblai dans lequel il se serait produit, par l'effet d'une cause quelconque, une rupture suivant un plan passant par l'arête inférieure de la paroi intérieure du mur, de telle sorte que le prisme qui se serait ainsi détaché, et que nous supposons *solide*, serait sollicité à glisser sur le plan incliné et exercerait contre le mur une poussée tendant à le renverser.

Il est essentiel de remarquer que, dans ce cas, le point d'application de la poussée à la paroi du mur demeure tout à fait indéterminé, si l'on suppose que le prisme soit entièrement invariable de forme. Le point d'application doit alors être considéré comme une des données de la question. Sa position dépend de la forme de la face que le prisme de rupture reposant sur le plan incliné présente à la paroi du mur et des points ou de l'arête par laquelle il sera en contact avec le mur, arête que nous supposerons horizontale.

Dans le cas où le prisme serait susceptible d'une certaine flexion ou d'une certaine compression, il faudrait tenir compte de la loi suivant laquelle cette déformation se produirait, et déterminer en conséquence le point d'application de la résultante des efforts exercés contre le mur.

Dans l'un comme dans l'autre cas, le point d'application pourrait se trouver placé soit au sommet de la paroi intérieure du mur, soit à sa partie inférieure, soit dans une position intermédiaire.

Mais l'indétermination disparaît si nous supposons qu'au lieu d'un prisme solide il s'agisse d'une série de lames très-minces superposées. On obtiendrait alors le point d'application de la même manière que dans le cas d'un remblai ordinaire dépourvu de cohésion, c'est-à-dire en menant par le centre de gravité de l'ensemble de ces lames solides une parallèle au plan incliné, jusqu'à son point de rencontre avec la paroi du mur.

Cette position du point d'application peut d'ailleurs être considérée comme une position moyenne entre toutes celles qui seraient possibles dans le cas d'un prisme solide unique.

Tout en admettant, ainsi qu'on vient de le dire, que la position du point d'application doit être considérée comme une des données particulières des différentes questions que l'on pourait avoir à traiter, nous nous occuperons spécialement du cas où il sera placé comme dans les remblais ordinaires. Nous arriverons ainsi à des résultats qui seront précisément ceux que l'on obtiendrait en appliquant la théorie de la poussée des terres qui est généralement admise, mais en apportant à cette théorie les modifications qu'il sera nécessaire de lui faire subir pour avoir égard, d'une part, à ce qui a été dit au sujet de la détermination du point d'application de la poussée, et de l'autre, à ce que, dans le renversement par rotation, la poussée la plus dangereuse est celle dont le moment par rapport à l'arête de rotation est un maximum.

Les calculs qui vont suivre permettront ainsi de comparer facilement les résultats donnés par les deux théories en présence; mais nous répétons qu'ils ne sont réellement applicables qu'à la théorie de la poussée des prismes solides ou composés d'une série de lames solides.

S'il s'agissait d'un prisme de rupture solide et invariable de forme dont le point de contact serait connu à l'avance, il faudrait, dans la mise en équation, introduire le bras de levier correspondant, tel qu'il résulterait des données de la question. La modification qu'il faudrait faire subir, à cet effet, aux formules auxquelles nous allons arriver n'offrirait aucune difficulté.

Quand il s'agit d'un prisme solide, la poussée effective est donnée (*voir* la note, p. 32) par la formule

$$\Pi = \frac{Q \cos(\varphi + V)}{\sin(\varphi + \varphi' + s + V)}.$$

Détermination du plan de rupture qui correspond à la poussée maximum. — Si l'on sait à l'avance que la poussée effective maximum est en même temps la poussée la plus dangereuse, ce qui a lieu lorsque le point d'application de la poussée n'est pas variable avec l'angle V, ou encore quand l'on a à redouter non le renversement par rotation, mais le mouvement de glissement du mur sur sa base, il suffit de chercher cette poussée maximum.

On peut déterminer, dans tous les cas, cette poussée maximum de la manière suivante.

Soit $H_3 H_4$ (*fig.* 34) le côté du profil du remblai qui est rencontré

Fig. 34.

par le plan de rupture; supposons que nous ayons remplacé le profil $BH_1 H_2 H_3 H_4 B$ par un profil triangulaire de même surface $BIH_4 B$, ayant son sommet I sur le prolongement du côté $H_4 H_3$; et soit BN la perpendiculaire abaissée du point B sur la direction de la base $H_4 I$; nous pourrons représenter le poids Q du prisme de rupture par le produit $\frac{1}{2} p \times RI \times BN$, et si nous désignons par n l'angle IBN du côté BI avec la hauteur BN du triangle, et par u l'angle NBR du plan de rupture avec cette même direction, enfin par λ l'angle de la ligne BN avec la verticale, nous pourrons prendre l'angle u pour variable arbitraire, sauf à tenir compte de la relation $V = u - \lambda$. Nous aurons alors, si nous posons $BN = t$,

$$RI = BN\,(\text{tang}\,n + \text{tang}\,u) = t\,(\text{tang}\,n + \text{tang}\,u),$$

et par suite

$$Q = \tfrac{1}{2} p t^2\,(\text{tang}\,n + \text{tang}\,u),$$

d'où

$$\Pi = \tfrac{1}{2} p t^2\,(\text{tang}\,n + \text{tang}\,u)\,\frac{\cos(\varphi - \lambda + u)}{\sin(\varphi + \varphi' + \varepsilon - \lambda + u)},$$

que l'on peut mettre sous la forme

$$\Pi = \tfrac{1}{2} p t^2\,\frac{(\text{tang}\,n + \text{tang}\,u)}{\cos(\varphi + \varphi' + \varepsilon - \lambda)}\,\frac{\sin(\varphi - \lambda)\,[\cot(\varphi - \lambda) - \text{tang}\,u]}{\text{tang}(\varphi + \varphi' + \varepsilon - \lambda) + \text{tang}\,u}.$$

Posons maintenant $\text{tang}\,u = \omega$.

Nous aurons à égaler à zéro la différentielle, prise par rapport à ω, de l'expression

$$(\text{tang}\,n + \omega)\,\frac{\cot(\varphi - \lambda) - \omega}{\text{tang}(\varphi + \varphi' + \varepsilon - \lambda) + \omega},$$

ce qui conduit à l'équation

$$(Q') \quad \left\{ \begin{aligned} &\omega^2 + 2\omega\,\text{tang}(\varphi + \varphi' + \varepsilon - \lambda) \\ &\quad - [\cot(\varphi - \lambda) - \text{tang}\,n]\,\text{tang}(\varphi + \varphi' + \varepsilon - \lambda) \\ &\qquad\qquad\qquad + \text{tang}\,n\,\cot(\varphi - \lambda) = 0, \end{aligned} \right.$$

d'où l'on tire

$$\omega = -\,\text{tg}(\varphi + \varphi' + \varepsilon - \lambda)$$
$$\pm \sqrt{[\text{tg}(\varphi + \varphi' + \varepsilon - \lambda) - \text{tg}\,n]\,[\text{tg}(\varphi + \varphi' + \varepsilon - \lambda) + \cot(\varphi - \lambda)]}.$$

Or il est facile de voir que si l'on considère le cercle ayant BN pour rayon, cette valeur de ω revient à

$$\omega = -\,ON \pm \sqrt{(\overline{ON - NI})(\overline{ON + NM})}.$$

Si sur IM comme diamètre on décrit une circonférence, et si du point O on lui mène une tangente Or, la longueur de cette tangente représentera le radical qui forme le deuxième terme de l'expression ci-dessus.

On aura donc $\omega = -$ ON $\pm$ OR, ou, si l'on rejette la solution négative, $\omega =$ NR, c'est-à-dire $u =$ NBR ou V = VBR.

Le calcul ci-dessus nous conduit ainsi à la solution graphique donnée par le général Poncelet (*Mémorial de l'Officier du Génie;* n° 13, p. 136 et suivantes).

Ce calcul se simplifie quand le profil du prisme de rupture est triangulaire et le plan supérieur horizontal. Dans ce cas, il n'est pas nécessaire d'avoir recours aux notations particulières que nous venons d'employer ; on peut poser immédiatement

$$Q = \tfrac{1}{2} p \times \text{H}'(\tan \varepsilon + \tan \text{V}).$$

On est conduit alors à égaler à zéro la différentielle prise par rapport à $\tan \text{V} = x$ de l'expression

$$(\tan \varepsilon + x)\,\frac{\cot \varphi - x}{\tan(\varphi + \varphi' + \varepsilon) + x}.$$

On trouve ainsi l'équation

$$(Q'_1) \quad \begin{cases} x^2 + 2x \tan(\varphi + \varphi' + \varepsilon) \\ \quad + (\tan \varepsilon - \cot \varphi) \tan(\varphi + \varphi' + \varepsilon) + \tan \varepsilon \cot \varphi = 0. \end{cases}$$

Cas où la paroi intérieure verticale ou son prolongement rencontre le plan supérieur du remblai supposé horizontal. — Enfin, si l'on suppose que la paroi intérieure du mur soit verticale, ce qui donne $\varepsilon = 0$, cette équation se réduit à

$$(Q'_2) \qquad x^2 + 2x \tan(\varphi + \varphi') - \cot \varphi \tan(\varphi + \varphi') = 0,$$

d'où

$$x = -\tan(\varphi + \varphi') \pm \sqrt{\tan(\varphi + \varphi')[\tan(\varphi + \varphi') + \cot \varphi]}.$$

Il serait facile de rendre cette formule calculable par logarithmes.

C'est ce qu'il faudrait faire si l'on voulait calculer très-exactement les éléments d'un tableau analogue au tableau de la page 164, permettant d'obtenir immédiatement les valeurs de x, de V et de la poussée effective correspondante H.

Calcul de l'épaisseur à donner à un mur. — Une fois la valeur de la poussée connue, il suffira, pour obtenir l'épaisseur d'un mur

14

de revêtement de stabilité donnée, de recourir à l'équation (R), à laquelle il n'y aurait d'ailleurs rien à changer, et où il suffirait de substituer la valeur de H ainsi trouvée.

Dans le cas d'un prisme de rupture solide d'une seule pièce, il faudrait, en outre, remplacer dans le premier membre la quantité $\frac{1}{3} H'$ par la hauteur connue du point d'application de la poussée au-dessus de la base AB du mur.

Remarques. — Si l'on suppose $\varphi' = 0$ dans l'équation (Q'_2), on trouve

$$x = -\tan\varphi + \sqrt{\tan^2\varphi + 1} = \tan\tfrac{1}{2}(90^\circ - \varphi).$$

On a donc, dans ce cas, la relation connue

$$V = \tfrac{1}{2}(90^\circ - \varphi).$$

Si, dans la formule déduite de l'équation (Q') ci-dessus on introduit l'hypothèse $\varphi' + \varepsilon = 90^\circ$, cette formule devient

$$\omega = \cot(\varphi - \lambda) = \tan(90^\circ - \varphi + \lambda),$$

d'où

$$u = 90^\circ - \varphi + \lambda$$

et

$$V = 90^\circ - \varphi.$$

Si l'on introduisait simultanément cette valeur de V, avec les hypothèses correspondantes, dans l'expression

$$H = Q \frac{\cos(\varphi + V)}{\sin(\varphi + \varphi' + \varepsilon + V)},$$

la valeur de H se présenterait sous la forme $\frac{0}{0}$. Mais il est facile de faire disparaître l'indétermination en supposant d'abord $\varphi' + \varepsilon = 90^\circ$, ce qui donne

$$\sin(\varphi + \varphi' + \varepsilon + V) = \cos(\varphi + V).$$

On a donc H = Q. C'est ce dont on trouve un exemple quand on cherche à appliquer la formule ci-dessus à l'expérience qui fait l'objet de l'épure n° 7.

Dans le cas où l'on aurait $\varphi' + \varepsilon > 90^\circ$, l'expression ci-dessus de H cesserait d'être applicable.

Pour les valeurs de V positives et très-voisines de zéro, l'angle $V + \varepsilon$ de la poussée primitive avec la paroi du mur serait plus grande que $V + 90° — \varphi'$, et, à plus forte raison, que $90° — \varphi'$. La poussée primitive s'appliquerait donc sans décomposition au mur.

Pour des valeurs croissantes de V, on pourrait avoir

$$V + \varepsilon > 90° + \varphi'.$$

Alors le frottement contre la paroi du mur s'exercerait en sens contraire de sa direction ordinaire, ensorte que, dans la valeur de Π, il faudrait changer le signe de φ'.

Enfin, si l'on était conduit à considérer des valeurs négatives de V, la question devrait être traitée comme lorsqu'il s'agit d'un corps solide reposant sur la paroi intérieure du mur considérée comme le plan incliné. Dans le cas d'un prisme de rupture solide d'une seule pièce, cette interversion des rôles du revêtement et du plan incliné a lieu dès que la verticale menée par le centre de gravité rencontre la base d'appui sur la paroi intérieure du mur.

Application du calcul ci-dessus à la détermination du coefficient de stabilité des murs de revêtement de Vauban. — Nous avons été conduit à admettre que le coefficient de stabilité normal des murs de Vauban est celui qui correspond aux hypothèses

$$\varphi = \varphi' = 35°, \quad n = \frac{1}{5}, \quad e = 3^{m},624, \quad H = 10^{m}, \quad H' = 11^{m},30,$$

le talus extérieur étant d'ailleurs remplacé par un petit mur de $0^{m},974$ d'épaisseur.

En appliquant à ces données notre théorie relative aux remblais dépourvus de cohésion, nous avons trouvé, pour $\varphi = 35°$, au moyen de l'équation (Q), la valeur de l'angle de rupture

$$V = 38° 16',$$

d'où

$$\Pi = P \frac{\sin(\varepsilon + V)}{\cos \varphi'} = p H'^2 \times 0,105.$$

L'équation (R) a alors pris la forme

$$\sigma = 4,60 \frac{p'}{p} + 0,206.$$

En y faisant $\frac{p'}{p} = 1$, afin de nous placer dans des conditions qui peuvent être considérées comme défavorables et comme une limite inférieure au-dessous de laquelle ce rapport ne descendra jamais dans les circonstances ordinaires de la pratique, nous avons trouvé

$$\sigma = 4,81.$$

Pour obtenir, dans les mêmes hypothèses, le coefficient de stabilité relatif à l'ancienne théorie, faisons, dans l'équation (Q'_2) ci-
dessus, $\varphi = \varphi' = 35°$. Nous trouvons

$$x = 0,639,$$

d'où

$$V = 32°35',$$

d'où

$$\Pi = Q\,\frac{\cos(\varphi + V)}{\sin(\varphi + \varphi' + \varepsilon + V)} = Q \times 0,39.$$

Or

$$Q = \tfrac{1}{2}\,p\Pi'^2\,\operatorname{tang}V = \tfrac{1}{2}\,p\mathrm{H}'^2 \times 0,639.$$

Donc

$$\Pi = p\mathrm{H}'^2 \times \tfrac{1}{2} \times 0,639 \times 0,39 = p\mathrm{H}'^2 \times 0,1246.$$

Ainsi, suivant que l'on adopte l'une ou l'autre théorie, on obtient
pour la poussée effective des valeurs qui sont entre elles dans le
rapport de $0,105$ à $0,1246$.

Comme d'ailleurs, lorsqu'on tire de l'équation (R) la valeur de σ,
l'expression qui fait connaître cette quantité contient en dénominateur le facteur Π, qui change seul quand on passe d'une théorie à
l'autre, on voit que, pour obtenir la valeur de σ, dans le cas qui nous
occupe, il suffit de multiplier la valeur $\sigma = 4,81$ obtenue dans le
cas où l'on applique notre théorie des remblais dépourvus de cohésion, par le rapport $\dfrac{0,105}{0,1246}$, ce qui donne

$$\sigma = 4,81 \times \frac{0,105}{0,1246} = 4,05.$$

Le général Poncelet arrive à un résultat différent (*Mémorial de
l'Officier du Génie*, n° 13, p. 25). Ce désaccord tient principalement
à ce qu'il se place dans des hypothèses différentes : il admet $\varphi' = 0$,
tandis que cet angle a généralement une valeur plus grande que φ,
et doit, par conséquent, lui être supposé égal ; il admet aussi $\varphi = 45°$,
valeur que nous regardons comme trop élevée ; enfin il suppose
$\dfrac{p'}{p} = \dfrac{3}{2}$, rapport qui nous semble aussi trop fort.

Calcul de ce même coefficient dans les hypothèses du général

Poncelet. — Pour faire le calcul dans les hypothèses du général Poncelet, nous rappellerons d'abord que, pour $\varphi' = 0$ et $\varphi = 45°$, nous avons trouvé, en appliquant notre théorie,

$$V = 3o°48' \quad \text{et} \quad \Pi = p H'^2 \times o,o53,$$

ce qui nous a donné

$$\sigma = 2,44 \frac{p'}{p} + o,109,$$

et pour $\dfrac{p'}{p} = \dfrac{3}{2}$

$$\sigma = 3,77.$$

En appliquant l'ancienne théorie, nous trouvons

$$V = \tfrac{1}{2}(90° - \varphi) = 22°3o',$$

$$\Pi = \frac{Q}{\tan(\varphi + V)} = \tfrac{1}{2} p H'^2 \frac{\tan V}{\tan(\varphi + V)} = p H'^2 \times o,o858.$$

Pour obtenir la valeur de σ cherchée, il faudra donc multiplier la valeur calculée d'après la nouvelle théorie, par le rapport $\dfrac{o,o53}{o,o858}$, ce qui donne

$$\sigma = 3,77 \times \frac{o,o53}{o,o858} = 2,33,$$

tandis que le général Poncelet trouve

$$\sigma = 1,912.$$

La différence entre ces deux derniers chiffres provient de ce que le profil sur lequel nous avons opéré est un peu différent de celui qu'a admis le général Poncelet.

Il est facile de voir d'ailleurs que cette différence est de même ordre que celles que l'on trouve entre les valeurs de σ quand on fait subir aux données du problème de légères variations.

Il suffirait en effet de remplacer, dans notre calcul, $\dfrac{p'}{p} = \dfrac{3}{2} = 1,5oo$

par $\dfrac{p'}{p} = 1,226$ pour retomber sur le chiffre $\sigma = 1,912$.

Remarque qui motive l'adoption d'un coefficient de stabilité aussi fort que celui des revêtements de Vauban. — Voici maintenant une remarque qui montre quelle est sans doute la véritable raison pour laquelle Vauban a été amené à donner aux murs de revêtement une épaisseur qui, lorsqu'on applique notre théorie, conduit au coefficient de stabilité normal $\sigma = 4,81$, chiffre qui, au premier abord, peut sembler bien élevé.

Il ne faut pas oublier que le coefficient de stabilité doit, quand on le suppose égal à l'unité, correspondre à l'équilibre strict du revêtement dans l'hypothèse où tout se passe régulièrement ; et quand on lui donne la valeur normale qui convient dans la pratique, il est nécessaire, en outre, de choisir la valeur de ce coefficient de manière à parer à tous les accidents contre lesquels l'expérience prouve que l'on doit se mettre en garde, bien qu'ils puissent souvent ne pas se produire. Or, parmi les divers genres d'accidents que l'on doit prévoir, il en est un dont nous pouvons facilement calculer l'effet.

Si les terres du remblai, après avoir pris une grande consistance par suite de l'action successive du tassement, de l'humidité et de la chaleur, venaient à se rompre après une forte pluie qui aurait pénétré dans une crevasse, et à former ainsi un prisme de rupture solide ; si, en outre, la face de ce prisme en contact avec le mur exerçait sa poussée à la partie supérieure du revêtement, cette force aurait un bras de levier beaucoup plus considérable que s'il s'agissait d'un remblai ordinaire homogène.

Pour appliquer à ce cas la théorie de la poussée des prismes solides, nous n'avons qu'à introduire dans le premier membre de l'équation (R) les hypothèses $\varphi = \varphi' = 35°$, $H = pH'^2 \times 0,1246$, et remplacer $\frac{1}{3} H' \cos\varphi'$ par $H' \cos\varphi'$.

Nous trouvons ainsi pour ce premier membre

$$\sigma p H'^2 \times 0,893,$$

et, par suite,

$$\sigma = \frac{0,105}{0,893} \left(4,60 \times \frac{p'}{p} + 0,206 \right),$$

ou

$$\sigma = 0,540 \times \frac{p'}{p} + 0,0242.$$

Or, pour avoir $\sigma = 1$, il faut supposer $\frac{p'}{p} = 1,80$, valeur que ce rapport n'atteindra que très-rarement dans la pratique ; et si l'on supposait $\frac{p'}{p} = 1$, le coefficient de stabilité ne serait que $\sigma = 0,564$.

Ainsi, dans l'hypothèse où nous nous plaçons, le profil des revêtements de Vauban ne se maintiendrait pas même en équilibre.

Mais cette hypothèse ne se réalisera sans doute jamais d'une manière absolue; dans la pratique, on aura le plus souvent à considérer des remblais qui ne seront ni complétement homogènes et dépourvus de cohésion, ni doués d'une cohésion uniformément répartie dans toute la masse, ni susceptibles de donner lieu à un prisme de rupture solide. Mais il sera néanmoins prudent de prendre des précautions pour se mettre à l'abri des accidents qui pourraient être dus à la cause que nous venons d'indiquer.

D'après ce qui précède, il est permis de considérer la stabilité du profil adopté par Vauban pour les murs de revêtement, non-seulement comme ayant reçu depuis longtemps la sanction de l'expérience, mais aussi comme justifiée par la théorie.

Application à l'expérience qui fait l'objet de l'épure n° 8. — Il résulte de ce qui a été dit ci-dessus que notre théorie des remblais dépourvus de cohésion donne, pour le profil normal des revêtements de Vauban, un coefficient de stabilité plus fort que celui auquel on arrive en appliquant l'ancienne théorie.

Autrement dit, d'après notre théorie, la poussée est plus faible que d'après l'ancienne théorie.

Il doit donc être possible d'installer un remblai de sable soutenu par un revêtement d'une épaisseur suffisante pour que, d'après notre théorie, l'équilibre existe, tandis que, si l'ancienne théorie est vraie, le revêtement se renverserait. L'expérience pourrait ainsi trancher la question du choix à faire entre les deux théories, car si le revêtement restait en équilibre, l'ancienne théorie serait condamnée, et la théorie nouvelle que nous proposons serait confirmée, tandis qu'un résultat inverse conduirait à une conclusion opposée.

C'est cette expérience qui fait l'objet de l'épure n° 8. Voici comment nous en avons déterminé les conditions par le calcul.

Le revêtement était représenté par un bloc de bois de sapin, enduit sur sa paroi intérieure et sur sa paroi extérieure de gomme saupoudrée de sable, et dont le poids spécifique p' par mètre cube a été trouvé égal, dans ces conditions, à $458^{kg},5$.

Le remblai a été formé d'un sable parfaitement sec et complétement dépourvu de cohésion, pour lequel on a trouvé

$$\varphi = \varphi' = 35°, \quad p = 1540^{kg}.$$

Le remblai devait araser le sommet du revêtement dont le profil était d'ailleurs rectangulaire, en sorte que, quelle que fût la théorie appliquée, on devait avoir, en supposant le système simplement en équilibre, ce qui donne $\sigma = 1$; l'équation

$$\Pi \left(\tfrac{1}{3} H \cos\varphi' - e \sin\varphi'\right) = \tfrac{1}{2} p' e^2 H.$$

On aurait pu se donner H et prendre e pour inconnue; mais comme les deux valeurs de Π qu'il s'agissait de comparer diffèrent peu l'une de l'autre, on a jugé préférable de se donner une valeur fixe de e et de faire varier H, afin d'avoir un plus grand écart entre les deux valeurs de cette quantité données par le calcul et de rendre ainsi les résultats de l'expérience plus faciles à observer.

On a donc adopté une épaisseur constante $e = 0^m,0485$, et l'on a cherché quelle hauteur il fallait donner au revêtement pour que le système fût en équilibre. D'après notre théorie, on doit avoir

$$\Pi = p H^2 \times 0,1048.$$

L'équation d'équilibre ci-dessus devient alors

$$H^2 - 0,1018.H = \frac{0,001311}{0,1048} = 0,01251,$$

d'où

$$H = 0^m,1738.$$

D'après l'ancienne théorie, on devrait avoir

$$\Pi = p H^2 \times 0,1246,$$

d'où

$$H^2 - 0,1018.H = \frac{0,001311}{0,1246} = 0,010525,$$

ce qui donne

$$H = 0^m,1654.$$

Comme cette dernière valeur de H est moindre que la précédente, on voit que l'épaisseur relative $\frac{e}{H}$ est plus forte.

L'expérience a consisté à prendre un bloc ayant une hauteur $H = 0^m,170$, intermédiaire entre les deux hauteurs ci-dessus.

Le système s'est maintenu en équilibre avec une certaine stabilité, ce qui prouve l'exactitude de notre théorie.

L'expérience a été faite aussi avec un autre bloc de même épaisseur, mais dont le poids spécifique par mètre cube était $p' = 474^{kg}$, et dont la hauteur était $0^m,175$.

Or, d'après notre théorie, pour cette valeur de p', la hauteur H correspondant à l'équilibre doit être donnée par l'équation

$$H^2 - 0,1018 . H = \frac{0,001326}{0,1048} = 0,1266,$$

d'où l'on tire

$$H = 0^m,1744.$$

Le revêtement, ayant une hauteur un peu plus grande, ce qui équivaut à une valeur moindre du rapport $\frac{e}{H}$, devait se renverser.

L'expérience a montré que le système se tenait encore, mais dans un état d'équilibre très-instable.

Le résultat de cette expérience vérifie donc aussi complétement qu'il est possible notre théorie.

Méthode graphique. — Nous avons rappelé plus haut la construction graphique du général Poncelet, au moyen de laquelle on obtient immédiatement l'angle de rupture correspondant à la poussée maximum.

Quand le point d'application de la poussée effective est variable, ce n'est plus à la poussée maximum que correspond le moment maximum ; il faut donc avoir recours à la courbe des poussées et appliquer la construction indiquée pour ce cas au Chapitre IV, mais en donnant aux poussées graphiques les dimensions voulues par l'ancienne théorie.

Voici d'ailleurs comment on pourra construire les poussées effectives cherchées, plus simplement qu'en décomposant directement chaque poussée primitive en deux forces faisant respectivement les angles φ et φ' avec les normales au plan de rupture et à la paroi intérieure du mur (*fig.* 7, p. 44).

Quand on effectue cette décomposition, on est conduit à construire un triangle qui a pour côtés : la poussée primitive P, la poussée effective Π et la droite qui joint leurs extrémités ; cette dernière ligne est parallèle à une direction faisant avec la paroi du mur l'angle $90° - (\varphi + V + \varepsilon)$, et comme la poussée primitive fait avec cette même paroi et du côté opposé l'angle $V + \varepsilon$, il s'ensuit que l'angle en P du triangle $\Pi L P$ est égal à $90° - \varphi$. On voit que cet angle est invariable ; et comme d'un autre côté la direction de la poussée Π est constante, si l'on décrit sur cette poussée un segment capable de l'angle $90° - \varphi$, cet arc de cercle permettrait de retrouver la poussée P en vraie grandeur, sa direction étant supposée connue, ou encore la courbe des poussées primitives étant supposée tracée.

De plus, les figures formées par les segments capables de l'angle 90° — φ construits sur les différentes poussées effectives seront toutes semblables entre elles.

On peut donc, une fois que l'on a construit les différentes poussées primitives P, tracer une ligne quelconque parallèle à la direction commune des poussées Π, l'une d'elles, par exemple; sur cette ligne, décrire un segment capable de 90° — φ, puis par l'extrémité qui correspond au point d'application, mener une parallèle à la poussée primitive P, jusqu'à sa rencontre avec la circonférence. Cette intersection déterminera le sommet d'un triangle inscrit, qui sera semblable à celui que doit former la poussée primitive considérée avec la poussée effective qui lui correspond et l'angle qu'elles comprennent. En menant par l'extrémité de la poussée primitive donnée une parallèle au troisième côté du triangle inscrit, on déterminera la longueur cherchée de la poussée effective Π. Le même segment de cercle permettra ainsi de construire tous les points de la courbe des poussées effectives correspondants aux poussées primitives déjà obtenues.

Pour avoir la poussée primitive P qui correspond à une poussée effective Π connue, il suffira de décrire sur cette poussée Π le segment capable de l'angle 90° — φ. L'intersection de cet arc de cercle avec la courbe des poussées primitives fera connaître la poussée P cherchée, et, par suite, l'angle V.

Le reste de la construction se fera comme dans notre théorie de la poussée des remblais dépourvus de cohésion (*voir* le Chapitre IV).

Application à l'expérience qui fait l'objet de l'épure n° 3. — Nous avons appliqué cette construction à l'expérience qui fait l'objet de l'épure n° 3.

Notre théorie nous avait donné σ = 0,97.

La construction que nous venons d'indiquer a donné V = 34", σ = 0,915.

Notre théorie est donc encore, dans ce cas, celle qui concorde le mieux avec l'expérience.

Calcul à faire dans le cas où le prolongement de la paroi intérieure verticale du mur rencontre le talus qui surmonte ce mur, le remblai étant limité à un plan supérieur horizontal. — Quand on applique notre théorie, la solution du problème de l'épaisseur à donner à un revêtement dont la paroi intérieure verticale prolongée rencontre le talus extérieur, le plan supérieur étant d'ailleurs horizontal, comporte les trois équations (*r*), (*s*) et (*q*).

Pour introduire dans ces équations l'expression

$$\Pi = Q\,\frac{\cos(\varphi + V)}{\sin(\varphi + \varphi' + \varepsilon + V)}$$

de la poussée effective, il suffit de remarquer que cette expression, quand on y fait $\varepsilon = o$, peut se mettre sous la forme

$$\Pi = \frac{Q}{\cos\varphi'[\,\tan(\varphi + V) + f'\,]} = Q\,\frac{(1 - fx)\sqrt{1 + f'^2}}{f + f' + x(1 - ff')},$$

tandis que, dans notre théorie, on a

$$\Pi = Q\,\frac{(1 - fx)\,x\,\sqrt{1 + f'^2}}{1 + x^2},$$

en sorte que, dans les équations (r) et (q), il faut remplacer la quantité $\dfrac{1 - fx}{1 + x^2}$ en dehors des accolades par

$$\frac{1 - fx}{x[\,f + f' + x(1 - ff')\,]}.$$

Comme d'ailleurs

$$\frac{d}{dx}\,\frac{1 - fx}{[\,f + f' + x(1 - ff')\,]\,x} = \frac{f'x^2 - 2x - \dfrac{f + f'}{1 - ff'}}{\left(x^2 + \dfrac{f + f'}{1 - ff'}\,x\right)^2 (1 - ff')},$$

il faut encore, dans l'équation (q), remplacer par cette dernière quantité le facteur $\dfrac{-f - 2x + f'x^2}{(1 + x^2)^2}$ en dehors des premières grandes parenthèses, lequel n'est autre que la dérivée du facteur $\dfrac{1 - fx}{1 + x^2}$ du premier membre de (r).

Quant aux autres quantités entrant dans les trois équations (q), (r) et (s), il n'y a rien à y changer.

Application à l'expérience qui fait l'objet de l'épure n° 3. — Pour appliquer le calcul à l'expérience qui fait l'objet de l'épure n° 3, il suffit de prendre les équations (q) et (r) sous la forme (q_1), p. 202, et (r_1), p. 204, et d'y remplacer les facteurs en dehors des grandes parenthèses, comme on l'a dit au paragraphe ci-dessus, par les expressions qui correspondent à l'emploi de la formule

$$\Pi = Q\,\frac{\cos(\varphi + V)}{\sin(\varphi + \varphi' + \varepsilon + V)}.$$

Au moyen de l'équation (q_1) ainsi transformée, on trouve, en faisant varier x, les valeurs ci-dessous de c :

$$\begin{array}{lll}
\text{Pour} & x = 0,600, & c = 0^m,0743, \\
\text{»} & x = 0,638, & c = 0^m,2281, \\
\text{»} & x = 0,640, & c = 0^m,2363, \\
\text{»} & x = 0,650, & c = 0^m,267, \\
\text{»} & x = 0,655, & c = 0^m,2865, \\
\text{»} & x = 0,665, & c = 0^m,3108, \\
\text{»} & x = 0,675, & c = 0^m,323.
\end{array}$$

Ainsi la valeur de x, qui donne $c = 0^m,23$, est $x = 0,638$, valeur qui correspond à $V = 32°35'$. Cette valeur diffère peu de celle que l'on a obtenue par la construction graphique, construction qui, du reste, ne peut pas donner l'angle V avec une grande approximation.

En substituant cette valeur de x et les autres données de la question dans l'équation (r_1) convenablement modifiée, on trouve $\sigma = 0,918$, résultat qui diffère très-peu de celui que l'on a obtenu par la construction graphique, ce qui confirme la conclusion à laquelle nous sommes déjà arrivé, à savoir : que notre théorie est celle qui concorde le mieux avec l'expérience, tandis que l'ancienne théorie donne, pour la poussée des remblais dépourvus de cohésion, des valeurs trop fortes, et ne doit être appliquée qu'à la poussée exercée par des prismes solides. Ce dernier point pourrait être vérifié par des expériences directes.

Formules pratiques. — Nous ajouterons que les formules pratiques qui font l'objet du Chapitre VI seraient encore applicables dans l'hypothèse où l'on voudrait maintenir la formule fondamentale qui sert de base à l'ancienne théorie. Mais il faudrait, pour cela, refaire le calcul des données contenues dans le tableau de la page 164, ce qui serait facile au moyen de la formule

$$x = -\tang(\varphi + \varphi') + \sqrt{\tang(\varphi + \varphi')\left[\tang(\varphi + \varphi') + \cot\varphi\right]}.$$

On obtiendrait ainsi la valeur de x, puis celle de V, et, par suite, celle du coefficient, M ou $\dfrac{M}{\cos\varphi}$, à introduire dans l'expression de la poussée mise sous la forme $\Pi = p\,H'^2\,\dfrac{M'}{\cos\varphi'}$.

Il faudrait ensuite refaire le calcul du tableau (U_3), en introduisant les nouvelles valeurs de M dans l'équation du troisième degré (U_1) ou en ayant recours à un moyen d'approximation conduisant au même résultat. Enfin N' étant connu, l'équation (S) donnerait c.

Nous nous bornons à indiquer sans détails la marche à suivre; voici, du reste, les résultats que nous avons trouvés en appliquant le calcul à deux exemples.

Application au cas de l'épure n° 3. — Dans le cas de l'épure n° 3, on trouve d'abord $x = 0,48$ et $V = 25° 40'$, puis $M = 0,0675$; en supposant ensuite $\sigma = 1$ dans l'équation (U_1), ce qui n'est pas tout à fait exact, puisque l'on doit avoir en réalité, comme nous l'avons vu, $\sigma = 0,915$ ou $\sigma = 0,918$, on trouve, au moyen de l'équation (U_1), trois valeurs de N', dont une seule est admissible; cette valeur est $N = 0,299$.

Enfin, en substituant dans l'équation (S) cette valeur de N, on trouve, pour l'équation (S),

$$c^2 - 4,29.c + 0,859 = 0,$$

d'où l'on tire, en rejetant le signe $+$ du radical, lequel donne une valeur évidemment beaucoup trop forte ($c = 0^m,477$), la valeur cherchée $c = 0^m,213$, qui ne diffère pas beaucoup de l'épaisseur $0^m,23$ de l'expérience et de l'épure.

Application au cas de l'épure n° 4. — Dans le cas de l'épure n° 4, on trouve d'abord $x = 0,636$ et $V = 32° 30'$, ce qui donne $M = 0,1022$. On trouve ensuite, au moyen de l'équation (U_1), en y substituant la valeur $\sigma = 4,25$ donnée par la construction graphique ci-dessus, appliquée directement à ce cas, trois valeurs de N', dont une seule, $N' = 0,66$, est admissible.

L'équation (S) devient alors

$$c^2 - 49,04.c + 173,6 = 0,$$

d'où l'on tire, en rejetant la valeur de c qui correspondrait au signe $+$ du radical, $c = 3^m,95$, quantité qui ne diffère que de $0^m,15$ de l'épaisseur $3^m,80$ de l'épure.

Remarques. — Les résultats ci-dessus prouvent que la formule pratique (S) est applicable, quelle que soit celle des deux théories en présence, à laquelle on donne la préférence.

Il faut seulement que les valeurs de N' aient été calculées au moyen de l'équation (U_1), dans laquelle on aura eu soin d'introduire la valeur de M correspondant à la théorie que l'on veut appliquer.

Quant aux valeurs de x et de V trouvées ci-dessus, il ne faut pas oublier qu'elles correspondent au cas où l'on a $H' = H + cf$ et non aux hypothèses particulières des deux épures.

Enfin, il faut remarquer que, dans le dernier exemple, le coefficient de stabilité $4,25$, qui a été trouvé directement et que l'on a introduit dans le calcul, n'est pas au coefficient $4,60$, correspondant à notre théorie, dans le même rapport que les deux coefficients $4,05$ et $4,81$, respectivement relatifs aux deux mêmes théories, dans l'hypothèse $H' = H + ef$. On voit que, pour les mêmes profils, le rapport des deux coefficients de stabilité, qui était $\dfrac{4,05}{4,81}$, dans l'hypothèse $H' = H + ef$ va en convergeant vers l'unité quand le rapport $\dfrac{H}{H'}$ tend vers zéro.

CHAPITRE VI.

FORMULES PRATIQUES FAISANT CONNAITRE L'ÉPAISSEUR A DONNER A UN MUR A PAROI INTÉRIEURE VERTICALE SOUTENANT UN REMBLAI LIMITÉ A DEUX PLANS, L'UN INCLINÉ AU TALUS NATUREL, L'AUTRE HORIZONTAL.

Pour éviter les difficultés qu'offrirait, dans le cas des demi-revêtements, l'exécution des calculs indiqués au Chapitre précédent, nous avons cherché d'abord, à l'aide d'une série d'épures, s'il ne serait pas possible de découvrir une loi approximative de la variation de l'épaisseur des murs de revêtement, quand, pour une même hauteur totale du remblai, le rapport de la hauteur du mur à cette hauteur totale va en diminuant jusqu'à zéro.

Nous avons été conduit ainsi à comparer l'épaisseur e de maçonnerie correspondant à une stabilité donnée, avec l'épaisseur E à laquelle on arrive quand on fait en sorte que la direction de la poussée, que l'on obtient lorsque le plan de rupture s'abaisse, jusqu'à ce qu'il se confonde avec le talus naturel des terres, c'est-à-dire lorsque $V = 90^\circ - \varphi$, rencontre l'arête antérieure de la base du mur.

Lorsque cette dernière condition est remplie, toutes les poussées rencontrent la base du mur en arrière de son arête antérieure. Mais les épaisseurs de maçonnerie auxquelles on est ainsi conduit, sont très-exagérées, et il est nécessaire de les réduire dans un rapport qui, d'après les résultats de nos premières recherches, nous a paru devoir

être constant pour une même nature de terre et de maçonnerie, et que l'on peut se proposer de déterminer. En
opérant ainsi, on profitera de ce que la condition que
remplit l'épaisseur E, définie comme il vient d'être dit,
correspond à un degré de stabilité dont le caractère est
parfaitement défini, et de ce qu'elle est d'ailleurs très-
facile à exprimer par le calcul.

Considérons un remblai de hauteur invariable H′, soutenu par des murs de revêtement de hauteurs variables.

Soit B$\alpha'\gamma'\partial'$ (*fig.* 35) le profil de celui de ces murs dont

Fig. 35.

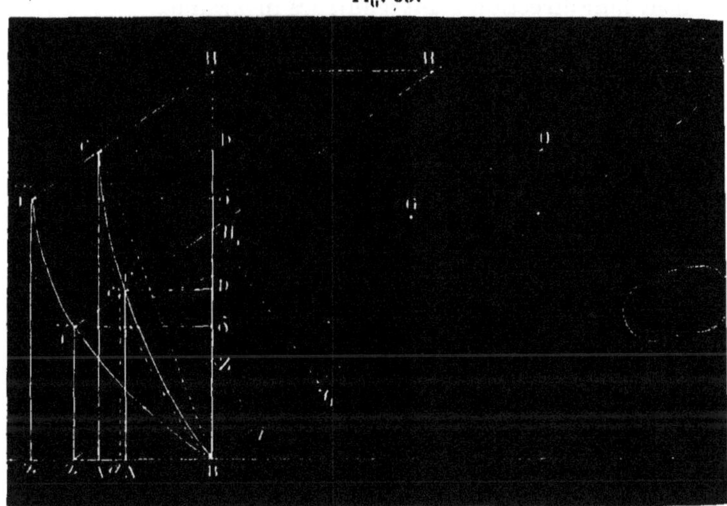

la paroi intérieure Bδ' prolongée passe par le point d'intersection H′ du talus extérieur γ'H′ avec le plan horizontal supérieur H′M, et pour lequel, en même temps, la
direction de la poussée correspondant au plan de rupture BM, qui fait avec l'horizon un angle égal à φ, passe
par l'arète antérieure α' de la base.

Supposons que la courbe B$\gamma\gamma'$ soit le lieu géométrique
des arètes supérieures telles que γ, du parement extérieur

des murs tels que $B\alpha\gamma\delta$, de hauteur moindre que $B\delta'$, pour lesquels l'arête antérieure α de la base se trouve sur la direction de la poussée qui correspond au plan de rupture faisant avec l'horizon l'angle φ du talus naturel des terres.

Pour tous les profils tels que $B\alpha\gamma\delta$, le coefficient de stabilité que nous avons désigné par σ' (*voir* le Chapitre III) sera infini.

Quant au coefficient σ, il n'est infini que dans le cas du profil $B\alpha'\gamma'\delta'$, attendu qu'alors seulement toutes les poussées effectives totales ont le même point d'application, leur direction étant d'ailleurs invariable.

Pour tous les autres profils, tels que $B\alpha\gamma\delta$, il sera négatif, attendu que les poussées auront des points d'application différents, seront parallèles à une même direction, et passeront toutes au-dessous du point α. Il ne faut pas d'ailleurs perdre de vue que, plus le coefficient de stabilité négatif sera faible en valeur absolue, plus la stabilité sera grande en réalité, puisque, pour obtenir ce coefficient, on divise le moment du mur par celui de la poussée, qui est lui-même favorable à la stabilité.

Soit maintenant $BA'C'D'$ le profil d'un mur dont la paroi intérieure BD' prolongée passe, comme dans le cas du profil $B\alpha'\gamma'\delta'$, par le point d'intersection H' du talus extérieur à terres coulantes $C'H'$ avec le plan supérieur horizontal, et admettons que ce mur ait un coefficient de stabilité σ compris entre $+\,0$ et $+\infty$.

Soit enfin BCC' le lieu géométrique des arêtes supérieures, telles que C, du parement extérieur des murs tels que $BACD$, qui ont le même coefficient de stabilité σ que le mur $BA'C'D'$, et supposons, en outre, que le mur $BACD$ soit celui dont l'épaisseur CD ou AB est déterminée par l'intersection de la courbe BCC' avec le talus extérieur γH_2 qui surmonte le mur $B\alpha\gamma\delta$.

On voit qu'inversement, si l'on considère un profil de revêtement quelconque BACD, de stabilité σ, à ce profil correspondra un autre profil B$\alpha\gamma\delta$ remplissant la condition de stabilité surabondante indiquée ci-dessus, de même qu'au revêtement BA'C'D', de stabilité σ, pour lequel la paroi intérieure prolongée rencontre l'arête d'intersection du talus extérieur et du plan horizontal supérieur, il correspond un revêtement B$\alpha'\gamma'\delta'$ dont la paroi intérieure remplit la même condition, et dont le coefficient de stabilité σ est infini.

Désignons par E l'épaisseur Bα et par e l'épaisseur AB, et appelons N le rapport $\dfrac{e}{E}$. Si ce rapport était connu et si l'on connaissait, en outre, une équation donnant E, il suffirait d'éliminer l'épaisseur E pour obtenir une équation qui ne contiendrait plus que l'inconnue e.

Nous indiquerons plus loin la manière d'arriver à déterminer N et de former des Tables au moyen desquelles on pourra l'obtenir immédiatement. Pour le moment, supposons-le connu, et occupons-nous de chercher la formule qui donnera e en fonction de N.

Désignons par z la hauteur BZ du point où la ligne Gα menée par le centre de gravité du trapèze BH$_1$H$_2$M et faisant avec l'horizon l'angle φ, rencontre la paroi intérieure Bδ du mur.

Nous aurons

$$ BM = \frac{H'}{\sin\varphi}, \quad H_1H_2 = \frac{H'-H_1}{\sin\varphi}, $$

et si l'on abaisse des points H$_1$ et Z deux perpendiculaires H$_1\eta$ et Zi sur BM, elles auront respectivement les longueurs suivantes :

$$ H_1\eta = H_1\cos\varphi, \quad Zi = z\cos\varphi. $$

Or comme la ligne Gα est menée par le centre de gravité G du trapèze BH_1H_2M, parallèlement aux deux bases BM et H_1H_2, la longueur Zi sera donnée par la formule

$$Zi = \frac{H_1\eta}{3}\,\frac{BM + 2H_1H_2}{BM + H_1H_2},$$

ou

$$z\cos\varphi = \frac{H_1\cos\varphi}{3}\,\frac{3H' - 2H_1}{2H' - H_1},$$

qui se réduit à

$$z = \frac{H_1}{3}\,\frac{3H' - 2H_1}{3H' - H_1}.$$

D'un autre côté

$$z = f'E = f'\frac{e}{N};$$

on aurait donc

$$(l)\qquad E = \frac{H_1}{3f'}\,\frac{3H' - 2H_1}{2H' - H_1},$$

ou

$$e = \frac{NH_1}{3f'}\,\frac{3H' - 2H_1}{2H' - H_1},$$

et comme $H_1 = H + fe$, en substituant à H_1 cette valeur, on trouve

$$(S)\quad\left\{\begin{array}{l}\left(\dfrac{3ff'}{N} - 2f^2\right)e^2 \\[2ex] \quad -\left[\dfrac{3f'}{N}(2H' - H) - f(3H' - 4H)\right]e \\[2ex] \qquad\qquad + 3H'H - 2H^2 = 0.\end{array}\right.$$

De même, en faisant $H_1 = H + fE$ dans l'équation ci-dessus entre E et H_1, on trouve

$$(T)\quad\left\{\begin{array}{l}(3ff' - 2f^2)E^2 \\[2ex] \quad -[3f'(2H' - H) - f(3H' - 4H)]E \\[2ex] \qquad\qquad + 3H'H - 2H^2 = 0.\end{array}\right.$$

On arrive au même résultat en supposant $N = 1$ et $e = E$ dans l'équation (S).

Mais il est à remarquer que l'on ne peut pas revenir de l'équation (T) à l'équation (S) en faisant simplement, dans la première, l'hypothèse $E = \dfrac{e}{N}$.

Cela tient à ce que, dans les profils $ABDC$ et $\alpha B \gamma \delta$, la hauteur n'est pas la même. Il en résulte que, dans le calcul ci-dessus, pour obtenir directement l'équation (T), on a dû poser

$$z = f'E \quad \text{et} \quad H_1 = H + fE$$

au lieu de

$$z = f' \frac{e}{N} \quad \text{et} \quad H_1 = H + fe.$$

Or on passe facilement du deuxième système au premier, en faisant $N = 1$ et $e = E$, parce que le premier système n'est qu'un cas particulier du second.

Au contraire, pour passer du premier système au second, il faut tenir compte non-seulement du remplacement de $\dfrac{e}{N}$, mais encore du changement de $B\delta$ en BD, et comme $B\delta = BD - D\delta = BD - H_1\delta + H_1D$, nous voyons qu'il faut remplacer H par $H - fE + fe$. On retombe bien alors sur le deuxième système.

Il existe toutefois un moyen très-simple de revenir de l'équation (T) à l'équation (S), mais ce moyen tient plutôt à une coïncidence fortuite qu'à la nature même des choses. Il suffit de remplacer dans l'équation qui donne E, le coefficient f' par $\dfrac{f'}{N}$ pour retrouver l'équation (S), en ayant soin d'ailleurs d'y remplacer E par e.

La résolution de l'équation (S) ne présente aucune difficulté et se fera très-simplement quand on aura à opérer sur des données numériques.

Le mieux sera habituellement de partir de l'équation (S) elle-même et de la résoudre directement après en avoir calculé les coefficients.

Nous donnons néanmoins ci-dessous l'expression de e sous sa forme la plus générale :

$$e = \frac{3\left(\dfrac{2f'}{N} - f\right) H' - \left(\dfrac{3f'}{N} - 4f\right) H}{2f\left(\dfrac{3f'}{N} - 2f\right)}$$
$$- \frac{\sqrt{9\left(4\dfrac{f'^2}{N^2} - 4\dfrac{ff'}{N} + f^2\right) H'^2 - \dfrac{6f'}{N}\left(\dfrac{6f'}{N} - 5f\right) H'H + 9\dfrac{f'^2}{N^2} H^2}}{2f\left(\dfrac{3f'}{N} - 2f\right)}.$$

Si nous cherchons la condition pour que la valeur de e soit réelle, autrement dit, pour que la quantité placée sous le radical soit positive, nous trouvons que cette quantité sera égale à zéro quand on aura

$$f = \frac{f'}{3NH'}\left[6H' - 5H \pm \sqrt{8H(2H - 3H')}\right].$$

Or, comme nous supposons $H' > H$, les valeurs de f ou de f' qui rempliraient cette condition sont imaginaires. Il en résulte que, si l'on fait varier f', en laissant f constant, ou f en laissant f' constant, et en supposant que H' et H restent invariables, la quantité sous le radical, dans la formule (S_1), ne changera pas de signe. Or pour $f' = 0$, elle se réduit à $+ 9f'H^2$; elle est donc toujours positive. On arrive au même résultat en supposant $f = 0$, auquel cas la quantité sous le radical se réduit aux termes $\dfrac{9f'^2}{N^2}(4H'^2 - 4H'H + H^2)$ dont la somme est toujours positive. Les valeurs de e sont donc toujours réelles.

Cela posé, nous allons faire voir que le radical doit toujours être affecté du signe —.

Pour le démontrer, nous ferons remarquer d'abord que la quantité sous le radical se compose du carré du coefficient de e dans l'équation (S) et de la quantité

$$- 4 \left(\frac{3 f f'}{N} - 2 f^2 \right) (3 \, H' H - 2 \, H^2).$$

Le facteur $(3 \, H' H - 2 \, H^2) \, H$ est toujours positif puisque H' est plus grand que H. Il en est ordinairement de même de $\left(\dfrac{3 f'}{N} - 2 f \right) f$, car N est inférieur à l'unité quand le coefficient de stabilité a une valeur finie, et f' a le plus souvent une valeur égale à celle de f, ou peu différente. Or le produit ci-dessus est négatif quand on a $\dfrac{3 f'}{N} - 2 f > 0$.

Le radical lui-même a donc une valeur absolue inférieure à celle de la partie du numérateur en dehors du radical. De plus, il est facile de voir que, si l'on suppose $\dfrac{3 f'}{N} - 2 f = a^2$, pour exprimer que cette quantité est positive, la partie du numérateur en dehors du radical peut s'écrire

$$3 \left(\frac{2 f'}{N} - f \right) H' - \left(\frac{3 f'}{N} - 4 f \right) H$$
$$= f H' + 2 f H + a^2 (2 \, H' - H);$$

cette quantité est donc positive et plus grande que $a^2 H'$. Le dénominateur est également positif, dans l'hypothèse où nous nous plaçons, et égal à $2 f a^2$. La quantité en dehors du radical est donc nécessairement plus grande que $\dfrac{H'}{2 f}$, et comme une épaisseur supérieure à $\dfrac{H'}{2 f}$ est inadmissible, il s'ensuit que, dans l'hypothèse

$$\frac{3f'}{N} - 2f > 0,$$

le radical doit être pris avec le signe —.

Dans le cas où $\frac{3f'}{N} - 2f < 0$, la quantité

$$-4 \left(\frac{3ff'}{N} - 2f^2 \right) (3HH' - 2H^2)$$

sous le radical, devient additive, et comme le dénominateur est alors négatif, c'est encore du signe — que le radical devra être affecté, car le quotient de ce radical par le dénominateur sera alors positif; comme d'ailleurs le radical sera plus grand en valeur absolue que la partie du numérateur qui le précède dans la formule (S_1), la valeur correspondante de e sera positive, tandis que celle que l'on obtiendrait en affectant le radical du signe + serait négative et ne répondrait, par conséquent, pas directement à la question.

Enfin, il pourrait se faire que l'on eût $\frac{3f'}{N} - 2f = 0$.

Dans ce cas, l'une des valeurs de e devient infinie et doit être rejetée. En remontant à l'équation (S), qui se réduit alors à

$$- (f'H' + 2fH)e + 3H'H - 2H^2 = 0,$$

on trouve, pour l'autre valeur de e,

$$e = \frac{(3H' - 2H)H}{f(H' + 2H)}.$$

L'équation (S) se simplifie et conduit à des valeurs moins compliquées de e, dans les hypothèses suivantes.

Si $f' = f$, on trouve

$$(S_2) \begin{cases} e = \dfrac{3\left(\dfrac{2}{N} - 1\right) H' - \left(\dfrac{3}{N} - 4\right) H}{2\left(\dfrac{3}{N} - 2\right) f} \\[4ex] \quad - \dfrac{\sqrt{9\left(\dfrac{4}{N^2} - \dfrac{4}{N} + 1\right) H'^2 - \dfrac{6}{N}\left(\dfrac{6}{N} - 5\right) H'H + \dfrac{9}{N^2} H^2}}{2\left(\dfrac{3}{N} - 2\right) f}. \end{cases}$$

Nous ne pouvons introduire dans cette formule l'hypothèse $H = H'$, attendu que la plus grande valeur que l'on puisse assigner à H, dans le cas que nous avons à considérer, est $H = H' - fe$.

Or si nous introduisons directement l'hypothèse

$$H = H' - fe$$

dans l'équation (S), elle se réduit à

$$(S_3) \qquad e = N \cdot \frac{H'}{3f'}.$$

Cette valeur de e n'est autre que l'expression (R_4), que nous avons trouvée au Chapitre V, multipliée par le coefficient N. C'est ce que l'on pouvait prévoir, d'après les considérations sur lesquelles nous nous sommes fondé pour arriver à l'équation (S), car l'expression (R_4) ou

$$(T_3) \qquad e = \frac{H'}{3f'} = E$$

correspond à l'hypothèse $\sigma = \infty$. Or cette épaisseur doit être la même que l'épaisseur E donnée par l'équation (T), quand on y introduit l'hypothèse $H = H' - fE$; et cette dernière épaisseur est précisément celle qui est liée à l'épaisseur e par la relation $e = NE$.

Il est à remarquer que la formule (S_3) se réduit à la

formule ordinairement employée $e = 0,28\,(H + h)$, quand on suppose

$$f = f' = \tan 35° = 0,70 \quad \text{et} \quad N = 0,588,$$

ou

$$f = f' = \tan 45° = 1,00 \quad \text{et} \quad N = 0,840.$$

Or, ainsi qu'on pourra s'en assurer au moyen des considérations qui seront développées plus loin, l'hypothèse $f = f' = 1$ et $N = 0,840$ conduirait à un coefficient de stabilité supérieur à 10, tandis que, dans l'hypothèse $f = f' = 0,70$ et $N = 0,588$, on aurait $\sigma = 5,00$ si $\frac{p}{p'}$ était égal à $\frac{5}{8}$, par exemple, à $\frac{1500^{\text{kg}}}{2400^{\text{kg}}}$, et $\sigma = 4,50$ si $\frac{p}{p'}$ était égal à $\frac{7}{10}$, par exemple, à $\frac{1400^{\text{kg}}}{2000^{\text{kg}}}$. Ainsi les épaisseurs données par la formule $e = 0,28\,(H + h)$ sont convenables quand $\varphi = \varphi' = 35°$; mais elles sont trop fortes quand $\varphi = \varphi' = 45°$.

Nous ajoutons que, si dans l'équation (T) on suppose $f' = f$, ou ce qui revient au même, si l'on fait $N = 1$ dans la formule (S_2), on trouve

$$(T_2) \qquad E = \frac{3H' + H - \sqrt{9H'^2 - 6H'H + 9H^2}}{2f}.$$

Mais cette formule nous sera de peu d'utilité, car, ainsi que nous l'avons vu plus haut, on ne peut remonter de l'équation (T) à l'équation qui donne e qu'en remplaçant E par e et f' par $\frac{f'}{N}$, et l'on retomberait alors sur la formule (S_2). Il faut remarquer à ce sujet que le dénominateur $2f$ de la valeur (T_2) de e ne représente spécialement ni $2f$ ni $2f'$, mais une fonction de f et de f' qui se simplifie et se réduit à $2f$ quand $f' = f$, ce qui fait qu'on ne peut remplacer dans cette expression f' par $\dfrac{f'}{N}$, et qu'il faut remonter à une formule plus générale pour pouvoir faire cette substitution.

Si, au lieu de calculer e en fonction de H' et H, on voulait l'obtenir en fonction de H et h, on trouverait, au lieu de l'équation (S), l'équation

$$(S') \quad \begin{cases} \left(\dfrac{3ff'}{N} - 2f'^2\right) e^2 \\ \quad - \left[\dfrac{3f'}{N}(H + 2h) + f(H - 3h)\right] e \\ \qquad\qquad + H^2 + 3Hh = 0. \end{cases}$$

Nous ne donnerons pas la formule générale que l'on obtient en résolvant cette équation; elle n'est pas plus simple que la formule (S_1).

Enfin, si l'on veut avoir e en fonction de H' et de h, on trouve l'équation suivante :

$$S'') \quad \begin{cases} \left(\dfrac{3ff'}{N} - 2f'^2\right) e^2 \\ \quad - \left[\dfrac{3f'}{N}(H' + h) + f(H' - 4h)\right] e \\ \qquad\qquad + H'^2 + H'h - 2h^2 = 0. \end{cases}$$

Détermination du coefficient N. — Considérons la hauteur totale H' du remblai comme invariable, et supposons que l'on fasse varier la hauteur H du mur, ou, ce qui revient au même, la hauteur H_1 de la paroi intérieure verticale, prolongée jusqu'à sa rencontre avec le talus extérieur, les quantités f, f', p, p' et σ étant supposées données.

Si le coefficient N ne reste pas rigoureusement invariable lorsque l'on fait varier le rapport $\dfrac{H_1}{H'}$, il pourra se faire que, soit par des épures, soit par le calcul, on ait obtenu certaines valeurs particulières de ce coefficient, par exemple :

Une valeur $N = N'$ correspondant à

$$H_1 = H' \quad \text{et} \quad H = H'\left(1 - \frac{N'f}{3f'}\right),$$

c'est-à-dire au cas où la paroi intérieure verticale prolongée rencontre l'arête d'intersection H_2 du talus extérieur et du plan horizontal supérieur ; une valeur $N = N''$ correspondant à $H = H''$, une autre valeur $N = N'''$ correspondant à $H = H'''$ et ainsi de suite, les hauteurs H'', H''',... allant en décroissant et étant toutes plus petites que H' ; enfin la valeur $N = N_0$ correspondant à $H = 0$.

Admettons, pour fixer les idées, que le nombre des valeurs particulières ainsi obtenues se réduise à 4, on aurait pour l'expression approximative de N en fonction de ces différentes valeurs et du rapport $\dfrac{H}{H'}$ considérée comme variable

$$N = a + b\,\frac{H}{H'} + c\left(\frac{H}{H'}\right)^2 + d\left(\frac{H}{H'}\right)^3,$$

a, b, c et d étant des coefficients que l'on déterminera au moyen des quatre équations de condition

$$(Y)\begin{cases} N' = a + b\left(1 - \dfrac{N'f}{3f'}\right) + c\left(1 - \dfrac{N'f}{3f'}\right)^2 + d\left(1 - \dfrac{N'f}{3f'}\right)^3, \\[2ex] N'' = a + b\,\dfrac{H''}{H'} + c\left(\dfrac{H''}{H'}\right)^2 + d\left(\dfrac{H''}{H'}\right)^3, \\[2ex] N''' = a + b\,\dfrac{H'''}{H'} + c\left(\dfrac{H'''}{H'}\right)^2 + d\left(\dfrac{H'''}{H'}\right)^3, \\[2ex] N_0 = a. \end{cases}$$

On arriverait à des résultats d'une exactitude équivalente à celle d'une solution rigoureuse si l'on pouvait ainsi obtenir N au moyen de quelques-unes des valeurs particulières de cette quantité.

Or on peut obtenir ces valeurs, ainsi qu'il vient d'être dit, au moyen d'épures exactes faites à une échelle suffisante.

On obtiendrait encore des valeurs telles que N'' ou N''', correspondant à des valeurs H'' ou H''' de H, comprises entre o et $\left(1 - \dfrac{N'f}{3f'}\right)$ H', à l'aide du système des équations (q), (r) et (s), au moyen desquelles on peut calculer $x = \tang V$, e, et par suite H, lorsque H_1 est donné. Mais les calculs à faire seraient très-longs.

Nous verrons plus loin qu'on obtient des résultats suffisamment exacts pour la pratique en se contentant des deux valeurs particulières extrêmes N', correspondant à $H_1 = H'$ et N_0 correspondant à $H = o$.

On a alors

$$(Y_1) \qquad N = a + b\,\frac{H}{H'} = N_0 + \left(\frac{N' - N_0}{1 - \dfrac{N'f}{3f'}}\right)\frac{H}{H'}.$$

Le plus souvent même, on pourra se contenter de faire $N = N'$, quel que soit H.

Nous allons indiquer le moyen rigoureux de calculer les valeurs que prend, suivant les cas qui peuvent se présenter, le coefficient N', et nous donnerons une Table à l'aide de laquelle on pourra l'obtenir immédiatement, soit directement, soit par interpolation.

Nous ferons connaître ensuite le moyen de calculer le coefficient N_0.

Calcul des différentes valeurs N' du coefficient N, qui correspondent au cas où la paroi intérieure du mur prolongée passe par l'arête d'intersection du talus extérieur et du plan *horizontal supérieur.* — Pour arriver à déterminer les différentes valeurs N′ du coefficient N qui correspondent au cas où la paroi intérieure du mur prolongée passe par l'arête d'intersection du talus extérieur et du plan horizontal supérieur, on peut avoir recours à divers procédés.

Nous avons d'abord obtenu un petit nombre de valeurs de N′ à l'aide d'une série d'épures.

Puis, par un procédé de calcul approximatif, nous avons trouvé d'une manière plus prompte les différents chiffres que nous avons réunis dans le tableau qui sera donné ci-après.

Nous nous bornerons à indiquer ici la méthode rigoureuse à employer pour calculer N′.

Pour arriver à ce résultat, il suffit de calculer les valeurs de e et de E qui correspondent respectivement, dans les équations (R) et (T), aux hypothèses $h = fe$ et $h = f$E, et de diviser les valeurs de e et de E ainsi obtenues l'une par l'autre.

Or la valeur de E donnée par l'équation (T) se réduit, comme on l'a vu, dans l'hypothèse $h = f$E, à $E = \dfrac{H'}{3f'}$.

Quant à e, pour l'obtenir, il faut faire, dans l'équation (R), les hypothèses $n = 0$, $b = 0$, $\zeta = 90° - \varphi$ ou $\operatorname{tang}\zeta = \dfrac{1}{\operatorname{tang}\varphi} = \dfrac{1}{f}$, ce qui lui fait prendre la forme

$$\sigma \Pi\left(\tfrac{1}{3}H'\cos\varphi' - e\sin\varphi'\right) = \tfrac{1}{2}p'e^2 H + pe^2\frac{h}{2} - \frac{ph^3}{6f'^2},$$

et, comme $\Pi = \dfrac{p\,H'^2}{\cos\varphi'}\,$M, M représentant la quantité

$$\tfrac{1}{2}\sin^2 V\,(1 - \operatorname{tang}\varphi\,\operatorname{tang}V) = \frac{x^2(1 - fx)}{2(1 + x^2)},$$

dont les valeurs toutes calculées sont données par le tableau du Chapitre V, page 164, l'équation peut donc encore s'écrire

$$\sigma p \,\mathrm{M} \mathrm{H}'^2(\tfrac{1}{3}\mathrm{H}' - ef') = \tfrac{1}{2} p'e^2 \mathrm{H} + pe^2 \frac{h}{2} - \frac{p h^3}{6 f'^2}.$$

Si l'on y introduit l'hypothèse $h = ef$, et si l'on re-marque que $\mathrm{H} = \mathrm{H}' - ef$, elle devient

$$(\mathrm{U}) \quad (\tfrac{1}{2}p' - \tfrac{1}{3}p)fe^3 - \tfrac{1}{2}p'\mathrm{H}'e^2 - \sigma p\,\mathrm{M}\mathrm{H}'^2 f'e + \tfrac{1}{3}\sigma p\,\mathrm{M}\mathrm{H}'^3 = 0,$$

et, comme on suppose

$$e = \mathrm{NE} = \frac{\mathrm{NH}'}{3f'},$$

on trouve finalement

$$(\mathrm{U_1}) \quad (\tfrac{1}{2}p' - \tfrac{1}{3}p)\frac{f}{9f'^3}\mathrm{N}^3 - \frac{1}{6}\frac{p'}{f'^2}\mathrm{N}^2 - \sigma p\,\mathrm{M}\mathrm{N} + \sigma p\,\mathrm{M} = 0.$$

Discussion. — Voyons maintenant si cette équation donnera toujours pour N une valeur convenable répondant directement à la question.

Or il faut pour cela que l'équation $(\mathrm{U_1})$ ait une racine comprise entre 0 et $+1$, quand σ est compris entre $+0$ et $+\infty$.

Pour $\mathrm{N} = 0$, le premier membre se réduit à $\sigma p\,\mathrm{M}$, qui est positif.

Pour $\mathrm{N} = 1$, la somme des deux derniers termes de-vient nulle; en sorte que le résultat de la substitution se réduit à

$$\frac{1}{3f'^3}\left[(\tfrac{1}{3}f - f')\frac{p'}{2} - \tfrac{1}{9}pf\right].$$

D'un autre côté, la plus grande valeur de e est $\mathrm{E} = \dfrac{\mathrm{H}'}{3f'}$; et il faut, pour que H soit positif et que le profil puisse être construit en réalité, que l'on ait $h < \mathrm{H}'$ ou $ef < \mathrm{H}'$.

Si l'on substitue, dans cette inégalité, à e sa limite supérieure E ci-dessus, on voit que l'on doit avoir

$$\frac{H'f}{3f''} < H', \quad \text{ou} \quad \frac{f}{3f''} < 1.$$

Il est clair que, si cette condition est remplie, la quantité $\frac{1}{3f''}\left[\left(\frac{1}{3}f - f'\right)\frac{p'}{2} - \frac{1}{6}pf\right]$ sera négative.

L'équation (U_1) aura donc, dans ce cas, une racine positive comprise entre 0 et $+1$, et, par suite, il existera une valeur de e positive et moindre que $\frac{H'}{3f''}$. Comme d'ailleurs le coefficient $\left(\frac{1}{2}p' - \frac{1}{3}p\right)\dfrac{f}{9f''^3}$ de N^3 sera toujours positif dans les cas ordinaires de la pratique, les deux autres racines de l'équation (U_1) seront l'une négative, l'autre plus grande que 1; elles ne correspondront donc pas directement à la question.

Nous ne pousserons pas plus loin la discussion relative aux solutions que procurera l'équation (U_1).

Hypothèse $p' = p$. — Au lieu d'employer cette équation telle qu'elle est, on peut la simplifier en y introduisant l'hypothèse $p' = p$.

Voici alors comment on fera pour passer de ce cas à celui où p et p' sont différents l'un de l'autre. Appelons Σ le coefficient de stabilité correspondant à l'hypothèse $p' = p$. Si le poids spécifique de la maçonnerie, qui était d'abord égal à p, vient à augmenter et devient égal à p', le coefficient de stabilité croîtra dans le même rapport et deviendra égal à σ; en sorte que l'on aura la proportion $p : p' :: \Sigma : \sigma$; d'où

$$\Sigma = \sigma\frac{p}{p'}.$$

Pour qu'il en fût rigoureusement ainsi, il faudrait que le poids spécifique du prisme de terre qui surmonte le mur fût le même que celui de la maçonnerie; mais on peut négliger cette différence, qui ne sera généralement pas bien considérable.

Quoi qu'il en soit, quand σ, p et p' seront connus, on calculera la valeur correspondante de Σ, et c'est ce dernier coefficient que l'on fera entrer dans l'équation au moyen de laquelle on déterminera N.

L'équation (U_1) devient, quand on y fait $p' = p$,

$$(U_2) \qquad \frac{f}{f'^3} N^3 - 9 \frac{N^2}{f'^2} - 54 \Sigma MN + 54 \Sigma M = 0.$$

Le principal avantage que l'on réalise en calculant les valeurs de N, dans l'hypothèse $p' = p$, consiste à permettre de ne chercher directement qu'un nombre limité de valeurs de ce coefficient, au moyen desquelles on obtient ensuite facilement les valeurs correspondant à toutes les hypothèses possibles sur p et p'.

Nous donnons ci-après le tableau (U_3) des différentes valeurs du coefficient N', avec les épaisseurs de revêtements correspondantes, dans les hypothèses $h = fe$, $\varphi' = \varphi$, pour les valeurs de l'angle φ croissant de 5 en 5 degrés, depuis zéro jusqu'à 60 degrés, et pour les différentes valeurs de Σ comprises entre $\Sigma = 0,50$ et $\Sigma = 10$.

Nota. — Pour obtenir la valeur de N' destinée à faire connaître la valeur de N à introduire dans l'une des formules (S), (S_1), (S_2),..., (S'), (S''),..., il faut calculer Σ au moyen de la relation $\Sigma = \sigma \dfrac{p}{p'}$. Dans les cas ordinaires de la pratique, on pourra généralement supposer $N = N'$.

Nous désignons par e' le rapport $\dfrac{e}{H'} = \dfrac{N'}{3f'}$, qui prend la forme $\dfrac{e}{H'} = \sqrt{\dfrac{\sigma}{3} \dfrac{p}{p'}}$, quand on a $\varphi = \varphi' = 0$, comme il est facile de s'en assurer au moyen de l'équation (R_3).

Enfin nous appelons t le rapport $\dfrac{H}{H'} = 1 - \dfrac{N'f}{3f'}$.

Pour appliquer l'équation (S) au cas d'un mur à parement extérieur incliné, avec berme, il faudra introduire dans le calcul, à la place de H, la valeur H_0 donnée par la relation (X)

$$H_0 = H_b - f(b' + nH_b),$$

H_b étant la hauteur du mur donnée et b' la largeur de la berme.

RELIURE SERRÉE

Tableau (U₃).

VALEURS de $\varphi=\varphi'$.	$\Sigma =$	0,50.	1.	2.	3.	4.	5.	6.	7.	8.	9.	10.	$\Sigma = \infty$.
0°	$N' =$	0,000	0,000	0,000	0,000	0,000	0,000	0,000	0,000	0,000	0,000	0,000	//
	$e' =$	0,408	0,578	0,817	1,000	1,154	1,290	1,415	1,527	1,632	1,732	1,826	∞
	$t =$	1,000	1,000	1,000	1,000	1,000	1,000	1,000	1,000	1,000	1,000	1,000	//
5°	$N' =$	0,084	0,118	0,162	0,195	0,222	0,245	0,265	0,283	0,299	0,314	0,328	1,000
	$e' =$	0,321	0,448	0,619	0,745	0,847	0,937	1,011	1,080	1,141	1,197	1,251	3,815
	$t =$	0,972	0,901	0,946	0,935	0,926	0,918	0,922	0,906	0,900	0,895	0,891	0,667
10°	$N' =$	0,145	0,199	0,270	0,321	0,360	0,393	0,421	0,445	0,468	0,488	0,506	1,000
	$e' =$	0,275	0,377	0,512	0,607	0,681	0,743	0,796	0,842	0,884	0,923	0,958	1,892
	$t =$	0,952	0,933	0,910	0,893	0,880	0,869	0,859	0,852	0,844	0,837	0,831	0,667
15°	$N' =$	0,192	0,261	0,348	0,408	0,450	0,492	0,522	0,548	0,572	0,592	0,611	1,000
	$e' =$	0,238	0,325	0,433	0,507	0,560	0,612	0,649	0,682	0,711	0,737	0,760	1,245
	$t =$	0,936	0,913	0,884	0,864	0,850	0,836	0,826	0,817	0,809	0,802	0,796	0,667
20°	$N' =$	0,229	0,308	0,407	0,472	0,520	0,557	0,590	0,616	0,643	0,664	0,680	1,000
	$e' =$	0,210	0,282	0,373	0,433	0,477	0,511	0,541	0,565	0,589	0,608	0,623	0,917
	$t =$	0,924	0,898	0,864	0,843	0,827	0,815	0,804	0,795	0,786	0,779	0,774	0,667
	$N' =$	0,259	0,345	0,450	0,520	0,571	0,612	0,641	0,666	[illegible]	[illegible]	[illegible]	[illegible]

35°	N' =	0,302	0,398	0,510	0,580	0,632	0,669	0,700	0,724	0,746	0,765	0,778	1,000
	e' =	0,144	0,189	0,243	0,277	0,301	0,319	0,333	0,344	0,355	0,364	0,371	0,476
	t =	0,899	0,968	0,830	0,807	0,789	0,777	0,766	0,758	0,751	0,745	0,741	0,667
40°	N' =	0,318	0,420	0,535	0,606	0,655	0,694	0,722	0,748	0,769	0,786	0,801	1,000
	e' =	0,126	0,166	0,212	0,240	0,260	0,275	0,287	0,297	0,305	0,312	0,318	0,398
	t =	0,894	0,860	0,821	0,798	0,782	0,769	0,759	0,751	0,744	0,738	0,733	0,667
45°	N' =	0,332	0,435	0,553	0,625	0,674	0,708	0,741	0,763	0,782	0,799	0,813	1,000
	e' =	0,111	0,145	0,184	0,208	0,225	0,236	0,247	0,255	0,261	0,266	0,271	0,333
	t =	0,889	0,855	0,816	0,792	0,775	0,764	0,753	0,746	0,739	0,734	0,729	0,667
50°	N' =	0,342	0,448	0,566	0,636	0,685	0,721	0,750	0,772	0,791	0,810	0,822	1,000
	e' =	0,096	0,125	0,158	0,178	0,192	0,202	0,210	0,216	0,222	0,227	0,236	0,280
	t =	0,885	0,850	0,811	0,787	0,771	0,759	0,750	0,742	0,735	0,729	0,725	0,667
55°	N' =	0,352	0,459	0,578	0,650	0,697	0,731	0,761	0,783	0,803	0,817	0,830	1,000
	e' =	0,083	0,107	0,135	0,152	0,163	0,171	0,178	0,183	0,188	0,191	0,194	0,234
	t =	0,882	0,846	0,816	0,783	0,767	0,755	0,745	0,738	0,732	0,727	0,722	0,667
60°	N' =	0,361	0,472	0,590	0,661	0,708	0,747	0,774	0,795	0,814	0,830	0,844	1,000
	e' =	0,069	0,091	0,113	0,127	0,136	0,143	0,149	0,153	0,156	0,159	0,162	0,192
	t =	0,880	0,843	0,803	0,780	0,764	0,751	0,742	0,735	0,729	0,723	0,719	0,667

Calcul de la valeur N_0 du coefficient N, qui correspond au cas où la hauteur et l'épaisseur du revêtement deviennent nulles. — Pour déterminer la valeur particulière que prend le coefficient N quand H et e deviennent nuls, ou, ce qui revient au même, quand H_1 et e tendent l'un et l'autre vers zéro, nous ferons remarquer que cette valeur de N n'est autre que la limite du rapport $\dfrac{CH_1}{\gamma H_1}$ quand e ou H_1 devient nul, et qu'on obtiendra facilement ce rapport en calculant séparément la limite du rapport $\dfrac{\gamma H_1}{H_1}$ au moyen de l'équation (t), et celle du rapport $\dfrac{CH_1}{H_1}$ par le procédé que nous allons indiquer; puis, en divisant le dernier de ces deux rapports, que nous nommerons K_r, par le premier, que nous appellerons K_e.

Occupons-nous d'abord du rapport $K_e = \dfrac{\gamma H_1}{H_1}$. Pour l'obtenir, reportons-nous à la formule (t)

$$E = \frac{H_1(3H' - 2H_1)}{3f''(2H' - H_1)},$$

et remarquons, d'un autre côté, que $K_e = \dfrac{E\sqrt{1+f'^2}}{H_1}$. Nous aurons, par suite,

$$K_e = \frac{(3H' - 2H_1)\sqrt{1+f'^2}}{3f'(2H' - H_1)},$$

et, si l'on fait $H_1 = 0$,

$$K_e = \frac{\sqrt{1+f'^2}}{2f'}.$$

Considérons actuellement le rapport $\dfrac{CH_1}{H_1}$; désignons par K l'expression générale de ce rapport, et cherchons la limite K_r vers laquelle il tend quand H_1 devient nul.

Nous aurons d'abord

$$K = \frac{e\sqrt{1+f^2}}{H_1},$$

d'où

$$e = \frac{KH_1}{\sqrt{1+f^2}}.$$

Reportons-nous maintenant au système des deux équations (r) et (q), au moyen desquelles on pourrait calculer e en fonction de H_1, en introduisant dans la première les hypothèses $n = 0$ et $b = 0$, puisque nous supposons le parement extérieur du mur vertical et la berme nulle.

Dans l'équation (q), remplaçons e par $\dfrac{KH_1}{\sqrt{1+f^2}}$, et, avant de faire $x = \dfrac{1}{f}$ et $H_1 = 0$, divisons par $(1-fx)^2$ tous les termes de cette équation, de manière à mettre en évidence le rapport $\dfrac{H_1}{1-fx}$, qui prend la forme $\frac{0}{0}$ quand on y introduit à la fois les deux dernières hypothèses.

Si l'on désigne par w le rapport $\dfrac{H_1}{1-fx}$, on trouve

$$\frac{-f-2x+fx^2}{(1+x^2)^2}\left[\frac{H'}{6f^2}(w-H')^2-\frac{f'H'}{2f}(w-H')\right.$$
$$\times\frac{Kx}{\sqrt{1+f^2}}w+\frac{H'-H_1}{6f^2}w(w-H')$$
$$\left.+\frac{H'-H_1}{6f}xw^2-\frac{f'}{2f}\frac{(H'-H_1)}{\sqrt{1+f^2}}Kxw^2\right]$$
$$+\frac{1}{1+x^2}\left\{\frac{H'^2}{3f}(w-H')-\frac{Kf'H'}{2f\sqrt{1+f^2}}\right.$$
$$\times(H_1-H'+2fH'x)w+\frac{H'(H'-H_1)}{6f}w$$
$$\left.+\frac{w}{2f}\left[\frac{H_1(H'-H_1)}{3}-f'(H'-H_1)\frac{KH_1}{\sqrt{1+f^2}}\right]\right\}=0,$$

et, si maintenant on suppose $H_1 = 0$ et $x = \frac{1}{f}$, on trouve, toutes réductions faites, l'équation

$$\left(-\frac{1}{2} + \frac{Kf'}{\sqrt{1+f'^2}}\right) w^2 + \left(H' - \frac{Kf'H'}{\sqrt{1+f'^2}}\right) w - \frac{1}{2}H'^2 = 0.$$

Cette équation donne pour w deux valeurs

$$w = H' \quad \text{et} \quad w = \frac{H'}{1 - \dfrac{2Kf'}{\sqrt{1+f'^2}}}.$$

Dans l'équation des moments (r), faisons $e = \frac{KH_1}{\sqrt{1+f'^2}}$, mettons en évidence le rapport $\frac{H_1}{1-fx} = w$, et introduisons ensuite les hypothèses $H_1 = 0$ et $x = \frac{1}{f}$, il vient

$$\frac{f'^2 \sigma p}{1+f'^2}\left[\frac{H'(w-H')}{2f}\cdot\left(\frac{w-H'}{3f} - \frac{Kf'}{f\sqrt{1+f'^2}}\,w\right)\right.$$
$$\left. + \frac{wH'}{2f}\left(\frac{2w-H'}{3f} - \frac{Kf'w}{f\sqrt{1+f'^2}}\right)\right]$$
$$= \frac{p'w^3K^2}{2(1+f'^2)} - \left(\frac{p'}{2} - \frac{p}{3}\right)\frac{fK^3w^3}{(\sqrt{1+f'^2})^3}.$$

Si maintenant on y substitue la valeur de w, on obtiendra l'équation qui fera connaitre K_e.

D'un autre côté, nous avons vu que $K_E = \frac{\sqrt{1+f'^2}}{2f'}$, et, comme $N = \frac{K_e}{K_E}$, on en conclut

$$N = \frac{2f'K_e}{\sqrt{1+f'^2}} \quad \text{et} \quad K_e = \frac{N\sqrt{1+f'^2}}{2f'}.$$

La seconde valeur de w peut donc s'écrire

$$w = \frac{H'}{1-N}.$$

Au lieu de substituer à w sa valeur en fonction de K_e, on peut arriver immédiatement à l'équation en N, en substituant, dans l'équation en w ci-dessus, à K et à w leurs valeurs en fonction de N.

En faisant ce calcul pour la seconde valeur de w, on arrive ainsi à l'équation

$$(V) \quad \begin{cases} \left[\dfrac{(1+f'^2)f}{4f'^3}\left(\dfrac{p'}{2}-\dfrac{p}{3}\right)+\dfrac{\sigma p}{6}\right]N^3 \\[2mm] \quad -\dfrac{(1+f'^2)p'}{4f'^2}N^2-\dfrac{\sigma p}{2}N+\dfrac{\sigma p}{3}=0. \end{cases}$$

Discussion. — Si on l'exécutait pour l'autre valeur de w qui est $w=H'$, on arriverait à une équation qui ne diffère de celle qu'on vient d'obtenir que par le terme $\dfrac{\sigma p}{6}N^3$, qui serait à supprimer dans l'équation ci-dessus. Nous allons faire voir que l'hypothèse $w=H'$ est à rejeter, et que c'est la valeur $w=\dfrac{H'}{1-N}$ qui doit être adoptée.

A cet effet, nous chercherons ce que devient le point d'application de la poussée au contact de la paroi intérieure du mur, dans les deux cas.

Si nous nous reportons à ce qui a été dit au Chapitre V, nous trouvons que l'expression du moment de la poussée par rapport au point B, le bras de levier étant pris dans le sens de la paroi intérieure du mur, qui est verticale, et par suite obliquement par rapport à la direction de la poussée effective, est la suivante :

$$\frac{\cos(\varphi+V)}{\cos\varphi}\frac{\sin V}{\cos\varphi'}\left[\frac{p}{2}\frac{H'^2\sin(V-\varepsilon_2)}{\cos\varepsilon_2\cos V}\frac{1}{2}\frac{H'\sin(V-\varepsilon_2)}{\cos\varepsilon_2\sin V}\right.$$
$$\left.+\frac{p}{2}H_1 H'\tan\varepsilon_2\frac{1}{3}\left(\frac{H'\sin(V-\varepsilon_2)}{\cos\varepsilon_2\sin V}+H_1\right)\right].$$

Quant à la poussée elle-même, elle a pour expression

$$\frac{\cos(\varphi + V)}{\cos\varphi}\,\frac{\sin V}{\cos\varphi'}\left[\frac{p}{2}\,\frac{H'^2\sin(V-\varepsilon_2)}{\cos\varepsilon_2\cos V} + \frac{p}{2}\,H_1\,H'\tang\varepsilon_2\right].$$

Le rapport de ces deux quantités, qui n'est autre que la hauteur du point d'application au-dessus du point B, peut s'écrire

$$\frac{\dfrac{H'}{6f^2}[H_1 - H'(1-fx)]^2 + \dfrac{H_1}{6f}(H'-H_1)\left[\dfrac{H_1 - H'(1-fx)}{f} + H_1 x\right]}{\dfrac{x}{2}\left[\dfrac{H'}{f}\,[H_1 - H'(1-fx)] + \dfrac{H_1}{f}(H'-H_1)\right]}.$$

Si, dans cette expression, on met en évidence le quotient $\dfrac{H_1}{1-fx} = w$, et si l'on divise par H_1 pour obtenir le rapport dans lequel la poussée partage cette hauteur H_1, on trouve

$$\frac{\dfrac{1}{3}\left[\dfrac{H'}{f}(w-H')^2 + w(H'-H_1)\right]\left(\dfrac{w-H'}{f} + wx\right)}{x\,[H'(w-H') + w(H'-H_1)]\,w}.$$

Si l'on suppose $H_1 = 0$, $x = \dfrac{1}{f}$ et $w = H'$, cette quantité se réduit à $\frac{1}{3}$.

Si, au contraire, on suppose $H_1 = 0$, $x = \dfrac{1}{f}$ et $w = \dfrac{H'}{1-N}$, le rapport cherché se réduit à $\dfrac{N^2 + N + 1}{3(N+1)}$.

Or nous savons, par l'étude que nous avons faite de la question, soit à l'aide du calcul, soit à l'aide des procédés graphiques, que, lorsque le rapport $\dfrac{H'}{H_1}$ augmente indéfiniment, ou, ce qui revient au même, lorsque le rapport $\dfrac{H_1}{H'}$ tend vers zéro, le rapport de la hauteur du point d'application de la poussée à la hauteur H_1, qui est égal à $\frac{1}{3}$ lorsque $\frac{H'}{H_1} = 1$; tend à se rapprocher de $\frac{1}{2}$ quand $\frac{H'}{H_1}$ va en augmentant.

La solution qui correspond à $w = H'$ est donc à rejeter, comme ne répondant pas directement à la question.

Le rapport $\frac{N^2 + N + 1}{3(N+1)}$ répond, au contraire, très-bien à ce que nous savons déjà. Il ne peut être égal à $\frac{1}{3}$ que quand $N = 0$, et il devient égal à $\frac{1}{2}$ quand $N = 1$.

Dans certains cas, cette limite pourra être utile à connaître.

Nous ferons encore remarquer qu'il devait sembler peu admissible que la valeur $w = H'$, obtenue au moyen de l'équation qui exprime la condition pour que le moment de la poussée soit un maximum, se trouvât indépendante de la quantité K, et que cette circonstance devait déjà donner à penser que cette solution serait à écarter.

La valeur de N_0 cherchée sera donc bien donnée par l'équation (V) ci-dessus, que nous avons obtenue en introduisant l'hypothèse $w = \dfrac{H'}{1-N}$ dans l'équation des moments (r).

Admettons que $\dfrac{p'}{2} - \dfrac{p}{3}$ soit une quantité positive, ce qui aura généralement lieu dans la pratique. Alors le coefficient de N^3 sera essentiellement positif. S'il en est ainsi,

Pour $N = -\infty$, le premier membre devient $-\infty$;

 » $N = 0$, » $\dfrac{\sigma p}{3}$;

 » $N = 1$, » $\dfrac{1 + f'^2}{4 f'^3}\left[p'\left(\dfrac{f}{2} - f''\right) - f'\dfrac{p}{3}\right]$;

 » $N = +\infty$, » $+\infty$.

Il existe toujours une racine négative; de plus, tant que f' sera plus grand que $\dfrac{f}{2}$, on est certain que le résultat de la substitution de $N = 1$ sera négatif; en sorte qu'il y aura une racine comprise entre $N = o$ et $N = 1$, et une autre plus grande que 1. La condition à remplir pour qu'il en soit ainsi est

$$f' > f\left(\frac{1}{2} - \frac{1}{3}\frac{p}{p'}\right).$$

Comme le rapport $\dfrac{p}{p'}$ est généralement compris entre 1 et $\frac{1}{2}$, cette condition se réduira à une inégalité comprise entre

$$f' > \tfrac{1}{6}f \quad \text{et} \quad f' > \tfrac{1}{3}f.$$

Si f' était égal à la quantité du second membre de l'inégalité, l'équation aurait pour racine $N = 1$. On démontre facilement que les autres racines seraient l'une négative à rejeter, l'autre positive et moindre que l'unité : cette dernière répond à la question.

Enfin, si $f' < f\left(\dfrac{1}{2} - \dfrac{1}{3}\dfrac{p}{p'}\right)$, il est facile de voir que, pour toute valeur de N supérieure à l'unité, la somme des termes $\dfrac{1+f^2}{4f'^3}f\left(\dfrac{p'}{2} - \dfrac{p}{3}\right)N^3 - \dfrac{(1+f^2)p'}{4f'^2}N^2$, dans l'équation (V), resterait toujours positive. Quant aux autres termes $\dfrac{\sigma p}{6}N^3 - \dfrac{\sigma p}{2}N + \dfrac{\sigma p}{3}$, leur somme serait aussi positive, car elle est nulle pour $N = 1$, positive pour $N = \infty$, et ne peut être nulle pour aucune autre valeur de N supérieure à l'unité. L'équation (V) n'a donc aucune racine supérieure à l'unité; elle a d'ailleurs toujours une racine négative, et ne peut en avoir qu'une seule, attendu que la transformée que l'on obtient en

remplaçant N par — N, a ses deux premiers termes positifs et les deux derniers négatifs.

Les deux autres racines, si elles sont réelles, sont
donc nécessairement comprises entre o et $+1$.

Nous n'examinerons pas si ces deux racines sont toujours réelles; nous nous bornerons à faire remarquer que,
pour $f' = o$, l'équation se réduit à $N^3 = o$, pourvu que σ
ne soit pas infini.

JUSTIFICATION DE LA FORMULE PRATIQUE (S) PAR LA COMPARAISON
DES RÉSULTATS QU'ELLE DONNE AVEC CEUX AUXQUELS CONDUISENT
L'EXPÉRIENCE ET LES ÉPURES.

Nous allons justifier la méthode qui nous a conduit
à la formule pratique (S), en comparant les résultats
qu'elle donne à ceux auxquels on est arrivé dans l'expérience qui a fait l'objet de l'épure n° 3. Nous avons déjà
reconnu que cette expérience et notre méthode graphique
sont parfaitement d'accord. Nous arriverons à cette conséquence que, dans le cas dont il s'agit, dans lequel l'erreur que donne l'emploi de la formule (Y_1), pour le calcul
de N, doit être considérée en quelque sorte comme attei-
gnant sa limite supérieure, on peut compter sur une
exactitude suffisante en prenant pour N sa valeur donnée
par cette formule (Y_1)

$$N = N_0 + \frac{N' - N_{\shortmid\shortmid}}{1 - \dfrac{N'f}{3f''}} \frac{H}{H'},$$

dans laquelle entrent seulement les deux valeurs particulières extrêmes de N que nous avons désignées par N' et
N_0; et nous admettrons, en généralisant cette conclusion,
que, dans la pratique, on pourra se contenter de la valeur
de N donnée par l'équation (Y_1), lorsque les valeurs de φ

et de φ' différeront notablement l'une de l'autre, et lorsque la hauteur H du mur se rapprochera de la moitié de la hauteur totale H' du remblai.

En appliquant le calcul à différentes épures, nous arriverons ensuite à conclure que, dans la pratique, lorsque l'on aura $\varphi = \varphi'$, on pourra se contenter, pour N, des valeurs $N = N'$ données par l'équation (U), ou, plus simplement, par le tableau (U_3).

Application à l'expérience qui fait l'objet de l'épure n° 3. — Dans l'expérience qui a fait l'objet de l'épure n° 3, les données de la question étaient $p = 1260^{kg}$, $p' = 2024^{kg}$, $f = 1$, $f' = 0,7$, $e = 0^m,23$, $H = 0^m,90$, et l'équilibre du mur a été détruit quand le remblai a été élevé à une hauteur $H' = 2^m,20$. L'épure nous a donné, dans ces différentes hypothèses, un coefficient de stabilité un peu inférieur à 1, et nous adopterons le chiffre $\sigma = 0,969$ ainsi obtenu.

Cherchons d'abord la valeur N' de N.

L'équation (U_1) devient, quand on y substitue les données ci-dessus et la valeur de M qui correspond à celle de $x = 0,596$ donnée par l'équation (Q), ou à l'angle de de rupture $V = 30°48'$, et qui est $M = 0,05294688$,

$$N^3 - 3,58986\,N^2 - 0,33708897\,N + 0,33708897 = 0.$$

Cette équation donne

$$N' = 0,2720.$$

Pour obtenir la valeur N_0 de N, introduisons les données du problème dans l'équation (V); elle devient

$$N^3 - 1,938\,N^2 - 0,5725\,N + 0,3816 = 0;$$

et en la résolvant, on trouve

$$N_0 = 0,3415.$$

La relation (Y_1),

$$N = N_0 + \dfrac{N' - N_0}{1 - \dfrac{N'f}{3f'}} \dfrac{H}{H'}$$

donne alors, pour la valeur de N dont nous avons à faire usage, l'expression fonction de $\dfrac{H}{H'}$ seulement,

$$N = 0,3415 - 0,0798 \dfrac{H}{H'},$$

d'où

$$N = 0,3088,$$

quand on suppose $H' = 2,2$ et $H = 0,90$.

La formule (Y_1) et l'équation (S)

$$\left(\dfrac{3ff'}{N} - 2f^2 \right) e^2$$
$$- \left[\dfrac{3f'}{N} (2H' - H) - f(3H' - 4H) \right] e$$
$$+ 3H'H - 2H^2 = 0$$

nous donneront la solution complète du problème, dans toutes les hypothèses possibles sur H et H'; mais, si l'on voulait faire varier f, f', p, p' et σ, il faudrait calculer les valeurs particulières de N' et de N_0 à introduire dans la relation (Y_1).

Dans le cas qui nous occupe, l'équation (S) devient

$$e^2 - 4,33324\, e + 0,899902 = 0,$$

d'où l'on tire

$$e = 0^m,219$$

au lieu de

$$0^m,230.$$

La formule donne donc une erreur de $0^m,011$ ou de $\frac{1}{70}$, que l'on peut négliger dans la pratique.

Expression corrigée de N obtenue en fonction du rapport $\frac{H}{H'}$, à l'aide des données de l'épure. — Pour obtenir une plus grande exactitude, il faudrait connaitre une valeur de N intermédiaire et la valeur de H correspondante. Or c'est précisément ce que nous fournissent les données de l'expérience et l'épure qui s'y rapporte, puisque nous savons que c'est l'épaisseur $e = 0^m,23$ qui correspond à $H = 0^m,90$ et à $\sigma = 0,969$.

Si nous nous reportons à l'équation

$$e = \frac{N}{3f'}\, H_1 \frac{3H' - 2H_1}{2H' - H_1},$$

et si nous remarquons que dans le cas actuel

$$H_1 = H + ef = 0^m,90 + 0^m,23\, \text{tang}\,45^\circ = 1^m,13,$$

nous voyons que l'on peut facilement obtenir la valeur particulière de N correspondante, qui sera

$$N'' = 0,323.$$

L'expression de N sera de la forme

$$N = a + b\frac{H}{H'} + c\left(\frac{H}{H'}\right)^2.$$

Pour obtenir les coefficients *a*, *b* et *c*, on posera

$$N' = a + b\left(1 - \frac{N'f}{3f'}\right) + c\left(1 - \frac{N'f}{3f'}\right)^2,$$

$$N'' = a + b\frac{H''}{H'} + c\left(\frac{H''}{H'}\right)^2,$$

$$N_0 = a.$$

Ce système de trois équations deviendra

$$0,2720 = a + b \times 0,8372 + c \times (0,8372)^2,$$

$$0,323 = a + b \times \frac{0,90}{2,20} + c \times \left(\frac{0,9}{2,2}\right)^2,$$

$$0,3415 = a.$$

On en tire

$$c = -0,0885 \quad \text{et} \quad b = -0,00896,$$

et, par suite, on aura

$$N = 0,3415 - 0,00896 \frac{H}{H'} - 0,0885 \left(\frac{H}{H'}\right)^2,$$

Cette expression de N, avec l'équation (S), donnerait très-exactement, pour les qualités de terre et de maçonnerie de l'expérience, les valeurs de e correspondant à un coefficient de stabilité $\sigma = 0,969$ et à des valeurs quelconques du rapport $\dfrac{H}{H'}$.

Désaccord du calcul avec l'expérience et avec l'épure, quand on se contente de supposer $N = N'$. — Si, pour appliquer le calcul au cas que l'on vient de considérer, on se contentait de prendre $N = N' = 0,2720$, on trouverait, pour l'équation (S),

$$e^2 - 4,207\,e + 0756 = 0,$$

d'où l'on tire

$$e = 0^m,188$$

au lieu de

$$0^m,230.$$

La différence est $0^m,042$ ou de $\frac{1}{5,5}$ de l'épaisseur véritable. Cette approximation n'est pas suffisante.

Cas où $\varphi = \varphi'$. — Nous allons maintenant appliquer le calcul à divers exemples, pour lesquels nous avons fait des épures, dans l'hypothèse $\varphi = \varphi'$.

1° Données de l'épure :

$$\varphi = \varphi' = 35^o \quad \text{ou} \quad \tang\varphi = \tang\varphi' = 0,70,$$
$$p = 1800^{kg}, \quad p' = 2000^{kg},$$
$$H = 4^m, \quad h = 11^m, \quad H' = 15^m, \quad e = 2^m,39.$$

La construction graphique a conduit à $\sigma = 4,34$.

Cherchons d'abord la valeur de N′. L'équation (U_1) devient, quand on y fait $M = 0,086$,

$$N^3 - 7,5 . N^2 - 7,407 . N + 7,407 = 0,$$

et elle donne

$$N' = 0,631.$$

La valeur de N_0 sera donnée par l'équation (V), qui devient

$$N^3 - 0,94665 . N^2 - 2,432 . N + 1,62134 = 0.$$

On trouve

$$N_0 = 0,615.$$

La relation (Y_1) devient

$$N = 0,615 + 0,020 \frac{II}{II'} = 0,619.$$

L'équation (S) prend alors la forme

$$e^2 - 48,6857 . e + 106,1086 = 0,$$

et elle donne... $e = 2,29$
au lieu de...... $e = 2,39$

La différence est de $0,10$ ou environ $\frac{1}{24}$.

Si, au lieu d'opérer ainsi, l'on se contentait de calculer N′ par interpolation au moyen du tableau (U_3), on trouverait

$$\Sigma = \frac{1800}{2000} \times 4,34 = 3,906 = 4 - 0,094.$$

Pour $\Sigma = 3$ 4   Différence 1
 » $N' = 0,581$ 0,632   »   0,051

d'où

$$1 : 0,051 :: 0,094 : 0,005$$

et

$$N' = 0,632 - 0,005 = 0,627,$$

quantité un peu inférieure au chiffre 0,631 que nous avons trouvé directement au moyen de l'équation (U_1). Reprenons cette dernière valeur de N' et introduisons l'hypothèse $N = 0,631$ dans l'équation (S), nous trouverons

$$c^2 - 49,1673\,c + 108,9641 = 0,$$

d'où.......... $c = 2^m,33$
au lieu de..... $c = 2^m,39$
La différence est de $\overline{0,06}$ ou environ $\frac{1}{40}$.

Ainsi, dans le cas actuel, on n'obtient pas une plus grande exactitude en ayant recours à la formule (Y_1) que l'on trouve après avoir calculé deux valeurs particulières de N, qu'en se contentant de faire $N = N'$.

2° *Épure n° 4.* — Données de l'épure :

$$\varphi = \varphi' = 35°, \quad p = 1800^{kk}, \quad p' = 2000^{kk},$$
$$H = 7^m, \quad h = 8^m, \quad H' = 15^m, \quad e = 3^m,80.$$

La construction graphique a conduit à $\sigma = 4,60$.
L'équation (U_1) devient, pour $M = 0,086$,

$$N^3 - 7,5\,N^2 - 7,850\,N + 7,850 = 0.$$

Elle donne

$$N' = 0,641.$$

L'équation (V) devient

$$N^3 - 0,903\,N^2 - 2,460\,N + 1,639 = 0.$$

Elle donne

$$N_0 = 0,622.$$

La formule (Y_1) devient

$$N = 0,622 + 0,0242\,\frac{H}{H'},$$

d'où

$$N = 0,633.$$

L'équation (S) devient alors

$$e^2 - 47,9 e + 161,5 = 0,$$

d'où.......... $e = 3\overset{'''}{,}68$
au lieu de..... $e = 3,80$
La différence est de $\overline{\ 0,12\ }$ ou environ $\frac{1}{42}$,

Quand on fait le calcul de l'épaisseur e, en prenant simplement pour N la valeur $N = N' = 0,641$, on obtient, pour l'équation (S),

$$e^2 = 48,15 e + 164,6 = 0,$$

d'où.......... $e = 3\overset{'''}{,}70$
au lieu de..... $e = 3,80$
La différence est de $\overline{\ 0,10\ }$ ou $\frac{1}{38}$.

L'approximation est donc encore, dans le cas actuel, plus grande quand on prend $N = N'$ que quand on adopte pour cette quantité la valeur donnée par l'équation (Y_1) en fonction de N' et de N_0.

Si, au lieu de calculer directement N', au moyen de l'équation (U_1), on voulait l'obtenir par interpolation, au moyen du tableau (U_3), on trouverait

$$\Sigma = \frac{1800}{2000} \times 4,60 = 4,14 = 4 + 0,14.$$

Or, pour

$$\Sigma = 4 \qquad\qquad 5 \qquad\quad \text{différence} \quad 1$$

le tableau donne

$$N' = 0,632 \qquad 0,669 \qquad\qquad " \qquad\qquad 0,037,$$

d'où
$$1 : 0,037 :: 0,14 : 0,005.$$

Donc
$$N' = 0,632 + 0,005 = 0,637,$$

quantité un peu inférieure à la valeur $0,641$ de N' trouvée ci-dessus, mais qui donne encore pour e la valeur $3^m,70$ trouvée plus haut.

3° Données de l'épure :
$$\varphi = \varphi' = 20^o,\quad p = p',\quad \mathrm{H} = 7^m,\quad h = 8^m,$$
$$\mathrm{H}' = 15^m,\quad e = 5^m,88.$$

La construction graphique a conduit à $\Sigma = 4,65$. On aura
$$f = f' = 0,364.$$

Calculons N' par interpolation, au moyen du tableau $(\mathrm{U_3})$, on trouve

pour $\Sigma = 4$ 5 différence 1
» $N' = 0,500$ $0,557$ » $0,057$

Or
$$\Sigma = 4,65 = 5 - 0,35.$$

Nous poserons donc
$$1 : 0,057 :: 0,35 : 0,020,$$

ce qui donne
$$N' = 0,557 - 0,020 = 0,537.$$

En substituant, dans la formule $(\mathrm{S_2})$, les différentes données ci-dessus et la valeur de N' que l'on vient de trouver, on obtient
$$e = 5^m,84$$
au lieu de . . . . . . $e = 5,88$
$$\text{Différence} \quad 0,04 \quad \text{ou} \quad \tfrac{1}{147}.$$

4° Données de l'épure :

$$\varphi = \varphi' = 55^{\circ}, \quad p = p', \quad H = 7^{m}, \quad h = 8^{m},$$
$$H' = 15^{m}, \quad e = 2^{m},33.$$

La construction graphique a conduit à $\Sigma = 6,80$. On aura

$$f = f' = 1,43.$$

Calculons N' par interpolation, au moyen du tableau (U_3); on trouve

	pour $\Sigma = 6$	7	différence	
»	$N' = 0,764$	$0,7858$	»	$0,0218$

Or

$$\Sigma = 6,80 = 7 - 0,20.$$

Nous poserons donc

$$1 : 0,0218 :: 0,20 : 0,0044,$$

ce qui donne

$$N' = 0,7858 - 0,0044 = 0,781.$$

En substituant, dans la formule (S_2), les différentes données ci-dessus et cette valeur de N', on obtient

$$e = 2,325$$
$$\text{au lieu de } \ldots\ldots\ldots \quad e = 2,330$$
$$\text{Différence } 0,005 \text{ ou } \tfrac{1}{466}.$$

Conclusion. — Il résulte des vérifications qui ont été faites ci-dessus :

1° Qu'on obtient une exactitude suffisante pour la pratique, au moyen de l'équation (S), quand on y introduit la valeur de N calculée au moyen de son expression (Y_1), en fonction des deux valeurs extrêmes N' et N_0;

2° Que, dans l'exemple qui a été traité en premier lieu, et dans lequel l'expérience et l'épure ont été trouvées parfaitement d'accord, exemple dans lequel φ et φ' avaient des valeurs $\varphi = 45°$ et $\varphi' = 35°$, différant sensiblement l'une de l'autre, le calcul s'est trouvé en désaccord avec la réalité, quand on s'est contenté pour N de supposer cette quantité égale à sa valeur particulière N';

3° Que, dans les cas où l'on a supposé $\varphi = \varphi'$, et pour des valeurs de ces angles variant dans des limites assez étendues, on a trouvé le calcul d'accord avec la construction graphique, quand on a supposé $N = N'$. Le degré d'exactitude, sans être très-élevé, est suffisant pour la pratique, et il s'est même trouvé plus grand, dans les cas pour lesquels on a comparé les résultats obtenus à ceux que donnait la valeur de N calculée, en fonction de N_0 et de N' par la formule (Y_1), que celui auquel on est arrivé au moyen de cette dernière formule.

Nous pouvons donc considérer comme démontré :

1° Que, dans tous les cas, on peut calculer l'épaisseur e au moyen de l'équation (S), en y introduisant la valeur de N donnée par la formule (Y_1), quand on ne tient pas à obtenir un plus grand degré d'exactitude que celui qui est ordinairement nécessaire dans la pratique ;

2° Que, dans les cas où l'on a $\varphi = \varphi'$, on peut se contenter de prendre pour N sa valeur particulière N' donnée par l'équation (U) ou par le tableau (U_8) ;

3° Que, pour obtenir une plus grande exactitude, il serait nécessaire d'avoir recours à l'expression (Y) de N, dans laquelle on introduirait trois valeurs particulières de N, ou un plus grand nombre, données soit par le calcul, comme on l'a dit précédemment, soit par des épures.

MODIFICATION A INTRODUIRE DANS LE CALCUL DE LA FORMULE
PRATIQUE QUAND LE PAREMENT EXTÉRIEUR DU REVÊTEMENT EST
INCLINÉ ET QUAND IL EXISTE UNE BERME AU SOMMET DU MUR.

Nous avons vu qu'au moyen de l'équation (S) et du tableau (U_3) on résout facilement dans la pratique le problème de l'épaisseur à donner à un demi-revêtement lorsque le profil du mur est rectangulaire.

Nous allons indiquer comment on devra faire pour tenir compte de l'inclinaison du parement extérieur du mur ainsi que de la berme ménagée entre l'arête extérieure du sommet du mur et le pied du talus.

Reportons-nous à cet effet au système des équations (q), (r) et (s), qui donnent la solution rigoureuse du problème. A la simple inspection de l'équation (r), on remarque que toute l'expression du moment de la poussée qui figure multipliée par σ dans le premier membre, ne contient pas d'autres variables que les quantités H_1, e et x. Ces mêmes variables sont les seules que contienne l'équation (q), ce qui prouve que, si l'on remplace le mur de profil rectangulaire par un mur à parement extérieur incliné, surmonté d'une berme, en conservant la même épaisseur e du mur à sa base, et la même hauteur H_1, la valeur de x donnée par l'équation (q) restera la même, puisque cette équation n'aura pas changé; et, par suite, l'expression du moment de la poussée, qui, multipliée par σ, forme le premier membre de (r), ne changera pas non plus. Le coefficient σ sera seul un peu différent; et nous allons faire voir que cette différence sera généralement négligeable, quand les valeurs de b et de n ne seront pas trop grandes.

Pour que la condition qui vient d'être indiquée soit remplie, il est nécessaire de remplacer la hauteur H par une autre que nous appellerons H_b et qui devra vérifier l'équation (s); on aura ainsi

$$H_b + (e - b)f = H_1.$$

Appelons d'ailleurs H_0 la hauteur H du mur de profil rectangulaire pour lequel on a $n = 0$ et $b = 0$, on aura de même

$$H_0 + ef = H_1;$$

et en éliminant H_1, on trouve, pour la relation qui doit lier H_b et H_0,

$$H_b - bf = H_0.$$

Si nous désignons par b' la largeur de la berme, nous aurons

$$b = b' + nH_b,$$

et, par suite,

$$H_b(1 - nf) - b'f = H_0.$$

Cela posé, si nous introduisons la valeur de H_0 ainsi obtenue dans l'équation (S), nous trouverons pour e une valeur qui pourra être adoptée pour le mur à parement incliné surmonté d'une berme. C'est ce que nous allons établir.

Considérons la forme que prend l'équation (r) dans le cas d'un parement incliné et d'une berme, et ce qu'elle devient quand on y suppose $n = 0$ et $b = 0$; appelons σ_b et σ_0 les valeurs correspondantes du coefficient σ; il est clair que, si l'on divise ces deux équations membre à membre, l'expression du moment de la poussée, qui n'est fonction que de e, H et x dans les premiers membres, disparaîtra, puisque ces quantités sont les mêmes dans les deux hypothèses. On aura donc

$$\frac{\sigma_b}{\sigma_0} = \frac{\dfrac{p'}{2}H_b e^2 - \dfrac{p'}{6} n^2 H_b^3 + \dfrac{p'}{6}(e - b)^2 \left[b + \dfrac{2}{3}(e - b)\right]f}{\dfrac{p'}{2}e^2 H_0 + \dfrac{p}{3}e^3 f}.$$

Nous allons faire voir que, dans la pratique, les coefficients de stabilité σ_b et σ_0 peuvent être considérés comme égaux; il serait d'ailleurs toujours facile de calculer, au moyen de la relation ci-dessus, le coefficient σ_b que l'on devrait adopter au lieu de σ_0.

Il nous suffira, pour cela, d'appliquer le calcul à un exemple.

Considérons le cas de l'épure n°. 4, pour lequel on a

$$\varphi = \varphi' = 35° \quad \text{ou} \quad f = f' = 0,70, \quad H_0 = 7^m, \quad H' = 15^m,$$
$$e = 3^m,80 \quad \text{et} \quad \sigma_0 = 4,60.$$

Supposons que l'on veuille remplacer le mur de profil rectangulaire par un autre, pour lequel on ait $n = \frac{1}{20}$, et $b' = 0^m,50$; en introduisant ces données dans les formules

$$H_b = \frac{H_0 + f b'}{1 - n f} \quad \text{et} \quad b = b' + n H_b,$$

puis dans l'expression du rapport $\dfrac{\sigma_b}{\sigma_0}$, on trouve

$$\frac{\sigma_b}{\sigma_0} = 1,005,$$

et la valeur de H_b sera à peu près égale à $7^m,62$.

Le coefficient σ_b sera, dans le cas actuel, un peu supérieur à $\sigma = 4,60$; il aura pour valeur $\sigma_b = 4,62$.

Nous pouvons donc admettre qu'en substituant, dans l'équation (S), à H la valeur de H_0 donnée par la relation

$$(X) \qquad H_0 = H_b - f(b' + n H_b);$$

on obtiendra avec une exactitude plus que suffisante pour la pratique, la valeur de e correspondant à un mur présentant à l'intérieur un fruit $n = \frac{1}{20}$ et surmonté d'une berme de largeur égale à $b' = 0^m,50$.

Il est facile d'avoir une limite de l'écart auquel le calcul de e pourra conduire, en ce qui concerne la valeur du rapport $\dfrac{\sigma_b}{\sigma_0}$, dans le cas d'un parement extérieur très-incliné; il suffit, pour cela, de considérer le cas extrême où $H_b = H_1 = H_0 + ef$ et où l'on a $b = e$, $n = \dfrac{e}{H_b}$; c'est-à-dire le cas où le profil du mur se réduit à un triangle rectangle ayant pour base l'épaisseur e et pour hauteur H_1.

Alors le rapport $\dfrac{\sigma_b}{\sigma_0}$ devient limite de

$$\frac{\sigma_b}{\sigma_0} = \frac{H_0 + ef}{\frac{1}{2}H_0 + \frac{p}{p'}ef}.$$

Dans l'exemple considéré ci-dessus, on aurait trouvé limite de $\dfrac{\sigma_b}{\sigma_0} = 0{,}75$, d'où l'on tire $\sigma_b = 3{,}45$, puisque $\sigma_0 = 4{,}60$.

On voit que ce dernier résultat ne donne pas une idée précise du degré d'approximation sur lequel on pourra compter dans le cas où $n = \frac{1}{20}$; mais il n'est pas inutile de pouvoir obtenir ainsi à l'avance, par un calcul très-simple, une limite extrême que l'erreur ne saurait dépasser.

L'hypothèse $\dfrac{p}{p'} = 1$ aurait donné

$$\lim \frac{\sigma_b}{\sigma_0} = 0{,}745 \quad \text{et} \quad \frac{p}{p'} = \frac{1}{2}, \quad \lim \frac{\sigma_b}{\sigma_0} = 0{,}817.$$

Pour $\varphi = \varphi' = 20°$, une épure a donné $\sigma = 4{,}65$, dans les hypothèses $p = p'$, $H_0 = 7^m$, $H' = 15^m$, $e = 5^m{,}88$.

On trouve, dans ce cas,

$$\lim \frac{\sigma_b}{\sigma_0} = 0{,}724, \quad \text{et si} \quad \frac{p}{p'} = \frac{1}{2}, \quad \lim \frac{\sigma_b}{\sigma_0} = 0{,}79.$$

Une autre épure a donné

$$\sigma = 6,80 \text{ pour } \varphi = \varphi' = 55^{\circ}, \; p = p', \; H = 7^{\mathrm{m}},$$
$$H' = 15^{\mathrm{m}}, \; e = 2^{\mathrm{m}},33.$$

On trouve, dans ce cas,

$$\lim \frac{\sigma_b}{\sigma_0} = 0,748,$$

et pour

$$\frac{p}{p'} = \frac{1}{2}, \quad \lim \frac{\sigma_b}{\sigma_0} = 0,85.$$

FORMULE EXPÉDITIVE.

On a vu que l'équation (S) et le tableau (U_3) permettent d'obtenir facilement et avec une exactitude très-suffisante pour la pratique, les épaisseurs à donner aux murs de revêtement à paroi intérieure verticale, lorsque $\varphi = \varphi'$, et que, lorsque ces deux angles diffèrent l'un de l'autre, la même équation (S) conduit encore au résultat cherché, mais qu'il faut d'abord calculer directement la valeur de N qui n'est plus donnée avec assez d'exactitude par le tableau (U_3).

Dans le cas où la paroi intérieure du mur prolongée rencontre le plan horizontal supérieur du remblai, l'équation (S) se réduit même à la forme très-simple (S_3)

$$e = N \frac{H'}{3f'}.$$

Dans le cas des demi-revêtements, si l'on suppose $f' = f$ et $N = 1$; l'équation (S) se réduit à

$$f^2 E^2 - f(3H' + H)E + H(3H' - 2H) = 0,$$

d'où l'on tire (T_2)

$$E = \frac{3H' + H - \sqrt{9H'^2 - 6HH' + 9H^2}}{2f}.$$

Mais on ne peut pas utiliser cette formule pour le calcul de e en posant $e = NE$, attendu que la hauteur H qui correspond à l'épaisseur e n'est pas la même que celle qui correspond à E. Il s'ensuit que les résultats qu'on obtiendrait ainsi seraient inexacts.

Nous allons indiquer un moyen d'obtenir un coefficient N_1 tel que l'on puisse établir la relation

$$e = N_1 E.$$

Pour y arriver, reportons-nous à l'équation (S) et faisons-y $f' = f$, elle devient

$$\left(\frac{3}{N} - 2\right) f^2 e^2 - \left[\frac{3}{N}(2H' - H) - 3H' + 4H\right] fe$$
$$+ 3H'H - 2H^2 = 0.$$

D'un autre côté, la formule (T_2), rappelée ci-dessus, se réduit à $E = \dfrac{H'}{3f'}$ quand on y suppose $H = \frac{2}{3}H'$; et il nous suffira de faire la même hypothèse dans l'équation qui donne e, pour obtenir l'épaisseur e qui correspond à la même hauteur H que $E = \dfrac{H'}{3f'}$. Le rapport de ces deux valeurs e et E sera le coefficient N_1 cherché, que nous supposons constant pour toutes les valeurs de H.

On a donc $\dfrac{e}{E} = N_1$, et, comme $E = \dfrac{H'}{3f'}$, on en déduit

$$e = \frac{N_1 H'}{3f'}.$$

En substituant cette valeur de e, et $H = \frac{2}{3}H'$ dans l'équation générale ci-dessus en e, on trouve l'équation suivante, qui fera connaître N_1 en fonction de N :

$$\left(\frac{3}{N} - 2\right) N_1^2 - \left(\frac{12}{N} - 1\right) N_1 + 10 = 0;$$

d'où l'on tire

$$N_1 = \frac{12 - N - 3\sqrt{16 - 16N + 9N^2}}{2(3 - 2N)}$$

Appliquons ce calcul à des exemples.

Premier exemple. — On a exécuté une épure dans les hypothèses $f = f' = 0,70$, $H = 4^m$, $H' = 15^m$, $e = 2^m,39$, $p = 1800^{kg}$, $p' = 2000^{kg}$, et l'on a trouvé $\sigma = 4,34$.

A ce coefficient de stabilité correspond $N = 0,627$, quand on se contente de la valeur N' donnée par le tableau (U_3).

La valeur correspondante de N_1 sera $N_1 = 0,608$.

D'un autre côté, la formule (T_2) donne $E = 4^m,62$.

On aura donc $e = N_1 E = 0,608 \times 4^m,62 = 2,81$

Au lieu de..................................... 2,39

L'erreur commise est de..................... 0,42

Ou de.. $\overline{5,68}$

Deuxième exemple. — Considérons le cas de l'épure n° 4. Les données sont $f = f' = 0,79$, $p = 1800^{kg}$, $p' = 2000^{kg}$, $H = 7^m$, $H' = 15^m$ et $e = 3^m,80$; on a trouvé $\sigma = 4,60$.

A ce coefficient de stabilité correspond $N = 0,637$, quand on se contente de la valeur N' donnée par le tableau (U_3).

La valeur correspondante de N_1 sera $N_1 = 0,619$.

D'un autre côté, la formule (T_2) donne $E = 6^m,54$.

On aura donc $e = 0,619 \times 6^m,54 = 4,04$

Au lieu de...................................... 3,80

L'erreur commise est de..................... 0,24

Ou de.. $\overline{15,82}$

Comme on le voit, la formule (T_2), même avec le coefficient corrigé N_1, ne peut donner que des résultats assez
peu exacts, et en général sensiblement trop forts. On
pourra néanmoins s'en contenter dans certains cas, notamment dans des projets où il faut toujours laisser une
part à l'imprévu, et dans la rédaction desquels on ne pos-
sède pas d'ailleurs toujours bien exactement les données
nécessaires pour le calcul exact des épaisseurs des murs
de revêtement.

Le tableau suivant donne un certain nombre de valeurs
de N_1.

*Tableau des valeurs du coefficient à introduire dans
la formule expéditive*

$$e = N_1 \frac{3H' + H - \sqrt{9H'^2 - 6HH' + 9H^2}}{2f}$$

Valeurs de $\Sigma = \sigma \dfrac{p}{p'} =$

Valeurs de $\varphi' = \varphi =$
$\begin{cases} 25° & N_1 = 0{,}548 \quad 0{,}590 \quad 0{,}625, \\ 35° & N_1 = 0{,}612 \quad 0{,}653 \quad 0{,}686, \\ 45° & N_1 = 0{,}663 \quad 0{,}695 \quad 0{,}730. \end{cases}$

PROCÉDÉ GRAPHIQUE RAPIDE.

Ainsi qu'on vient de le voir, l'emploi de la formule
très-simple (T_2) conduit à des résultats dont l'approximation ne doit pas être considérée comme suffisante.

Voici un procédé graphique qui donne immédiatement
des solutions d'une exactitude dont on pourra, dans certains cas, se contenter.

Il consiste à remplacer la courbe BCC' (*fig.* 35, p. 224)
par un arc de cercle tangent en C' et assujetti à passer
par le point B.

Cette construction n'offre aucune difficulté; elle suppose que l'on ait déjà obtenu, soit directement, au moyen de l'équation (U), soit plus simplement, au moyen du tableau (U_3), la valeur N' du coefficient N qui correspond au cas où la paroi intérieure BD' prolongée passe par l'arête H' d'intersection du talus extérieur $C'H'$, faisant avec l'horizon l'angle φ, et du plan supérieur horizontal $H'M$.

Construction à faire. — Alors, par la formule très-simple (S_3)

$$e = N' \frac{H'}{3f'},$$

on obtient d'abord l'épaisseur $C'D'$ et par suite la hauteur BD', qui sont d'ailleurs données en même temps que N' par le tableau (U_3).

Après avoir construit le profil $ABD'C'$, on décrit l'arc de cercle BcC' qui a son centre en O; puis, comme la hauteur BD est donnée, on détermine facilement le profil $aBDc$ du revêtement cherché.

Modification dans le cas d'un fruit et une berme. — Dans le cas où le mur de revêtement devrait présenter un fruit extérieur et une berme, au lieu de la hauteur donnée H_b, on devrait, dans la construction, prendre pour la hauteur BD la valeur H_0 donnée par la formule (X)

$$H_0 = H_b - f(b' + nH_b).$$

Sur l'épaisseur trouvée $e = aB$, on construirait alors le profil tel qu'il doit être, avec le fruit $\frac{1}{n}$, la berme b et la hauteur H_b.

Vérification. — On pourra ensuite chercher, à l'aide de la méthode graphique rigoureuse qui a été développée au Chapitre IV, quel degré d'exactitude on aura obtenu par le procédé qui vient d'être indiqué.

Si le résultat ne semble pas suffisamment approché,

on pourra du moins l'utiliser comme point de départ des différents essais au moyen desquels on arrivera à construire la courbe d'erreurs qu'il sera nécessaire de tracer pour trouver l'épaisseur définitive à donner au revêtement.

Cas où l'on connaît une valeur de N *plus approchée que* N′. — Dans le cas où l'on connaît une valeur de N, relative à la hauteur donnée H, plus approchée que ne le serait la valeur N′ relative au cas où la paroi intérieure BD′ rencontre l'arête H′, on peut opérer sur la valeur de N au lieu de N′, et sur l'épaisseur qui sera alors donnée par la formule $e = N \dfrac{H'}{3f'}$; on obtiendra une hauteur fictive BD′, sur laquelle on opérera comme il a été dit ci-dessus, bien qu'elle soit différente de celle qui correspond à N′. On trouvera ainsi une épaisseur aB, correspondant à la hauteur H, qui sera souvent plus exacte que celle que l'on obtiendrait au moyen du coefficient N′.

C'est ce que l'on va vérifier en appliquant le procédé qui vient d'être indiqué à quelques exemples.

Application à l'expérience qui fait l'objet de l'épure n° 3. — Dans les calculs relatifs à l'épure n° 3, on a trouvé $N' = 0{,}272$; on tire de là $e = \dfrac{N'H'}{3f'} = 0^{m}{,}285$.

La construction indiquée ci-dessus donne $0^{m}{,}20$ pour la valeur de e qui correspond à $H = 0^{m}{,}90$, tandis qu'on devrait trouver $e = 0^{m}{,}23$.

En opérant de même sur $N = 0{,}3088$, valeur plus approchée obtenue par la formule d'interpolation (Y₁), on trouve $e = \dfrac{NH'}{3f'} = 0^{m}{,}324$, et la construction donne, pour la hauteur $H = 90$, $e = 0^{m}{,}23$, résultat qui est très-exact.

Autre exemple. — Dans le cas de l'épure dont on a parlé précédemment, et qui correspondait aux hypothèses

$f = f' = 0,70$, $H = 4^m$, $H' = 15^m$, $e = 2^m,39$, $p = 1800^{kg}$, $p' = 2000^{kg}$, $\sigma = 4,34$, on a trouvé $N' = 0,627$. On tire de là $e = N' \dfrac{H'}{3f'} = 4^m,48$, et pour $H = 4^m$, la construction donne $e = 2^m,75$; l'erreur est de $0^m,36$.

Application à l'épure n° 4. — Dans le cas de l'épure n° 4, dont les données sont $f = f' = 0,70$, $p = 1800^{kg}$, $p' = 2000^{kg}$, $H = 7^m$, $H' = 15^m$, et $e = 3^m,80$, ce qui correspond à $\sigma = 4,60$, on a trouvé $N' = 0,637$; d'où

$$e = \frac{N'H'}{3f'} = 4^m,55.$$

La construction donne, pour $H = 7^m$, $e = 3^m,90$, résultat qui ne comporte qu'une erreur de $0^m,10$.

Conclusion. — Dans les deux derniers exemples, on arrive à des résultats un peu plus approchés en opérant sur la valeur de N, relative à H, qui est donnée par la relation (Y_4); mais la différence est très-faible.

En résumé, le procédé graphique qui vient d'être indiqué ne donne pas généralement une très-grande approximation, et c'est surtout lorsque la valeur donnée de H est voisine de $\frac{1}{2}$ H', qu'il conduit à des épaisseurs trop fortes; mais il a l'avantage d'être très-facile à appliquer quand on se contente de la valeur de N donnée par le tableau (U_3).

CHAPITRE VII.

CALCUL DE L'ÉPAISSEUR A ASSIGNER AUX MURS DE REVÊTEMENT A PAROI INTÉRIEURE INCLINÉE.

REMBLAIS DÉPOURVUS DE COHÉSION. MÉTHODE RIGOUREUSE DE CALCUL.

Considérations générales. — Dans le cas des murs de revêtement à paroi intérieure inclinée, le calcul des épaisseurs à donner aux murs de revêtement est plus compliqué que dans le cas des murs à paroi intérieure verticale.

Toutefois, à la simple inspection des épures 1, 2, 5, 6 et 7, il est facile de reconnaître que, si l'on se propose une stabilité correspondant à un coefficient de stabilité σ donné, on n'aura généralement à s'occuper que des poussées primitives ordinaires.

Dans ces conditions, la mise en équation du problème ne présente aucune difficulté; seulement, comme on est conduit à résoudre un système d'équations très-compliquées, nous nous bornerons à considérer le cas d'un remblai dont la partie supérieure est de niveau avec le sommet du mur.

Cas d'un revêtement soutenant un remblai de niveau avec le sommet du mur, et qui doit avoir une stabilité σ. — La poussée primitive a pour expression $P = Q \dfrac{\cos(\varphi + V)}{\cos \varphi}$,
Q étant le poids du prisme de rupture. Or on a

$$Q = \tfrac{1}{2} p \, H^2 \, (\tang \varepsilon + \tang V).$$

18

Si nous prenons pour inconnues ε ou sa tangente, que nous désignerons par y, et l'angle V ou sa tangente, que nous désignerons par x, nous trouvons pour l'expression du bras de levier de la poussée P par rapport au point B (*fig.* 36),

$$\frac{1}{3}\,\frac{H}{\cos\varepsilon}\,\sin(\varepsilon+V),$$

quantité dont il faut retrancher la projection de la base AB

Fig. 36.

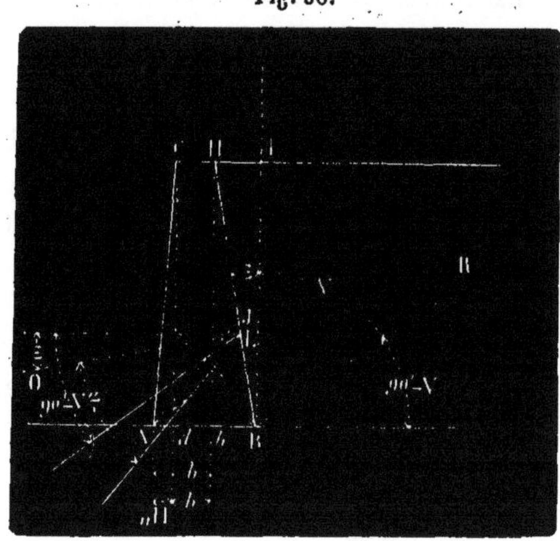

sur la direction de ce même bras de levier, pour obtenir le bras de levier de la poussée P par rapport au point A.

Or $AB = b + H\tang\varepsilon$, et sa projection sur le bras de levier de la force P est

$$(b + H\tang\varepsilon)\cos V.$$

Le bras de levier de la poussée P par rapport au point A est donc

$$\frac{1}{3}\,\frac{H}{\cos\varepsilon}\,\sin(\varepsilon+V) - (b + H\tang\varepsilon)\cos V.$$

Donc l'expression du moment de la poussée est

$$\frac{p\cos(\varphi+V)}{\cos\varphi}\times\tfrac{1}{2}H^2(\tang\varepsilon+\tang V)$$

$$\times\left[\frac{1}{3}\cdot\frac{H}{\cos\varepsilon}\sin(\varepsilon+V)-(b+H\tang\varepsilon)\cos V\right].$$

Quant au moment du poids du mur par rapport à A, il est égal à la somme des moments des poids des trois parties ACd, $dCHb$ et bHB, dans lesquelles on peut décomposer le mur, c'est-à-dire à

$$p'\left[\tfrac{1}{3}n^2H^3+b'H\left(nH+\frac{b'}{2}\right)\right.$$

$$\left.+\tfrac{1}{2}H^2\tang\varepsilon(nH+b'+\tfrac{1}{3}H\tang\varepsilon)\right].$$

Si maintenant nous remarquons que l'on a

$$\tang V=x,\quad \sin V=\frac{x}{\sqrt{1+x^2}},\quad \cos V=\frac{1}{\sqrt{1+x^2}},$$

$$\tang\varepsilon=y,\quad \sin\varepsilon=\frac{y}{\sqrt{1+y^2}},\quad \cos\varepsilon=\frac{1}{\sqrt{1+y^2}},$$

$$\tang\varphi=f,\quad \sin\varphi=\frac{f}{\sqrt{1+f^2}},\quad \cos\varphi=\frac{1}{\sqrt{1+f^2}},$$

et, par suite,

$$\cos(\varphi+V)=\frac{1-fx}{\sqrt{1+f^2}\sqrt{1+x^2}},\quad \sin(\varepsilon+V)=\frac{y+x}{\sqrt{1+x^2}\sqrt{1+y^2}},$$

nous pourrons mettre l'équation des moments sous la forme

$$(\Gamma)\begin{cases}\dfrac{\sigma p}{p'}\times\dfrac{1-fx}{1+x^2}\times\tfrac{1}{2}H^2(y+x)\left[\dfrac{H}{3}(y+x)-(b+Hy)\right]\\[2ex]=\tfrac{1}{3}n^2H^3+b'H\left(nH+\dfrac{b'}{2}\right)+\tfrac{1}{2}H^2y\left(nH+b'+\dfrac{Hy}{3}\right).\end{cases}$$

Il reste à exprimer que le moment de la poussée est un maximum, et pour cela il faut différentier le premier membre par rapport à x et égaler le résultat à zéro.

On trouve ainsi

$$(\Delta) \begin{cases} \dfrac{-f-2x+fx^2}{(1+x^2)^2}\left[\dfrac{H}{3}(y+x)^2-(y+x)(b+Hy)\right] \\[2ex] \quad + \dfrac{1-fx}{1+x^2}\left[\tfrac{2}{3}H(y+x)-(b+Hy)\right]=0. \end{cases}$$

L'inconnue y n'est qu'au deuxième degré dans ces deux équations ; on pourrait donc l'éliminer, et l'on obtiendrait une équation en x au moyen de laquelle on pourrait calculer la valeur de cette dernière inconnue.

Calcul de Tables donnant immédiatement la solution du problème. — Si l'on voulait former des Tables permettant de trouver immédiatement x et y dans un cas donné, on pourrait procéder de la manière suivante.

On ferait différentes hypothèses sur la valeur de x, et, à l'aide de l'équation (Δ), qui n'est que du second degré par rapport à y, on calculerait cette inconnue ; puis, à l'aide de l'équation (Γ), qui est du premier degré par rapport à σ, on obtiendrait cette dernière quantité.

Il serait facile, en procédant avec ordre, de n'effectuer ces calculs que pour des cas voisins de ceux qui se présenteront dans la pratique.

Cas où l'on se propose d'assigner au mur une stabilité dont le coefficient ξ soit donné. — Supposons que le coefficient ξ soit donné.

Dans le cas général, il faudrait chercher la poussée favorable à la stabilité dont le moment, pris en valeur absolue, est un maximum, ou, en valeur algébrique, un minimum.

A l'inspection des épures, on reconnait que cette poussée sera habituellement, sinon toujours, une poussée effective provenant de la décomposition de la poussée primitive correspondante, au point où elle s'applique à la paroi du mur.

De plus, dans le cas qui nous occupe, comme toutes les poussées ont leur point d'application situé en L, au tiers de la hauteur de la paroi intérieure BH_1, et comme en même temps toutes ces poussées effectives ont une même direction, au lieu de la poussée dont le moment est maximum, il suffit de chercher celle de ces poussées qui sera la plus considérable.

Or l'expression de la poussée effective est

$$\Pi = P \frac{\sin(V + \varepsilon)}{\cos \varphi'} = Q \frac{\cos(\varphi + V)}{\cos \varphi} \frac{\sin(\varepsilon + V)}{\cos \varphi'},$$

$$\Pi = p \frac{\cos(\varphi + V)}{\cos \varphi} \times \frac{\sin(V + \varepsilon)}{\cos \varphi'} \times \tfrac{1}{2} H^2 (\tan \varepsilon + \tan V).$$

Si l'on pose

$$\tan \varphi' = f', \quad \sin \varphi' = \frac{f'}{\sqrt{1 + f'^2}}, \quad \cos \varphi' = \frac{1}{\sqrt{1 + f'^2}},$$

indépendamment des relations analogues qui ont été établies ci-dessus, on trouve

$$\Pi = p \frac{H^2}{2} \frac{(1 - fx)(y + x)^2 \sqrt{1 + f'^2}}{(1 + x^2)\sqrt{1 + y^2}}.$$

Il faut différentier cette quantité par rapport à x et égaler le résultat à zéro, ce qui donne

$$\frac{(-f - 2x + fx^2)}{(1 + x^2)^2} \frac{(y + x)^2}{\sqrt{1 + y^2}} + \frac{(1 - fx) \times 2(y + x)}{(1 + x^2)\sqrt{1 + y^2}} = 0.$$

En supprimant le facteur commun $\dfrac{y + x}{\sqrt{1 + y^2}}$, ce qui revient à écarter les deux solutions $x = -y$ et $y = \infty$, on trouve

$$(\Theta) \qquad x'^3 - y x'^2 + \left(3 + \frac{2y}{f}\right) x' + y - \frac{2}{f} = 0,$$

équation qui, dans l'hypothèse $y = 0$, se réduirait à l'équation (Q) du Chapitre V.

Comme la valeur de x à introduire dans l'expression de Π est nécessairement différente de celle qui entre dans l'expression de P, nous la désignons par x'. Formons maintenant l'expression du moment de la poussée Π.

Le bras de levier de cette force, qui fait un angle φ' avec la paroi BH, sera, par rapport au point B,

$$\frac{1}{3} \frac{H}{\cos\varepsilon} \cos\varphi',$$

quantité dont il faut retrancher la projection de AB sur une direction perpendiculaire à la force Π, c'est-à-dire sur une droite faisant avec l'horizon le complément de l'angle $\varphi' + \varepsilon$ que la force Π fait avec l'horizon.

Le bras de levier sera donc

$$\frac{1}{3} \frac{H}{\cos\varepsilon} \cos\varphi' - (b + H \tan\varepsilon) \sin(\varphi' + \varepsilon),$$

ou

$$\frac{1}{3} \frac{H\sqrt{1+y^2}}{\sqrt{1+f'^2}} - (b + Hy) \frac{y + f'}{\sqrt{1+f'^2}\sqrt{1+y^2}},$$

expression qui sera négative quand la force Π passera au-dessous du point A, car alors le second terme sera, en valeur absolue, plus grand que le premier.

Cela posé, on obtiendra l'équation des moments en multipliant par le coefficient ξ la somme algébrique des moments des deux forces P et Π, et en égalant ce produit au moment du poids du mur.

On aura ainsi

$$(\Lambda)\left\{\begin{aligned}
&\frac{\xi p}{p'}\left\{\frac{1-fx}{1+x^2}\times\tfrac12 H^2(\gamma+x)\left[\frac{H}{3}(\gamma+x)-(b+H\gamma)\right]\right.\\
&\quad\left.+\frac{(1-fx')}{1+x'^2}(\gamma+x')^2\times\frac{H^2}{2}\left[\tfrac13 H-(b+H\gamma)\frac{\gamma+f'}{1+\gamma^2}\right]\right\}\\
&\quad=\tfrac13 n^2 H^3+b'H\left(nH+\frac{b'}{2}\right)+\tfrac12 H^2\gamma\left(nH+b'+\frac{H\gamma}{3}\right).
\end{aligned}\right.$$

A cette équation, il faut joindre l'équation (Δ) entre x et y, et l'équation (Θ) entre x' et y, et avoir soin en outre de choisir pour x la valeur qui correspondra réellement au maximum du moment de la force P, et pour x' la valeur qui rendra Π maximum.

En éliminant, si cela était possible, x et x' entre ces trois équations, on obtiendrait une équation en y qui donnerait la solution du problème.

Calcul de Tables donnant immédiatement la solution cherchée. — Si l'on voulait calculer des Tables donnant immédiatement cette solution, on pourrait y arriver de la manière suivante.

On se donnerait une valeur de x, et l'on calculerait, au moyen de l'équation (Δ), qui est du second degré en y, la valeur correspondante de cette dernière quantité; on la substituerait dans l'équation (Θ), qui est du troisième degré en x', et l'on résoudrait numériquement cette équation. En substituant les valeurs de x, x' et y, ainsi obtenues, dans l'équation des moments (Λ), qui ne contient ξ qu'au premier degré, on obtiendrait la valeur de ce coefficient de stabilité.

On aurait soin d'ailleurs de limiter les tâtonnements à faire, de manière que les différentes valeurs que l'on obtiendra pour ξ s'écartent le moins possible des valeurs de cette quantité, que l'on voudra adopter dans la pratique.

On pourrait, par exemple, admettre $\xi=\infty$, valeur

qui, comme l'indiquent les épures n°s 5 et 6, correspond à des épaisseurs qui n'ont rien d'exagéré.

C'est même cette valeur de ξ qu'il conviendrait d'adopter généralement quand on voudra profiter complétement des avantages que présentent les murs à paroi intérieure inclinée.

Dans ce cas, il suffira, après avoir obtenu les valeurs de x, x' et y, qui conviennent simultanément aux deux équations (Δ) et (Θ), de calculer la somme algébrique des moments des deux forces P et II, et de diriger les tâtonnements de manière à trouver les valeurs de x, x' et y, pour lesquelles la somme de ces moments est nulle.

Ces calculs seraient longs, mais ils n'auraient rien d'impraticable; on pourrait d'ailleurs se contenter de Tables d'une étendue restreinte.

FORMULE PRATIQUE DONNANT RAPIDEMENT UNE SOLUTION APPROXIMATIVE DU PROBLÈME, DANS LE CAS GÉNÉRAL D'UN PROFIL LIMITÉ A UN PLAN INCLINÉ AU TALUS NATUREL DES TERRES ET A UN PLAN HORIZONTAL SUPÉRIEUR.

Dans le cas des revêtements à paroi intérieure inclinée, il est facile d'obtenir, par une méthode analogue à celle que nous avons suivie pour les murs à paroi intérieure verticale, une formule simple qui donne promptement, avec une approximation dont on pourra souvent se contenter dans la pratique, l'épaisseur moyenne à assigner à un mur de revêtement.

Considérons (*fig.* 37) un revêtement de profil triangulaire, ayant son parement extérieur vertical. La poussée qui correspondrait à un plan de rupture incliné au talus naturel des terres sera à la fois celle dont l'inclinaison à l'horizon serait la plus douce et dont le point d'application serait le plus élevé. Nous allons chercher à quelle hauteur se trouvera ce point d'application, et nous exprimerons ensuite que la poussée qui y est appliquée devra

Fig. 37.

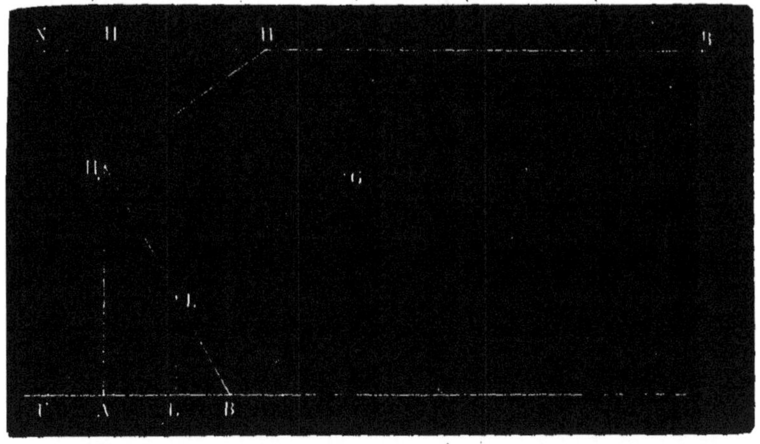

rencontrer l'arête antérieure de la base du mur. Nous serons sûr alors que toutes les autres poussées passeront au-dessous de cette arête, et qu'ainsi toutes ces poussées seront favorables à la stabilité.

Or, dans le trapèze BH_1H_2R, si nous menons par le centre de gravité une parallèle GL à BR, la longueur BL sera égale à

$$\frac{BH_1}{3} \frac{BR + 2H_1H_2}{BR + H_1H_2},$$

et, comme les bases BR et H_1H_2 sont proportionnelles à BN et H_1N, ou encore à H' et h, on aura

$$BL = \tfrac{1}{3}BH_1 \frac{H' + 2h}{H' + h}.$$

Or le point L partage la hauteur H dans le même rapport que la longueur BH_1 ; on aura donc

$$LL' = \tfrac{1}{3} H \times \frac{H' + 2h}{H' + h}.$$

Si maintenant nous remarquons que, dans les profils à paroi intérieure inclinée, les poussées qui font l'angle le plus faible avec l'horizon n'ont pas habituellement à subir de décomposition en s'appliquant à cette paroi, nous pouvons admettre qu'en divisant par $\tan g\,\varphi = f$ l'expression qui vient d'être trouvée pour la hauteur LL', nous aurons la distance $L'U$, à laquelle la poussée que nous considérons ira rencontrer la base du mur ou son prolongement. Nous trouvons ainsi

$$L'U = \frac{H}{3f} \times \frac{H' + 2h}{H' + h}.$$

Appelons 2β la base du mur AB, ou, ce qui revient au même, β l'épaisseur moyenne, nous aurons de même

$$BL' = \frac{2\beta}{3} \times \frac{H' + 2h}{H' + h}.$$

Si maintenant nous posons

$$2\beta = L'U + BL' = \frac{1}{3} \frac{H' + 2h}{H' + h} \left(\frac{H}{f} + 2\beta \right),$$

nous déduirons de cette équation la valeur suivante de β,

$$\beta = \frac{H}{2f} \times \frac{H' + 2h}{2H' + h},$$

et, comme $H' = H + h$,

$$(\Xi) \qquad\qquad \beta = \frac{H}{2f} \times \frac{H + 3h}{2H + 3h}.$$

Telle est l'expression de l'épaisseur moyenne qu'il faudra donner à un profil triangulaire à paroi intérieure inclinée et à parement extérieur vertical, pour être assuré que toutes les poussées rencontreront la base du mur.

Dans l'hypothèse $h = 0$, la formule se réduit à

$$(\Xi_1) \qquad\qquad \beta = \frac{H}{4f}.$$

Cas où les angles φ et φ' sont très-faibles. — Il est essentiel de ne pas oublier que la formule (Ξ) suppose que la poussée limite, qui fait avec l'horizon l'angle du talus naturel des terres, s'applique sans décomposition à la paroi intérieure du mur. C'est ce qui n'aurait pas lieu pour de très-petites valeurs des angles φ et φ'. Aussi l'hypothèse $f = 0$, si on l'introduisait dans la formule ci-dessus, donnerait-elle des résultats inadmissibles.

Par exemple, dans le cas d'un liquide, on aurait $f = f' = 0$ et $h = 0$, ce qui conduirait à $\beta = \infty$. Mais ce cas est facile à traiter directement; en effet, on a $LL' = \frac{1}{3}H$, et, comme la direction LU de la pression du liquide appliquée en L serait perpendiculaire à BH_1, on devra avoir

$$AL' = UL' = \frac{LL' \times H}{2\beta} = \frac{H^2}{6\beta}.$$

On a d'ailleurs $L'B = \frac{2}{3}\beta$, et par suite

$$2\beta = \frac{H^2}{6\beta} + \frac{2}{3}\beta,$$

d'où l'on tire

$$\beta = \frac{1}{4}H\sqrt{2}.$$

Dans ce cas encore, l'avantage des murs à paroi intérieure inclinée est incontestable, puisqu'en donnant au mur une épaisseur moyenne un peu supérieure à celle qui vient d'être donnée par le calcul, on ferait concourir la pression du liquide à la stabilité, ce qui n'aura jamais lieu avec un mur à paroi intérieure verticale.

Formule pratique à employer dans le cas d'une stabilité

limitée. — La formule (Ξ) nous fait connaître, dans le cas où elle est applicable, l'épaisseur moyenne β, pour laquelle le revêtement a une stabilité dont le coefficient σ est infini ou négatif.

Appelons ϵ l'épaisseur moyenne à adopter dans le cas où l'on veut se contenter d'une stabilité limitée, et posons l'égalité

$$(\text{II}) \qquad \epsilon = \mu\beta = \mu \times \frac{H}{2f} \times \frac{H + 3h}{2H + 3h}.$$

Nous allons faire voir que, dans les circonstances ordinaires de la pratique, le coefficient μ peut être considéré comme constant quand les angles φ et φ', ainsi que les poids spécifiques p et p', restent invariables, et que le rapport $\dfrac{h}{H}$ varie.

Pour s'en assurer, il suffit de jeter un coup d'œil sur les résultats suivants de trois épures relatives à des revêtements dont l'épaisseur moyenne, correspondant à l'hypothèse $\mu = 0{,}582$, a été donnée par la formule

$$\epsilon = \mu\beta = 0{,}582 \times \frac{H}{2f} \times \frac{H + 3h}{2H + 3h}.$$

On avait d'ailleurs $f = f' = 0{,}70$, $H = 10^m$, $n = \frac{1}{20}$ et $b' = 0^m,50$.

Les résultats trouvés sont :

	DONNÉES		RÉSULTATS DES ÉPURES	
			Σ	σ
	h	ϵ	pour $\frac{p}{p'} = 1$.	pour $\frac{p}{p'} = \frac{1800^{kg}}{2000^{kg}}$.
	m	m		
1re épure...	0,00	2,08	4,55	5,05
2e » ...	3,00	2,73	4,50	5,00
3e » ...	6,00	3,07	4,41	4,90

Le peu de différence qui existe entre les trois coefficients de stabilité correspondant à une même valeur du rapport $\dfrac{p}{p'}$ nous prouve que, dans les limites ordinaires de la pratique, les épaisseurs au moyen desquelles on obtiendrait une stabilité limitée σ sont sensiblement proportionnelles à celles qui sont données par la formule (Ξ).

Cela posé, pour faire usage de la formule (Π), il est nécessaire de connaître les valeurs de μ à adopter dans les différents cas qui peuvent se présenter.

Les résultats que l'on a réunis dans le tableau ci-après ont été obtenus au moyen de deux séries d'épures exécutées dans l'hypothèse d'un mur de revêtement de 10 mètres de hauteur, soutenant un remblai de niveau avec le sommet du mur. Dans l'un des cas, l'épaisseur au sommet du mur était de $0^{\mathrm{m}},50$, et dans l'autre (épure n° 5), l'épaisseur au sommet était de $0^{\mathrm{m}},70$.

Tableau faisant connaître les valeurs du coefficient μ à introduire dans la formule (Π)

$$6 = \mu.\beta = \mu\,\frac{\mathrm{H}}{2f} \times \frac{\mathrm{H}+3h}{2\mathrm{H}+3h},$$

pour calculer les épaisseurs moyennes des revêtements à paroi intérieure inclinée, dans les hypothèses $n = \frac{1}{20}$, $b' = 0{,}05\,\mathrm{H}$ ou $b' = 0{,}07\,\mathrm{H}$, $\varphi = \varphi' = 35°$, $\sigma = \Sigma\,\dfrac{p'}{p}$.

$\Sigma = \sigma\,\dfrac{p}{p'}$	μ	
	quand $b' = 0{,}05\,\mathrm{H}$.	quand $b' = 0{,}07\,\mathrm{H}$.
3,00	0,530	0,547
4,00	0,558	0,577
5,00	0,579	0,597
6,00	0,597	0,617
6,50	0,603	0,627
7,00	0,610	0,636

FIN.

Paris. — Imprimerie de Gauthier-Villars, rue de Seine Saint-Germain, 10, près l'Institut.

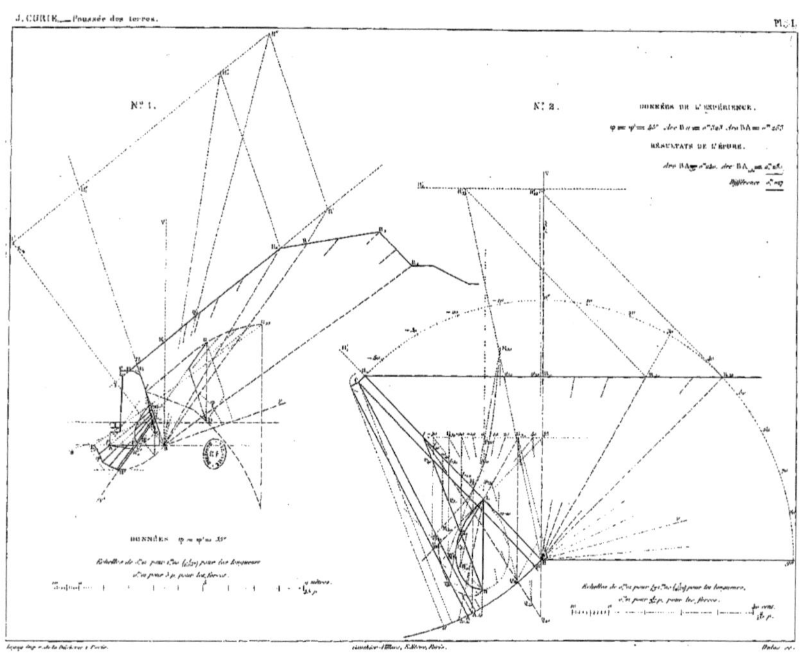
N.° 1.
N.° 2.
DONNÉES DE L'EXPÉRIENCE.
RÉSULTATS DE L'ÉPURE.
DONNÉES
Échelles de 0,"01 pour 0,"01 (½₀) pour les longueurs,
0,"01 pour 3 p. pour les forces.
Échelles de 0,"01 pour 1 p. 1,"01 (½₀) pour les longueurs,
0,"01 pour 3 p. pour les forces.

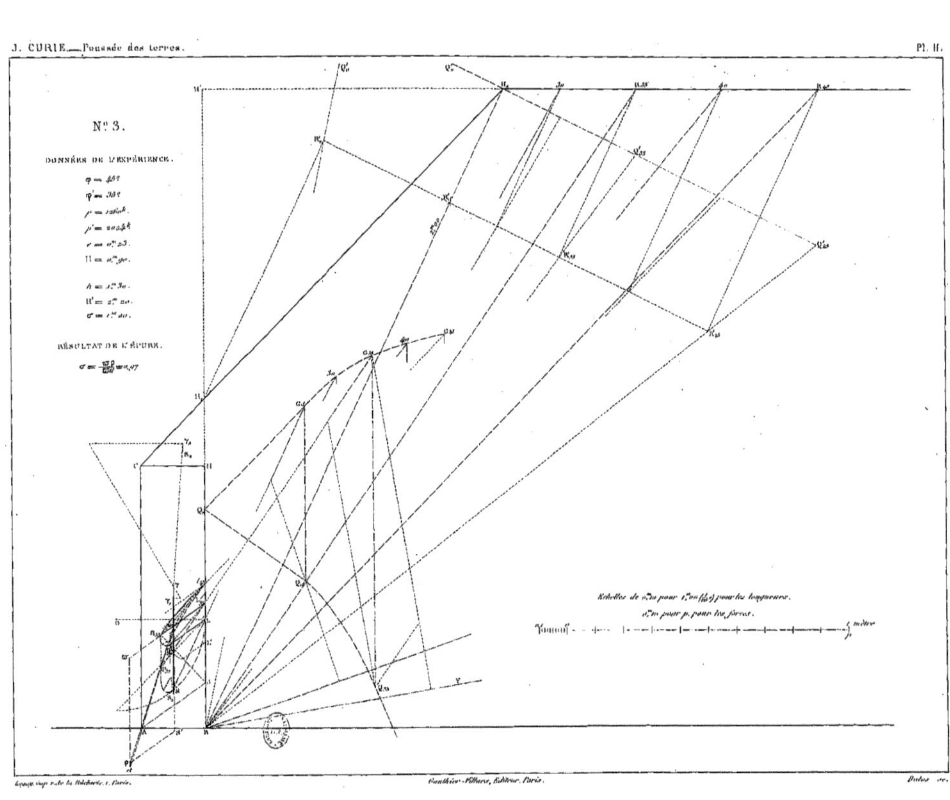
N.º 3.
DONNÉES DE L'EXPÉRIENCE.
RÉSULTAT DE L'ÉPURE.
Échelles de 0.ᵐ02 pour 1.ᵐ00 (½) pour les longueurs.
0.ᵐ01 pour p. pour les forces.
1 mètre

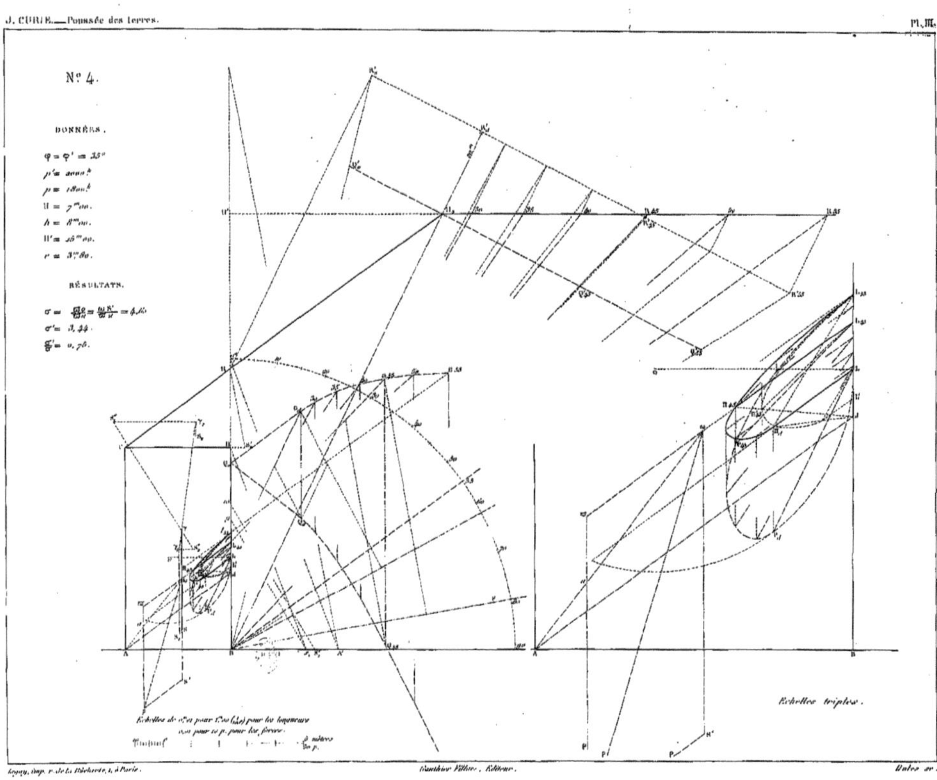
No 4.
DONNÉES.
φ = φ' = 35°
p' = 2000ᵏ
p = 1800ᵏ
H = 7ᵐ00.
h = 8ᵐ00.
H' = 15ᵐ00.
r = 3ᵐ80.
RÉSULTATS.
σ' = 3,44.

Échelles de 0ᵐ01 pour 1ᵐ00 (1/100) pour les longueurs
0,01 pour 20 p. pour les forces.
Échelles triples.

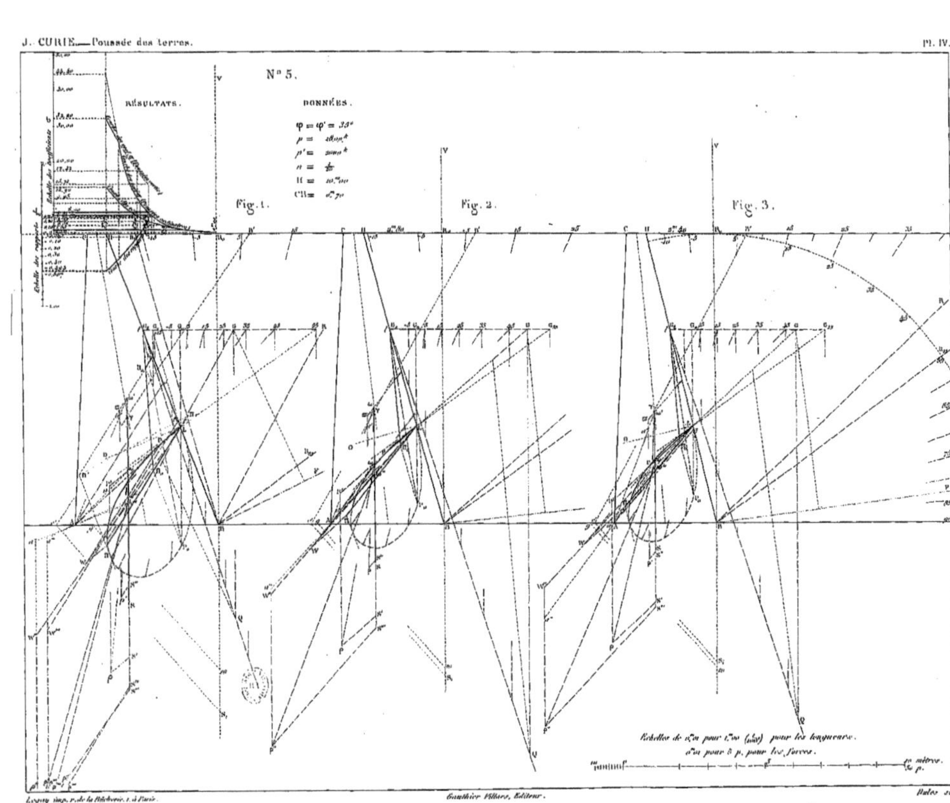

Nᵒ 5.
RÉSULTATS.
DONNÉES.
Fig. 1.
Fig. 2.
Fig. 3.
Échelles de 0ᵐ,01 pour 1ᵐ,00 pour les longueurs.
0ᵐ,01 pour 5 p. pour les forces.

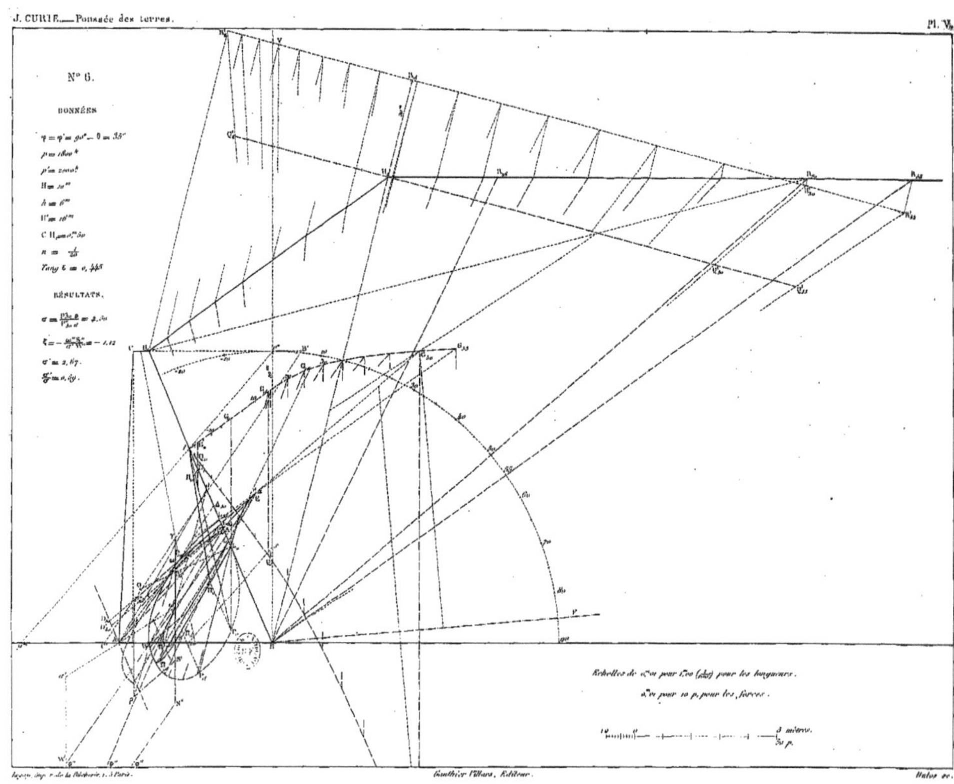
N° 6.
DONNÉES
RÉSULTATS.
Échelles de 0,01 par 1,00 (1/100) pour les longueurs.
0,01 pour 10 p. pour les forces.
10
3 mètres.
30 p.

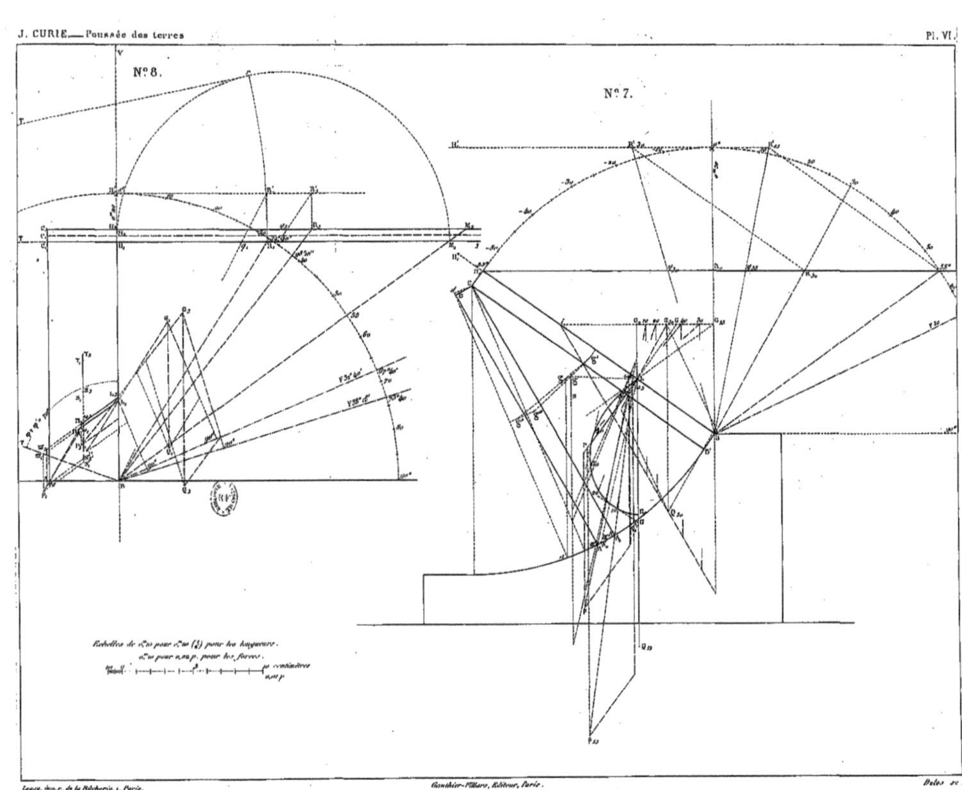
N.° 8.
N.° 7.